LA NATURE

CONSIDÉRÉE

SOUS SES DIFFÉRENS ASPECTS;

OU

JOURNAL DES TROIS REGNES

DE LA NATURE.

CONTENANT:

Tout ce qui a rapport à la Science Physique de l'Homme, à l'Art Vétérinaire, à l'Histoire des différens Animaux;

Au regne Végétal, à la connoissance des Plantes, à l'Agriculture, au Jardinage, aux Arts;

Au regne minéral, à l'exploitation des Mines, aux Singularités & à l'usage des différens fossiles.

Par M. BUC'HOZ, Médecin de MONSIEUR.

PREMIERE ÉPOQUE.

TOME TROISIEME.

A PARIS,

Chez L'AUTEUR, rue de la Harpe, près celle de Richelieu-Sorbonne.

Et chez SAUGRAIN, Libraire, quai des Augustins, au coin de la rue Pavée.

M. DCC. LXXX.

Avec Approbation, & Privilege du Roi.

LETTRES

SUR LA MÉTHODE

D E

S'ENRICHIR PROMPTEMENT,

ET DE CONSERVER SA SANTÉ

PAR LA CULTURE DES VÉGÉTAUX.

LETTRE XXXIX.

Sur la Garance de Smyrne.

IL nous eſt arrivé, Monſieur, depuis peu, de la graine de garance de Smyrne, dite *Laʒari :* chacun s'empreſſe de s'en procurer ; tâchez auſſi d'en faire emplette. Vous avez dans vos Terres des emplacemens propres à la culture de cette

Tome III. *Premiere Epoque.* A

plante. Plufieurs de vos fonds font marécageux, & deviennent par conféquent pour vous de nul rapport ; ainfi rien ne vous fera plus profitable que d'en introduire la culture dans vos domaines.

Il eft inutile, Monfieur, de vous faire part des différens ufages auxquels on peut employer la racine de garance. C'eft une des meilleures, comme vous favez, pour la teinture des laines ; elle donne un rouge peu éclatant à la vérité : mais ce rouge ne s'altere ni à l'air ni au foleil ; il eft comme à l'épreuve de tous les ingrédiens qu'on a coutume d'employer pour éprouver la ténacité des couleurs. La couleur que nous fournit cette racine contribue encore à procurer de la folidité à plufieurs autres couleurs compofées ; on s'en fert même pour fixer les couleurs déja employées fur les toiles de coton. C'eft chez les Teinturiers que vous apprendrez fur-tout à connoître l'utilité de la racine de garance. Il fe trouve une infinité de cas dont le fuccès des opé-rations dépend du garançage. On donne à la teinture de cette plante le nom de *rouge de garance.* Cette même racine a encore fon utilité en Médecine, fur - tout dans la jauniffe & les obftructions : les tiges & les feuilles de la garance ne font pas moins utiles que les racines dans l'économie champêtre ; elles font excellentes pour nettoyer la vaiffelle d'argent & celle d'étain ; elles leur donnent le plus beau luftre : les vaches en aiment très-fort les feuilles qui deviennent pour elles une nourriture excellente. Ne font-ce pas-là, Monfieur, des motifs bien preffans pour encourager les Agriculteurs à cultiver une plante auffi précieufe ?

Toutes les qualités de terre lui conviennent également ; la garance fe nourrit & croît par-tout : cependant elle n'eſt pas en tout lieu d'une égale beauté ; elle aime principalement les terres douces & légeres en-deſſous. Un ſol, quelqu'humecté qu'il ſoit, n'eſt jamais trop humide pour la garance, pourvu que l'eau n'y ſéjourne pas; elle réuſſit parfaitement bien dans un ſable gras, qui eſt aſſis ſur un fond de glaiſe, & dans des marais deſſéchés. Cette plante demande différentes préparations pour ſa culture. Si vous en voulez mettre dans une terre qui ait déja ſervi à d'autres productions, il vous ſuffira, pour diſpoſer cette terre à recevoir la garance, de lui donner les mêmes labours que ſi vous vouliez y ſemer du grain. Si au contraire vous la deſtinez à une terre qui étoit auparavant en friche, il eſt abſolument néceſſaire de multiplier les labours. Vous commencerez donc d'abord par couper la terre avec des charrues à coutre & ſans ſoc; après quoi, ſans perdre de temps & avant l'hiver, vous donnerez un labour avec une groſſe charrue à verſoir, pour que les gelées puſſent ameublir cette terre. Les grands froids étant paſſés, vous redonnerez deux nouveaux labours à la terre; elle ſe trouvera pour lors en état d'être plantée pendant les mois d'Avril, Mai & Juin. Vous aurez ſoin de faire entourer votre garanciere de foſſés pour empêcher l'air d'y ſéjourner, & pour en interdire l'entrée au bétail. Les engrais favoriſent l'accroiſſement de la garance : vous ferez conſéquemment très-bien, Monſieur, de faire répandre du fumier dans votre garanciere. Le fumier de bœuf & de vache eſt excellent pour les terreins humides ; celui de cheval convient dans les terres fortes.

La garance ſe multiplie de trois façons, ou par graine, ou par racine, ou par provins. La premiere méthode est la plus longue : il faut au moins trois ans pour que les plantes élevées de semence puissent être aussi fortes que les drageons enracinés, qui sont par-là infiniment préférables. Cependant on est obligé de recourir à la semence, lorsqu'on se trouve trop éloigné des garancieres. Si vous voulez vous servir de cette premiere voie, vous semez votre graine ordinairement depuis le commencement de Mars jusqu'à la fin de Mai : au bout de deux ans vous pouvez transplanter le plant qui en provient, pourvu que vous ayiez eu soin pendant ce temps de tenir le terrein ensemencé de garance net d'herbes par les différens sarclages. Comme cette premiere méthode engage à des frais de culture considérables, je passe à la seconde comme la plus usitée. Lorsque vous faites arracher des racines de garance pour les vendre aux Teinturiers, vous pouvez, sans renoncer au profit que vous en attendez, vous procurer la quantité de plantes dont vous aurez besoin. Vous savez, Monsieur, par expérience, qu'un bout ou tronçon de racines de garance, garni simplement d'un bouton, produit un pied si vous le mettez en terre. Vous pouvez par conséquent vous réserver beaucoup de ces plants ou provins, sans faire aucun tort à la garance. Lorsque votre plante aura poussé des tiges de huit pouces de longueur, ce qui arrive pour l'ordinaire la seconde année dans les mois d'Avril, Mai ou Juin, vous en saisissez la fane auprès de terre, & vous l'arrachez, comme si vous vouliez cueillir de l'herbe : une partie des brins viendront avec de petites racines au bas : ces petites racines suffiront pour les faire reprendre. Les brins qui n'ont presque point de rouge reprennent facilement. Il faut rejetter to-

talement ceux qui n'ont que du verd, parce qu'ils ·
périssent pour l'ordinaire. La reprise des provins
en racines est certaine, sur-tout s'il survient un
peu d'eau après qu'ils ont été mis en terre.

Vous n'ignorez pas qu'en cultivant la garance, on a soin de courber ses tiges, pour
qu'elles forment des racines : conséquemment la
plupart des brins font des traînasses à la superficie de la terre, qui s'arrachent toujours pour l'ordinaire avec les tiges. Si la terre se trouve trop
dure pour que les brins que vous arrachez puissent avoir de la racine, ou du moins un peu de
rouge, vous prendrez pour lors un plantoir plat
de huit à dix lignes que vous enfoncerez en terre,
& que vous inclinerez ensuite pour soulever la
racine, & empêcher les tiges de se rompre au
ras de terre : cette opération est presque toujours
inutile. Cependant, ayez attention de ne point
arracher de plants ; laissez aux vieux pieds au
moins un quart des tiges, sans quoi leurs racines ·
seroient exposées à périr. Vous vous procurerez,
Monsieur, par la méthode que je vous viens d'indiquer, du plant ; mais cela ne suffit pas encore.
Je vais entrer ici dans quelques détails qui vous
instruiront des moyens que vous devez employer
par les faire réussir.

Votre terrein étant bien labouré, vous passez
la herse pour l'unir entiérement avant de le mettre
en garance. Vous commencez par former avec
la houe, qu'on nomme *marre* dans le Gâtinois,
des sillons tirés au cordeau de huit à quatre
pouces de profondeur (*il s'agit ici de la méthode
de planter la garance en provins, comme la plus
usitée*) : vous couchez les provins dans les rigoles à deux ou trois pouces les uns des autres ;
vous couvrez ce plant en remplissant le premier

A iv

fillon avec la terre que vous tirez d'une feconde rigole ; vous y arrangez du plant comme dans la premiere ; vous rempliffez cette feconde avec la terre que vous tirez d'une troifieme : vous arrangez enfuite du plant dans celle - ci comme dans les deux autres ; & pour la couvrir , vous prenez de la terre dans la plate-banle que vous deftinez à cet ufage : vous ne garnirez chacune de vos planches que de trois rangées de garance ; vous laifferez un pied d'intervalle d'une rangée à l'autre ; ce qui fera que vos planches n'auront que deux pieds de largeur : vous laifferez entre ces planches quatre pieds de diftance pour former votre plate-bande ; vous n'y mettrez point de garance : cependant vous le labourerez avec la charrue.

Les Flamands donnent à leurs planches de garance dix pieds de largeur , & ne laiffent qu'un pied ou un pied & demi d'intervalle pour la plate-bande ; mais cette méthode a fes inconvéniens.

Comme vous arrachez votre plant en Avril, Mai & Juin , vous faites conféquemment votre plantation dans le même temps. Vous devez mettre votre plant en terre à l'inftant que vous l'arrachez , fi vous voulez qu'il réuffiffe parfaitement. Choififfez par préférence pour cette plantation un temps pluvieux. Vous ferez très-bien de tremper dans des feaux vos plants avant de les mettre en terre. Le temps que je viens, Monfieur, d'indiquer pour la plantation , regarde les provins ; car pour le plant formé d'un bout de racine garni d'un bouton, c'eft en automne que vous devez le mettre en terre, puifque c'eft dans cette faifon que les garancieres s'arrachent. La maniere de le planter eft la même que celle des

provins, à une précaution près, qu'il faut faire
les rigoles plus profondes quand sa groſſeur l'indique, étendre les traînaſſes des racines ſuivant
la direction des rigoles, & ne les raccourcir que
d'un pouce & demi de terre, pour que les tiges
puiſſent percer & ſe montrer en dehors.

Le moyen le plus expéditif pour multiplier
la garance, eſt d'en partager la racine en pluſieurs tronçons. Chaque tronçon garni d'un bouton produit un pied, lorſque vous le mettez en
terre à une petite profondeur. Si vous plantez
votre garance dans un terrein humide, l'eau
s'écoule dans les plate-bandes qui ſe creuſent
toutes les fois que vous chargez les planches :
mais ſi votre terrein eſt trop ſec, vous mettrez
votre garance dans le fond du ſillon, comme
cela ſe pratique pour les aſperges, & en rehauſ-
ſant; votre terrein ſe trouvera de niveau, ou un
peu bombé ſur les planches.

Si vous faites votre plantation en automne,
vous aurez ſoin de donner de temps en temps
quelques labours aux plate-bandes avec une
petite charrue à une roue; vous choiſirez pour
ces labours un temps ſec, pour empêcher que la
terre trop humide ne ſe pétriſſe. Si vous formez
au contraire votre garanciere au printemps avec
du plant de racine garnie d'un bouton, il faut,
avant les mois de Juin & de Juillet, donner un
labour aux plate-bandes.

Lorſque la garance aura un pied de largeur,
vous ſarclerez les planches à la main pour en
ôter toutes les mauvaiſes herbes; vous coucherez enſuite les tiges de la premiere rangée par
terre, du côté de la plate-bande voiſine; vous
les couvrirez d'un pouce & demi ou de deux
pouces de terre meuble que vous prendrez dans

A v.

la plate-bande même, ayant néanmoins attention qu'aucun des pieds ne foit couvert de terre
dans toute fa longueur : il faut néceffairement
que leur extrémité forte de terre.

Vous coucherez la feconde rangée fur la place
où étoit placée la premiere, & vous la couvrirez
de deux pouces de terre : vous coucherez la troifieme fur la feconde, & lorfque vous l'aurez
chargée de la même épaiffeur de terre, vos planches fe trouveront chargées au moins d'un pied
aux dépens des plate-bandes. Lorfque les années fe trouvent favorables, les tiges s'alongent
quelquefois même d'un pied dans un mois de
temps : vous répétez pour lors l'opération précédente, & vos planches fe trouvent pour une
feconde fois chargées encore d'un pied aux dépens de vos plate bandes.

Vous continuerez toujours de farcler les planches, & vous donnerez de temps en temps de
petits labours aux plattes-bandes pour y entretenir la terre meuble qui vous fournira au mois
de Mars fuivant, pour couvrir vos planches de
l'épaiffeur d'un pouce ; par ce moyen vous rendrez vos plantes beaucoup plus vigoureufes. La
premiere année vous n'arracherez point les fanes
de la garance ; vous les laifferez périr d'elles-
mêmes.

Après avoir arraché les provins dans les mois
d'Avril, Mai ou Juin, toute l'attention que vous
avez à faire pour vos garancieres, fe réduit jufqu'au mois d'Août à arracher les mauvaifes herbes, & à donner quelques labours aux plate-
bandes. Vous faites faucher la fane dans ce mois ;
vous la donnez pour lors aux vaches pour aliment. C'eft pour elles un excellent fourrage qui
leur fait venir du lait en abondance.

La récolte des tiges faite, vous donnez encore un labour aux plate-bandes, & c'est-là où se termine toute la culture de cette plante. Comme la racine est la vraie partie utile de la garance, il convient, Monsieur, de vous indiquer la manière de l'arracher. Après plusieurs épreuves, rien n'a mieux réussi que de renverser avec la houe la terre des planches dans les plate-bandes. Lorsqu'il y a des mottes, vous les faites casser, & vous en tirez les racines que vous jettez sur le terrein, que vous ramassez ensuite, & que vous mettez dans des paniers. Si vous faites cette opération dans un temps où la terre se trouve seche, les racines se trouveront assez nettes pour être ainsi transportées au logis : mais si au contraire la terre est humide, vous laverez ces racines ; cependant si vous pouvez vous en dispenser, vous n'en agirez que plus sagement pour deux raisons : la première, parce que ce lavage est pénible ; la seconde, parce que vous détériorez la qualité des racines.

La racine de garance est difficile à faire sécher ; son suc s'évapore aisément, & perd à l'étuve sept huitiemes de son poids. En Flandres on la fait néanmoins dessécher dans une étuve ; mais la chaleur en est très-ménagée. Si on en peut juger par des essais faits en petit, la garance seroit beaucoup meilleure pour la teinture, si on pouvoit la faire sécher au soleil, ou même à l'ombre par la seule action du vent. Il faudroit pour cet effet arracher les racines au printemps & en automne, comme cela se pratique communément. Il ne suffit pas que votre garance soit assez seche pour ne pas se gâter ; il faut encore, Monsieur, qu'elle le soit à un degré qui la rende propre à être pulvérisée, ou, pour mieux dire, grappée.

La vraie marque à laquelle vous reconnoîtrez qu'elle eſt aſſez feche, c'eſt lorſqu'en la pliant vous la rompez. Vous battez enſuite les racines de garance à petits coups de fléau ; vous les débarraſſez par-là du chevelu, d'une partie de l'épiderme & d'une portion de terre fixe que l'action de l'étuve a fait deſſécher, car tout cela rendroit la teinture moins belle.

Pour avoir une bonne teinture de garance ſuivant les expériences faites, choiſiſſez les meilleures racines deſſéchées & épluchées ; mettez-les dans un gros ſac de toile rude, & ſecouez-les fortement : le frottement du ſac & celui des racines les unes contre les autres, détachent preſque entiérement l'épiderme, qui acheve aiſément de ſe ſéparer, & reſte ſous les claies ou au fond du van. Par ce moyen vous aurez, Monſieur, de la très-belle garance.

Lorſque vous ferez ſécher votre garance à l'étuve, vous ne lui donnerez jamais une plus grande chaleur que celle de vingt-quatre à vingthuit degrés au deſſus du terme de la glace, ſuivant le thermometre de M. de Réaumur. Quand vous ſortez votre garance de l'étuve, c'eſt-àdire, quand elle eſt ſur le point de ſe caſſer en la pliant, vous l'étendrez à une petite épaiſſeur dans un grenier ſec, où elle continue à ſe deſſécher. On nomme billons les petites racines de garance purgées de la terre, & dépouillées d'une partie de l'épiderme. Lorſque votre terrein eſt entiérement vuide de garance, vous le labourez en entier pour y mettre de nouvelles plantes : cependant vous aurez attention de placer les planches au milieu de l'eſpace où étoient les platebandes, & vous ferez votre plantation ainſi que vous avez fait la premiere fois. Dix mois après, quand cette seconde garanciere est récoltée, vous disposez votre terrein pour du grain, & vous aurez une récolte abondante.

La garance n'épuise pas la terre, & les labours répétés que vous avez été obligé de lui donner, la disposent merveilleusement pour la production de toutes sortes de graines. Cependant, à la rigueur, vous pourriez, Monsieur, remettre de cette plante dans le même champ, pourvu que vous eussiez la précaution de le bien fumer. Le produit de la garance est considérable. Un arpent de terre qui lui convient peut donner, année commune, 6. ou 700 liv. de bénéfice. Une pareille plante mérite donc bien qu'on la cultive.

Je suis, &c.

Paris, ce 30 Septembre 1769.

LETTRE XL.

Sur le Thym de Créte & sur celui d'Italie.

LE thym est, Monsieur, une plante trop intéressante par la nouvelle découverte d'une espece de camphre dont on s'est apperçu qu'il est abondamment pourvu, pour différer plus long-temps de vous en entretenir dans notre commerce épistolaire. Si je n'écrivois que pour vous, Monsieur, je pourrois me dispenser de vous donner aucune description des plantes ; mais comme vous rendez mes écrits publics, je me crois abfolument obligé d'en donner les caracteres pour mieux les faire connoître.

Le thym en général eſt un très-petit arbuſte qui pouſſe quantité de rameaux menus, durs, ligneux, & garnis de petites feuilles ovales, ordinairement d'un verd brun en-deſſus, blanchâtre en deſſous, oppoſées ſur les branches qui ſont terminées par des épis où bouquets de fleurs entremêlées de feuilles : le calice de ces fleurs eſt d'une ſeule piece, diviſée en deux parties principales. Celle d'en haut eſt ſubdiviſée en trois, & l'inférieure en deux ; la levre ſupérieure du pétale eſt courte, ouverte, relevée, arrondie & échancrée ; celle d'en bas eſt plus grande, ouverte, diviſée en trois parties qui ſont arrondies, & dont la partie du milieu eſt plus grande que les autres ; ſes étamines ſont au nombre de quatre, courtes, dont deux ſont plus petites que les deux autres : l'embryon eſt diviſé en quatre ; ſon ſtile eſt terminé par un ſtigmate fourchu. Il y ſuccede quatre petites ſemences à-peu-près rondes, qui n'ont pour enveloppe que le calice même : le calice, en ſe rétréciſſant au-deſſus des ſemences, forme une eſpece de capſule. Cet arbuſte a toujours une odeur forte & agréable.

Le thym de Crête ou de Candie, le thym de Dioſcoride, ou, pour mieux dire, le thym des Anciens, eſt celui qui mérite la premiere place parmi les différentes eſpeces de thym : on le nomme dans nos Pharmacies *thymum Creticum, ſive verum Officin.* ; & J. Bauhin, dans ſon *Pinax,* lui donne la dénomination de *thymus Capitatus, qui Dioſcoridis.* Les fleurs du thym de Crête ſont purpurines, ramaſſées en épis courts & comme en tête : toute la plante peut être haute tout au plus d'un pied ; ses feuilles sont velues, blanchâtres , étroites , & ont une saveur âcre. Cet arbuste nous vient originairement de Crête, ainsi que l'indique son nom : c'est dans les endroits arides & sur les collines pierreuses de cette Isle qu'on le trouve ; il fleurit au mois de Juin. On ne le cultive que dans les Jardins des Curieux.

Le thym domestique, *thymus vulgaris , folio latiore. Pin.*, est celui que nous cultivons dans nos Jardins. Cette espece est un peu velue; ses rameaux sont mêlés de rouge & de blanc; ses feuilles sont par paires , attachées par un court pédicule , & faites comme en fer de lance : quelques-unes se replient , & semblent pour lors être fort étroites. On appelle thym panaché, celui dont les feuilles sont panachées.

Une troisieme espece de thym est probablement celui que Dodoëns appelle serpolet des jardins, *thymus vulgaris, folio tenuiore. Pin.* Il croît abondamment en Italie , en Espagne , en Provence & en Languedoc ; ses feuilles sont étroites, comme cendrées , plus courtes que celles du thym domestique , plus pointues & en plus grand nombre. Le serpolet des jardins ne vient pas si haut que le thym vulgaire ; cependant il est également velu. On cultive cette derniere espece par-tout dans les jardins qu'elle parfume par son odeur forte , aromatique & des plus agréables : elle résiste facilement aux rigueurs de l'hiver dans nos climats ; on la voit pendant tout le printemps & l'automne fleurir aux environs de Montpellier. Il y a encore du thym dont la feuille est assez large, & qui a une odeur citronnée; & de l'autre qui est sans odeur, mais qui est peu recherché , tandis qu'on vante beaucoup le citronné.

La culture du thym est des plus faciles ; il se

plaît également dans toutes fortes de terreins : il
fuffit de l'arracher de temps en temps pour en
divifer les pieds en plufieurs touffes enracinées,
& pour les replanter plus profondément, d'autant plus que cet arbufte pouffe toujours de nouvelles racines à la furface de la terre, & que
conféquemment les anciennes meurent. A moins
donc qu'on n'ait le foin de le replanter de temps
en temps, il périt durant les féchereffes.

Le thym fe multiplie auffi de graines. C'eft
pour l'ordinaire en Mars ou Octobre qu'on le
feme ou qu'on le plante. Pour faire réuffir fa
graine, il faut la femer dans une planche de
terreau : on replante pendant l'automne la plante
qui en provient. Dès qu'elle eft replantée, il faut
avoir grand foin de l'arrofer, & continuer régu-
liérement cette opération tous les jours, jufqu'à ce
qu'elle foit reprife. Le thym demande auffi d'être
arrofé dans le temps de la tonte, fans quoi le pied
pourriroit Lorfqu'on veut avoir de la bonne graine
propre à être femée, il faut laiffer fur place
quelques pieds de ceux qui ont été femés l'année
précédente ; ces pieds fleuriffent en Juin, & la
graine mûrit en Juillet : on la cueille & on la
bat dès qu'elle eft mûre ; autrement la pluie la
détacheroit des têtes, & on en feroit fruftré. Plus
le terrein eft maigre & aride, mieux le thym s'y
foutient ; au contraire il eft fujet à périr dans
les terres fubftancieufes, lorfque le froid eft un
peu vigoureux.

Le thym entre dans les alimens avec les herbes
fines pour relever la faveur des viandes & du
poiffon : on s'en fert fur-tout pour les courts-
bouillons & les ragoûts. Comme ce petit arbufte
ne perd point fes feuilles en hiver, on en fait
dans les jardins des bordures qu'on tond aux

ciseaux : elles y font un très-joli effet au mois
de Mai, lorsque cet arbuste se trouve en fleurs.
L'odeur que répandent ces fleurs se marie parfaitement bien avec celle des roses ; aussi l'em-
ploie-t-on pour des bouquets qui ont une odeur
très-suave. Si on distille les mêmes fleurs avec
du vin & de l'eau-de-vie, on en retire une liqueur
qu'on appelle esprit-de-thym, & qui est comparable par son odeur gracieuse à l'eau de la Reine
de Hongrie & à celle de lavande.

Le thym contient, suivant l'analyse chymique,
outre une huile essentielle fluide, une matiere
figée, blanche, & entiérement semblable au camphre. Cette huile est très-âcre ; elle est d'une
couleur d'or, si on la tire à un feu doux : mais si
on la distille à un feu plus violent, elle paroît
d'un rouge foncé. Son acrimonie est si grande,
qu'elle cause une ardeur violente, & qu'elle cuit
dans l'endroit de la peau où on l'applique. En
l'approchant des narines lorsqu'elle est encore
fraiche, elle y excite une démangeaison vive qui,
le plus souvent, est suivie de l'éternuement : on
en tire environ un gros & demi d'une livre
d'herbe. La substance très-tendre camphrée qui
s'éleve avec l'eau & l'huile essentielle pendant la
distillation humide, s'y coagule quelquefois de
maniere qu'elle paroît en quelque façon sous la
forme & la consistance du camphre ordinaire.
C'est ce que confirme l'observation que M. Neu-
mann nous a communiquée dans les Mémoires
de l'Académie de Berlin. J'avois tiré, dit ce
Chymiste, par la distillation, en 1719, une
grande quantité d'huile de thym commun. Après
l'avoir séparée avec du coton, je voyois tant à
l'orifice du verre que dans le coton imbibé d'huile,
de petits cristaux figurés qui étoient attachés, &

retardoient de plus en plus la diftillation, qui du
du refte fe faifoit affez vîte, de façon qu'il étoit
néceffaire de renouveller le coton contre ma
coutume. J'en fus furpris, & ceci me parut tout-
à-fait neuf & extraordinaire. Je m'en formois
tantôt une idée, tantôt une autre. Incertain d'ailleurs fur la nature de ce produit, je ne pouvois
preffentir d'où il venoit, & ce que ce pouvoit
être. Je plaçai donc la bouteille pleine d'huile
après l'avoir bien bouchée. Ces cryftaux me
paffoient toujours par l'idée; je me propofois
d'en développer la nature. Je recourus pour cet
effet quelques jours après à ma bouteille; je la
prends, je la confidere; j'examine s'il ne fe feroit
pas formé de femblables cryftaux à l'orifice, dans
le deffein d'éprouver, quelque petite quantité
qu'il pût y en avoir, quel étoit fon caractere:
mais je n'en trouvai en aucune façon, & je vis,
ce qui attira d'abord mon attention & m'étonna,
car je ne le diffimulerai point, je vis, dis-je,
qu'il s'étoit dépofé au fond de la bouteille une
affez grande quantité de cryftaux femblables au
fucre candi, en partie gros comme des avelines,
la plupart de figure cubique. Je ne foupçonnai
pas d'abord que ce fut le camphre, mais plutôt
un fel volatil qui avoit paffé fucceffivement à
caufe de la grande quantité de la plante que
j'avois employée dans la diftillation, diffous dans
la partie aqueufe, qui, ayant gagné le feu pendant que l'huile furnageoit, l'avoit quitté & s'étoit
enfin cryftallifé. Je vuidai donc la bouteille pour
avoir ce prétendu fel, & m'affurer du jugement
que j'en avois porté : mais quelle fut ma nouvelle furprife, lorfque je ne trouvai au fond de
la bouteille aucune goutte d'eau que je vuidai,
dans le deffein de débarraffer la maffe faline &

de la voir féparer de l'huile. Pour me tirer hors
de doute, ou plutôt pour m'aſſurer ce que ce
pouvoit être que cette maſſe que j'avois priſe pour
du fel, je fis deſſus les expériences ordinaires
qu'on fait pour les fels. Je verſai une grande quantité d'eau diſtillée fur cette matiere cryſtalline ; je
l'agitai pendant long-temps ; je la laiſſai repoſer
pendant quelques jours, comptant que les cryſ-
taux fe diſſoudroient : mais ce fut en vain ; il
ne fe fit aucune diſſolution, & je n'apperçus aucun changement, finon qu'il s'éleva de petites
particules fur la furface, dont les plus grandes,
quoique fort agitées. gagnoient toujours le fond,
& l'eau étoit empreinte de particules huileuſes,
d'abord adhérentes à la maſſe cryſtalline, mais
qui s'en étoient féparées dans l'agitation. Je verſai
l'eau, & j'eſſayai de nouveau à diſſoudre ces cryſ-
taux comme ceux du fel, après les avoir débar-
raſſés de l'huile qui leur étoit adhérente, & qui
peut-être en avoit empêché la diſſolution dans
l'eau ; mais ils ne purent & n'ont pu, juſqu'à
préſent, fe diſſoudre. Après avoir donc ceſſé
de regarder cette concrétion comme faline, j'ai
commencé à conjecturer que ce pouvoit être un
mixte huileux, ou un réfineux volatil qui devoit être condenſé de l'huile. Dès l'inſtant de
cette conjecture, je paſſois en revue les différens
fujets que je connoiſſois, pour m'aſſurer de celui
qui pourroit me fervir de terme de comparaiſon,
& je ne vis d'abord que le camphre. Ce fut donc
pour lors que je me remis à faire de nouvelles
expériences pour m'aſſurer de leur vérité ; & toutes
celles qui réuſſiſſent avec le camphre ordinaire
eurent un tel ſuccès avec cette concrétion, que
je ne pus m'empêcher de conclure que ce corps
en forme de cryſtal n'étoit rien autre choſe qu'un

vrai camphre, qui ne différoit de l'Oriental qu'en ce que celui-ci fentoit le thym ; que le camphre ordinaire fent une autre plante, & qu'on n'a donné à cette fubftance le nom de camphre, que parce que la plante qu'on nomme camphre a paru juf-qu'à préfent en rendre plus qu'une autre.

Revenons actuellement au réfultat des différens procédés chymiques fur le thym. M. Cartheufer a obfervé que la premiere teinture fpiritueufe tirée des feuilles feches de cette plante, eft d'un verd noirâtre, d'une odeur balfamique foible, & d'un goût âcre & un peu amer. L'extrait en eft quelquefois jaune, d'autres fois d'un verd noirâtre ; il fent un peu le thym, & fe trouve d'un goût très-âcre, piquant & en même temps camphré. Ce principe doit fuivre immédiatement le principe fpiritueux huileux, qui eft très-puiffant par rapport à fes vertus. L'infufion dans l'eau eft d'une couleur jaune un peu brune ; elle fe fent de l'odeur gracieufe & fpécifique de la plante : elle eft d'un goût un peu amer, néanmoins foible, ce qui fait qu'elle a peu d'action ; l'extrait en eft d'un rouge & jaune brun, prefque fans odeur, mais néanmoins un peu plus forte que l'infufion ; il eft d'un goût un peu falé & légérement auftere. On tire d'une pinte d'huile deux gros & feize grains d'extrait, de l'infufion faite avec de l'eau, un gros & deux fcrupules d'extrait de la premiere teinture fpiritueufe.

Voyons à préfent les propriétés médicinales de cette plante. On l'emploie tant intérieurement qu'extérieurement Prife intérieurement, elle fortifie le cerveau, atténue & raréfie les humeurs vifqueufes ; elle convient dans l'afthme & favorife la digeftion en fondant & atténuant les vif-cofités de l'eftomac. Le thym mêlé avec les ali-

mens convient aux malades, aux phlegmatiques,
& à ceux qui ont l'estomac foible & relâché. Les
gens bilieux & secs doivent éviter d'en faire usage,
parce qu'il agite trop les humeurs.

Cartheuser assure que le thym produit de très-
grands effets dans les maladies séreuses, pitui-
teuses, catharrales de la tête & des autres parties : on le fait prendre en infusion dans du vin
jusqu'à quelques pincées, ou simplement dans
de l'eau en guise de thé. Dioscoride, en parlant
du thym de Crête, dit que sa décoction est propre pour l'asthme, qu'elle pousse les regles & les
vuidanges Pline assure que l'odeur de thym est
si pénétrante, qu'elle appaise même les paroxis-
mes épileptiques. A l'extérieur le thym de Crête
passe pour résolutif ; il soulage la goutte scia-
tique, étant appliqué sur la partie souffrante en
forme de cataplasme : on associe pour lors sa
poudre avec du miel & de la farine d'orge.

A l'égard du thym commun, on l'emploie
dans les décoctions & infusions aromatiques &
céphaliques, dont on se sert en fomentation pour
bassiner les parties nerveuses & musculeuses trop
affoiblies ou trop gonflées. On en fait aussi usage
très-fréquemment pour faire des sachets dans les
bains & les demi-bains. L'huile essentielle de thym
est très-propre pour appaiser la colique venteuse,
pour fortifier l'estomac, & pour pousser les mois
& les urines. La dose est de cinq ou six gouttes
dans deux ou trois onces d'une liqueur appropriée. On laisse aussi quelquefois tomber ces
gouttes sur un peu de sucre en poudre ; on en
fait un *oleo-saccharum*. On prétend que cette huile
est encore très-bonne pour calmer la douleur des
dents cariées, en la renouvellant tous les jours,
sur-tout si la douleur est violente ; Garidel dit

s'en être très-bien trouvé pour lui-même. Les feuilles de thym entrent dans l'eau générale ; ses fleurs dans le syrop de Stæchas, & les sommités fleuries dans la décoction aromatique, dans la poudre réjouissante & dans l'huile de renard de la Pharmacopée de Paris. L'huile distillée entre dans les baumes nervins & apoplectiques de la même Pharmacopée ; elle fait partie du baume tranquille : on se sert de son eau distillée pour faire l'eau de mille-fleurs.

Quand on prescrit le thym de Crête aux animaux, c'est pour l'ordinaire en infusion, à la dose d'une poignée dans une livre d'eau ou de vin, & en poudre à la dose de deux gros. Les abeilles sont fort friandes du thym ; le miel qu'elles recueillent sur cette plante est préférable à tout autre. Les moutons des environs de Narbonne n'ont une chair si délicate & si agréable au goût, que parce qu'ils se nourrissent de thym. Je suis, &c.

Paris, ce 8 Octobre 1769.

LETTRE XLI.

Sur la maniere de former les Prairies naturelles, & de rétablir les anciennes.

Un objet bien intéressant pour l'économie champêtre, sont, Monsieur, les prairies. Un bien de campagne n'a de valeur, de mérite & même d'ornement, qu'autant qu'il est abondamment pourvu de prés. Plus il se trouve de prairies annexées à une terre, plus on y fait de nourri ; & en y faisant beaucoup de nourri, on a toujours, par une suite indispensable, une quantité de fumier propre à améliorer & à fertiliser les champs destinés au froment ; ajoutez encore à cela le produit réel que rendent les bestiaux aux Cultivateurs. Vous ne pouvez donc mieux faire, Monsieur, que de multiplier dans vos Domaines les prairies naturelles. Vous seriez sans contredit un mauvais Econome, si vous prétendiez toujours nourrir vos bestiaux dans l'étable, en leur interdisant toute faculté de pâturer. On ne peut en tirer un vrai profit, qu'en leur procurant, au moins pendant six mois de l'année, une nourriture humide.

Par prés ou prairies, on entend communément toute étendue de terre qu'on destine à produire de l'herbe & d'autre nourriture pour le bétail.

Les prés d'une Seigneurie sont qualifiés du nom de prés hauts ou de prés bas, suivant que les prés sont situés sur des hauteurs ou dans les fonds. Les prés bas, qui, par leur situation, souvent le long des rivieres, sont la plupart du temps submergés dans le cas de la crue des eaux, & qui sont habituellement humides, fournissent une herbe bien moins estimable que celle des prés hauts, qui ne sont presqne jamais exposés aux inondations. Plus ces derniers sont de qualité seche, plus l'herbe qui y croît est fine & d'une saveur délicate, remarquable sur-tout par sa bonne odeur.

Il y a des contrées où les bords des rivieres, qui serpentent ordinairement, sont plus que suffisans pour procurer des prairies naturelles. Cependant les Habitans de ce pays trouveront encore un grand avantage d'avoir des prés dans des endroits fecs & élevés de leurs finages. Ces prés deviendront pour eux d'une grande reffource dans les années pluvieufes.

Outre la diftinction que je viens, Monfieur, de vous faire des prés en prés hauts & en prés bas, dans les pays de pâturage, on admet encore une autre diftinction, qui eft celle des prés fecs & des prés humides. Ces prés font ceux qui font fitués dans un fond gras & fubftancieux, où naturellement le foin vient en abondance ; il y eft même beaucoup meilleur que dans ceux où l'herbe ne croît qu'à force d'être arrofée. On nomme prés humides ceux qu'on voit dans les fonds & le long des ruiffeaux, qui ne deviennent fertiles que par l'eau, leur fonds étant d'une nature de terre fort légere, feche & très-peu fubftancieufe.

Après ces notions préliminaires, je paffe, Monfieur, à la méthode dont vous devez faire ufage pour former des prairies naturelles. La premiere chofe à laquelle vous devez vous attacher, c'eft d'examiner la nature & la fituation du terrein que vous deftinez à ces fortes de prés. Voulez-vous avoir un pré humide, choififfez pour cela une terre bien fubftancieufe, & qui fe trouve naturellement pourvue d'humidité. Cela vous fera très-facile à connoître ; fi en la creufant très-médiocrement, vous y trouvez de l'eau, vous pouvez être affuré que le terrein eft humide. Vous feriez très-bien auffi de choifir pour emplacement de ces fortes de prés des terreins à portée des rivieres ou des ruiffeaux. Ces fortes de terreins font pour l'ordinaire les plus convenables pour les prés humides.

Si

Si vous voulez au contraire un pré sec, il
est très-indifférent que la terre soit forte ou légere ; il suffit uniquement qu'il s'y trouve un
ruisseau propre à féconder ce terrein par l'écoulement de ses eaux.

Une attention que vous devez sur-tout observer, soit pour les prés secs, soit pour les prés
humides, c'est de ne choisir pour leur emplacement qu'un terrein en pente ; par ce moyen, les
eaux dont ces prés peuvent être abreuvés, auront
la facilité de s'écouler, & n'y demeureront pas
long-temps ; par conséquent ils ne se trouveront
pas trop refroidis, & le foin qu'ils donneront
sera plus abondant & de meilleure valeur. Le
choix de votre terrein étant fait, il s'agit actuellement de le préparer. Ce n'est pas l'affaire
d'un moment ; il faut souvent employer des quinze
à seize mois pour ces sortes de préparations. Cette
préparation consiste à labourer plusieurs fois la
terre pendant cet espace de temps, en observant
sur-tout de ne mettre la charrue dans le terrein
que dans les temps convenables, afin de pouvoir mieux l'ameublir. L'herbe vient si bien dans
une terre ameublie de la sorte, qu'il peut s'é-
couler un nombre considérable d'années, sans
être obligé d'y retoucher. Lorsque vous croirez
votre terre assez meuble (*que ce soit au moins
pour le mois de Février*), vous ferez pour lors
conduire du fumier dans votre terrein ; vous
donnerez vos ordres pour le faire répandre au
même moment que vous l'y aurez fait conduire ;
ensuite vous ferez donner à votre terre un nouveau labour, tant pour la rendre unie que pour
couvrir le fumier. Le fumier le plus nouveau est
celui qui produit le plus d'herbe, & qui rend
par conséquent un pré plus fertile ; il se conserve

auſſi plus long-temps, & les prés qui ſont en-
graiſſés par un pareil fumier n'ont pas beſoin
de l'être de pluſieurs années : mais il ſe trouve
néanmoins un inconvénient pour les prés qu'on
veut nouvellement former ; c'eſt qu'en ſe ſervant
de pareil fumier pour ces nouveaux prés, il eſt
difficile de bien enterrer le grain avec la herſe
qui la ramaſſe ; il eſt encore impoſſible, avec
cette eſpece de fumier, de bien unir un terrein.
Vous agirez donc, Monſieur, très-ſagement, ſi,
au lieu de fumier nouveau, vous vous ſervez de
pourri. Votre terre bien applanie, votre fumier
répandu comme il convient, vous ſemez pour
lors votre graine de foin ; la plus fine & la plus
mûre que vous pourrez trouver eſt ſans contredit
la meilleure. On mêle pour l'ordinaire avec
cette graine, en la ſemant, pareille quantité d'a-
voine. Si vous pouviez avoir pour ſemence de
la graine de prés hauts, préférablement à celle
de prés bas, vous vous procureriez par-là des
herbages plus fins & conſéquemment beaucoup
plus eſtimables. Pour avoir de la bonne graine
de foin, voici, Monſieur, comment on s'y prend
pour l'ordinaire. Vous faites balayer les greniers
où vous aviez fait mettre à la derniere récolte le
meilleur de vos foins, qui étoit des prés hauts ;
vous paſſez les balayures au crible ; vous ſéparez
ainſi la graine d'avec les brins de foin. Vous
pouvez encore mêler pour le mieux, avec les
criblures, de la graine de trefle.

Si le mois de Février eſt trop pluvieux, vous
différez votre ſemaille juſqu'à la fin du mois de
Mars, & même quelquefois juſqu'en Mai. L'a-
voine que vous ſemez parmi la graine de foin
vient très-bien, & peut en partie vous indemni-
ſer de la dépenſe que vous êtes obligé de faire,

pour mettre votre terre en nature de prés. Il y a
des Cultivateurs qui sement seulement leur foin
depuis la mi-Août jusqu'à la mi-Octobre.

Je croirois, Monsieur, ne vous avoir appris
qu'à demi ce qu'il faut que vous sachiez pour
former des prés nouveaux, si après vous avoir
appris à préparer votre terre & votre semence,
je ne vous indiquois pas la méthode de semer ces
prés. Après donc que, par un dernier labour,
vous aurez mis votre terrein à l'uni, vous vous
disposez, comme si vous vouliez semer du bled,
& à pas de Semeur, la main mouvante en même
temps que le pied droit ; vous jettez la semence
de la largeur d'un bon sillon & fort épaisse. Il
arrive souvent que, faute de sillonner dans le
terrein, on peut se tromper, soit en ne semant
pas ce qui seroit à semer, soit en semant de
nouveau ce qui avoit déja été semé. Pour obvier
à cet inconvénient, faites emporter par votre Semeur un bâton ; lorsqu'il sera au bout du champ,
il s'en servira pour marquer à-peu-près l'endroit
où il a pu répandre de la graine de foin ; qu'il
ait sur-tout l'attention de placer le bâton dans ce
qui est déja semé, préférablement à ce qui ne
l'est pas. Il continuera toujours ainsi, jusqu'à
ce que tout le terrein soit entiérement garni de
semence.

La semaille faite, vous prenez une herse bien
pesante, dont vous vous servez, tant pour enterrer le fumier que la semence ; vous passez
cette herse deux fois en croisant sur le guéret ensemencé. Vous le rendez par-là bien applani,
ce qui fait que la faulx y peut passer facilement,
lorsqu'il s'agit de faucher le foin.

Le bon temps pour ensemencer les prés est un
jour de pluie, ou celui qui le suit immédiate-

ment ; vous garantiffez par-là votre graine du
hâle, & elle en leve auffi bien plutôt. Le vent eft
contraire à cette femaille : comme la graine de
foin eft légere, il l'emporteroit trop loin.

Ne vous attendez pas, Monfieur, dès la premiere année, à jouir des mêmes avantages d'un
pré nouvellement femé, dont vous avez coutume
de jouir d'un pré qui eft dans cette nature depuis long-temps ; prenez fur-tout garde pendant cette premiere année que le bétail n'y pâture pas ; car fi par hafard il venoit à s'y échapper, vous pouvez dire que vous avez perdu
vos peines & votre femence. Rien de plus dangereux pour un pré nouveau que la dent des
animaux, & fur-tout leurs pieds, d'autant que
la terre éft meuble. Prêtez donc pour lors toute
votre attention à ce qu'aucune bête n'approche
de votre terrein.

L'année d'après votre femaille, il vous faudra
commencer, pour la premiere fois, à faire faucher le foin que votre pré aura produit ; vous
n'aurez plus alors tant à craindre des beftiaux ;
ils pourront même y pâturer fans y faire aucun
dommage. Cependant il eft à propos de leur en
interdire toujours l'entrée, quand la terre fe
trouve attendrie par la pluie, & lorfque la
pointe des herbes commence à pouffer. C'eft la
vraie perte des prés que de laiffer brouter cette
pointe. De tous les quadrupedes qu'on éleve
dans les baffe-cours, celui auquel tout pré doit
être interdit, eft le cochon ; il y fait un dégât
confidérable ; il le ravage avec fon groin.

Une précaution encore à garder dans les prés
nouvellement mis en cette nature, c'eft d'empêcher les eaux d'hiver, qui defcendent des mon-
agnes, d'en venir noyer les racines. Vous re-

médierez, Monsieur, à cet accident, en environnant votre pré de fossés de toute part ; par ce moyen il ne se trouve jamais inondé, ni pendant l'hiver, ni dans le temps que l'herbe est haute. Lorsqu'il survient quelqu'orage, vous empêchez encore par ces fossés que les passans ne tracent des sentiers dans votre pré, ce qui est très préjudiciable. Si au contraire vos prés sont depuis long-temps en cette nature, gardez-vous d'en détourner les eaux d'hiver ; elles y apportent toujours avec elles l'abondance & la fécondité, en entraînant tout ce que les terres par où elles passent ont de plus substanciel. Si vos prés se trouvent situés près des ruisseaux, & si vous avez des indices certains qu'ils ont soif, faites pratiquer à l'instant même une écluse pour y arrêter l'eau ; ensuite vous faites faire des saignées du côté du pré, pour donner l'écoulement nécessaire aux eaux ; cela fait, vous rompez l'écluse, & l'eau reprend son ancien cours.

Les plus grands ennemis des prairies sont les taupes. Lorsque vous abreuvez vos prés, vous pouvez faire, comme on dit proverbialement, d'une pierre deux coups ; lâchez-y l'eau dès la pointe du jour, c'est pour l'ordinaire le temps du travail des taupes. Ces petits animaux, qui la craignent extrêmement, percent leurs taupinieres, & pour l'éviter, ils montent sur la terre : rien ne vous sera plus facile alors que de les prendre toutes vives.

En parcourant la Suisse, sur la route qui conduit de Bâle à Soleure, on rencontre dans les vallons des prés de la plus grande fécondité, par les soins qu'ont les Habitans de ce pays de les arroser successivement, en détournant les eaux

de plusieurs ruisseaux qui y découlent des montagnes voisines. Je n'ai pu m'empêcher, en herborisant dans ces Cantons, d'admirer la quantité de foin qu'on tire dans ces endroits de la
plus petite étendue de terrein.

Lorsqu'il y a beaucoup de taupinieres dans les
prés, il faut, Monsieur, avoir soin au printemps,
avant que l'herbe pousse, d'abaisser ces hauteurs,
pour que le terrein soit toujours uni, & pour
que la faulx puisse aller librement.

Après vous avoir, Monsieur, exposé la méthode de former de nouvelles prairies naturelles,
il est à propos de vous dire un mot sur les anciennes. Il est de principe, dans l'Agriculture,
que tout terrein qui nourrit des plantes, perd
insensiblement de sa substance; & si on n'a pas
de temps en temps recours aux engrais, on n'y
voit plus que des productions languissantes; le
terrein s'épuise même à la fin, & ne fournit plus
aucun aliment aux végétaux qui s'y trouvent.
Une partie des prés anciens est sujette à cet épui-
sement, sur-tout lorsqu'ils ne se trouvent pas sur
des rivieres limoneuses, qui, dans les temps des
inondations, y apportent un certain limon, qui
tient lieu de l'engrais. Ces sortes de prés n'ont
jamais besoin d'être fumés; mais pour ceux qui
ne sont pas dans ce cas, lorsqu'ils sont anciens,
il faut les fumer tous les quatre ou cinq ans, dans
les mois de Décembre ou de Janvier. Les sels
du fumier se détrempent par les pluies de l'hiver
& du printemps, pénetrent pour lors plus avant
en terre, font revivre les racines des herbes, &
les obligent ensuite à pousser avec vigueur. Il
faut, Monsieur, donner vos ordres pour fumer
vos vieux prés, dès que votre Econome s'ap-
percevra qu'ils ne rapportent plus autant de foin

qu'à l'ordinaire , & que la mousse même peut remplacer les plantes. Pour remédier à cette mousse, qui gâte totalement les prairies , dès le mois de Décembre, faites répandre sur tout votre pré de la cendre de tourbe ou de la cendre de lessive le plus épais que vous pourrez. Si la mousse n'y est pas invétérée, vous viendrez par-là à bout de la détruire. Vous pourrez encore vous servir pour cette fin , & même plus immanquablement de fumier de pigeon. Un bon moyen pour faire pareillement périr la mousse, est de faire labourer vos prés avec des charrues à coutre, sans soc , avant d'y faire répandre le fumier. Si malgré tout cela la mousse continue, vous n'avez pour lors d'autre parti à prendre que de changer votre pré de nature, en en faisant des terres labourables. Un pré ainsi rendu en labour, vous rapportera pendant cinq ou six ans du bled en abondance, après quoi vous serez le maître de le remettre en nature de pré, qui ne sera pas pour vous moins profitable qu'il l'étoit anciennement, sur-tout si vous y apportez toutes les précautions que je vous ai indiquées pour les prairies nouvelles. Vous ne pourriez jamais vous imaginer , Monsieur, combien rapportent des prés hauts, si on a soin de les labourer lorsqu'on s'apperçoit que les mauvaises herbes s'y multiplient , de les engraisser de fumier terreauté ou de celui de pigeon, d'en tenir toujours le terrein bien uni en abattant les taupinieres, d'en refendre les fossés pour procurer l'écoulement des eaux , de les tenir bien clos pour en interdire l'entrée au bétail, & pour empêcher d'y pratiquer des chemins. Ces sortes de prés sont de vraies mines d'or du Pérou au milieu de la France.

Il n'y a pas long-temps qu'étant allé voir une malade dans la Beauce, à 15 ou 16 lieues de Paris, j'allai herboriser dans les prairies de Bainville, Baronville & lieux circonvoisins; je les trouvai presque tout.s dans le plus mauvais état, peuplées de toute sorte de mauvaises herbes, dont la plupart pouvoient même être dangereuses aux bestiaux, à défaut d'entretien, & par la négligence des Habitans, n'y ayant aucune *sangsue* pratiquée, faisant même une espece de marais, tandis qu'au milieu de ces prés j'en remarquai un autre qu'on avoit eu soin de bien fumer, de clorre & de dessécher, qui se trouvoit garni d'une quantité d'herbes & même de la meilleure, ce qui prouve que les plus mauvais terreins, lorsqu'on a soin de les bien entretenir, peuvent devenir profitables.

Je suis, &c.

Paris, ce 17 Octobre 1769.

LETTRE XXXV.

Sur le Cyprès.

JE vous ai, Monsieur précédemment indiqué le moyen de faire valoir vos terreins fangeux & marécageux, en y faisant des plantations d'aune; je veux vous apprendre aujourd'hui comment vous pourrez tirer profit des terreins pierreux & sablonneux qui se trouvent dans vos Domaines : je vous donnerai par-là des preuves encore plus convainquantes que je ne néglige aucune des occasions qui se présentent pour multiplier le produit de vos revenus. Je me propose donc ici de vous exposer la culture d'un arbre qui croît à merveille dans les terreins secs, arides & d'aucun rapport, ou du moins d'un rapport qui n'équivaut pas aux frais de culture. Cet arbre précieux est le cyprès. En mettant à profit les principes que je vais vous détailler sur sa culture, vous parviendrez à former dans vos plus mauvais terreins des forêts, qui seront pour vous aussi lucratives que si elles se trouvoient plantées de chênes : mais pour faire naître le goût de pareilles plantations, il est à propos, Monsieur, de vous en faire connoître préalablement les avantages.

Il y a peu d'arbres dont on puisse tirer plus d'utilité que du cyprès. Les Orientaux font grand usage de son bois pour la charpente & la construction de leurs bâtimens. Le cyprès n'est pas d'une petite valeur, quand il se trouve assez gros pour en faire des planches ; &, suivant ce qu'assure le Cultivateur Miller, il ne lui faut pas plus de temps pour parvenir à ce point qu'à un chêne. On appelle dans l'Isle de Candie *dos filive* les plantations de cyprès ; & en effet, les Habitans de cette Isle les donnent pour dot à leurs filles.

On peut substituer au cedre le bois de cet arbre, qui est très-odorant ; il passe pour incorruptible, & n'est sujet à être ni carié, ni dévoré par les insectes ; il empêche même que les mittes ne gâtent les étoffes de laine qui se trouvent renfermées dans les caisses qu'on en construit : aussi plusieurs Menuisiers l'emploient-ils

B v

à ce deſſein, lorſqu'ils conſtruiſent des garde-
robes.

M. Duhamel a dans ſa terre un enclos fermé
par des poteaux de cyprès, qui, quoique fichés
en terre depuis près de ;0 ans, ſe trouvent encore actuellement auſſi ſains que ſi on venoit ſeulement de les y mettre. Mais quel bois pourroit-
on trouver qui puiſſe ſe conſerver auſſi long-
temps ? C'eſt ſans doute la raiſon qui a fait
dire à M. Duhamel, dans ſon Traité des Arbres, que des cyprès qui auroient ſept à huit
pouces de diametre, ſeroient très-propres pour
faire des contre-eſpaliers, pour paliſſader des Villes de guerre, & pour pluſieurs autres uſages
où·le chêne ne dure gueres plus que ſept à huit
ans. Les jeunes branches de ces arbres, dit ce
ſavant Académicien, pourroient auſſi convenir à
faire des échalas & des treillages d'eſpaliers. Jugez par-là, Monſieur, de l'utilité du cyprès.
Théophraſte nous apprend que les portes du
Temple d'Fpheſe étoient faites de ce bois incorruptible. L'Hiſtoire rapporte auſſi que les
portes de Saint-Pierre à Rome, qui en étoient,
ont duré depuis Conſtantin le Grand juſqu'au
temps du Pape Eugene IV ; c'eſt à-dire, pendant l'eſpace de onze cents ans ; & les portes
étoient encore très-bonnes, lorſque ce Pape les a
fait remplacer par des portes d'airain. C'étoit
avec du cyprès, ſi l'on en croit Thucydide, qu'on
faiſoit les cercueils dans leſquels les Athéniens
brûloient leurs Héros. Les caiſſes où l'on enferme les momies qu'on nous envoie d'Egypte,
ſont auſſi de ce bois ; ſon odeur forte & balſa-
mique ne contribue pas peu à la conſervation
des cadavres. De ſavans Auteurs vantent beaucoup la vertu qu'a le cyprès de bonifier l'air,

en le chargeant d'exhalaisons balſamiques très-
ſaines pour les poumons ; auſſi les Médecins
Orientaux avoient-ils coutume d'envoyer dans
l'Iſle de Candie, alors pleine de ces arbres, les
poitrinaires les moins curables. Ces malades en
revenoient ſouvent guéris par la ſeule vertu de l'air
parfumé qu'ils venoient de reſpirer.

Les cyprès ſont placés dans le rang des arbres réſineux. Dans les pays chauds, on tire
de leurs branches, par inciſion, une réſine qui,
ſuivant Bellon, eſt très-propre pour embaumer
les corps morts.

Ceux qu'on cultive en France ne nous fourniſſent point de réſine, mais l'écorce des jeunes
branches de ces arbres laiſſe tranſſuder une petite quantité de ſubſtances qui paroiſſent comme de
petits points blancs à la vue ; mais qui, exami-
nés à la loupe, reſſemblent à de petits morceaux
de gomme adragant. Les abeilles ſe donnent
bien de la peine pour les détacher ; peut-être
emploient-elles cette matiere pour leur pro-
polis.

Continuons, Monſieur, d'examiner les vertus
médicinales du cyprès, & nous verrons qu'il
n'eſt pas moins utile dans la Médecine que pour
l'économie rurale. Son fruit eſt des plus aſtringens. Si on le pulvériſe & ſi on l'applique extérieurement ſur les plaies, il en arrête l'hémorrhagie. On prétend que cette même poudre,
priſe intérieurement, eſt un fébrifuge. Dioſcoride conſeilloit ce fruit dans les diarrhées & la
dyſſenterie : on la donne pour lors en décoction dans du vin à la doſe d'un gros ; & quand on
la preſcrit aux animaux, c'eſt pour l'ordinaire à
la doſe d'une once.

Les feuilles de cet arbre, miſes en poudre & arrofées de vin qui n'a pas cuvé, font recommandées par plufieurs Praticiens comme un excellent cataplafme pour les écrouelles, les tumeurs œdémateufes & les hernies. On réitere tous les jours ce cataplafme jufqu'à parfaite guérifon. Les Romains ont confacré les cyprès à Pluton : on en mettoit anciennement à la porte des maifons où il y avoit quelques perfonnes de qualité mortes.

Mais le cyprès n'eft pas feulement utile ; il eft encore agréable : on en voit de belles avenues dans le Languedoc, la Provence. Cet arbre fait un fi bel effet dans les jardins, qu'on peut dire qu'il manque quelque chofe aux plus parfaits, lorfqu'ils en font dépourvus. Les maifons de campagne des Italiens doivent une partie de leurs agrémens à ces arbres ; leurs tiges pyramidales s'élevant fort haut, fans branches qui puiffent géner la vue, accompagnent merveilleufement les bâtimens, auxquels elles donnent un certain air pittorefque, par le bel effet de leurs rameaux d'un verd noir, qui fe peignent fur les murs blancs. Par-tout où il y a des maifons, des orangeries, des cabinets de campagnes, il faut y placer des cyprès ; rien ne figure mieux dans les jardins, fi on fait les y mettre avec goût.

Parmi les cyprès communs on en diftingue pour l'ordinaire de deux fortes ; l'un qu'on nomme improprement cyprès mâle & l'autre cyprès femelle : je dis improprement, puifqu'ils portent l'un & l'autre des fleurs mâles & femelles. Le cyprès mâle étend fes branches çà & là, au lieu que le cyprès femelle les raffemble en fon sommet ; auffi le nomme-t-on pour cette raifon pyramidal. Le cyprès mâle convient dans les maffifs; le femelle , par fa belle pyramide, produit un joli effet le long des allées, de même que dans les parcs. On aura de belles avenues , en-les entremelant alternativement l'un & l'autre, pourvu qu'on ait feulement le foin d'élaguer le cyprès mâle pour en former une belle tige.

On peut dire que les maffifs de cyprès font des bois très agréables pendant l'hiver; ils n'ont qu'un défaut, c'eft d'être d'un verd obfcur, qui déplaît en été; mais la vue s'y arrête volontiers en hiver, quand les autres arbres font dépouillés Ils méritent donc avec juftice une place diftinguée dans les bofquets de cette faifon. Au refte , fi on avoit l'attention de mêler avec ces arbres d'autres qui ne fe dépouillent pas , tels que font les fapins & les pins, le verd foncé des feuilles de cyprès & fes fruits finguliers feroient pour lors une jolie variété.

Le cyprès mâle eft , Monfieur, celui que je vous confeille de cultiver par préférence, quoiqu'il ne foit pas pyramidal; il mérite cette diftinction par la vigueur avec laquelle il pouffe, & par fa propre conftitution, qui le fait réfifter au mauvais temps & à toutes les rigueurs des faifons. Il ne réuffit jamais fi bien que dans les fols, qui font pour ainfi dire abandonnés & regardés comme inutiles. C'eft conféquemment, Monfieur, celui qui convient le mieux pour vos mauvais terreins pierreux & fablonneux.

En Angleterre, on fe fervoit anciennement du cyprès femelle, comme d'ornement pour les plate bandes: on le tailloit pour lors en pyramide & en quille. On a obfervé depuis que le cifeau lui étoit mortel; c'eft ce qui a fait qu'on a pris le parti de replier fes branches avec des liens, pour lui donner plus parfaitement cette forme pyramidale qu'il eſt diſpoſé à prendre de lui-même : mais les liens empêchant l'air de circuler entre les branches, en firent périr les feuilles. Ces arbres ainſi garottés devinrent déſagréables à la vue ; c'eſt ce qui a été cauſe qu'on a pris le parti de les abandonner à la nature.

Le cyprès mâle eſt un des plus grands arbres qui exiſtent parmi les végétaux, & un de ceux, ainſi que je l'ai obſervé, qui viennent plus vîte dans les ſols pierreux & ſablonneux ; il ſouffre encore moins le ciſeau que le cyprès femelle. Rien n'eſt plus profitable que les plantations de cette eſpece ; c'eſt celui qui nous rapporte le plus, & qui peut nous fournir en moins de temps un tronc aſſez gros pour en tirer des planches.

Nous avons, Monſieur, en France une infinité de terres ſablonneuſes & pierreuſes, qu'on ne daigne pas même de cultiver, parce qu'elles n'en rendroient pas les frais ; tels ſont même quelques-uns de vos terreins Qui vous empêche de les p anter de cyprès ? J'eſpere, Monſieur, que votre exemple en réveillera le goût. De quel vrai plaiſir ne jouiroit pas un propriétaire, qui auroit l'avantage de voir croître avec vigueur, dans un mauvais fonds, de jeunes cyprès, & d'y obſerver leurs progrès ! Quelle douce ſatisfac- tion ne reſſentiroit il pas auſſi, par la réflexion qu'il pourroit faire qu'un jour ſon héritier en tirera autant de profit que d'une plantation de chêne !

Mais c'eſt aſſez, Monſieur, vous avoir entre- tenu des avantages de cet arbre ; j'en viens à ſa culture. On ſeme, dit Miller, ces deux eſpeces de cyprès au commencement du printemps : on fera choix d'un plancher de terre fablonneufe, feche & chaude : on l'aplanira & on y femera affez épaiffe la graine de ces arbres, après quoi on la couvrira d'un quart de pouce de la même terre tamifée.

Si le temps eft fec, on fera bien d'arrofer ce femis ; mais le plus doucement que faire fe peut, de peur de déterrer la graine, qui leve, fi elle eft bonne, au bout d'un mois ou environ. On nettoiera pour lors foigneufement ce femis, & on réitérera fouvent les arrofemens, fi le temps continue à être fec. On prendra néanmoins garde en arrofant de ne pas déchauffer les petits arbres, qui ne tiennent en terre que par un petit nombre de fibres très-délicates. Il eft hors de doute que fi on feme la graine de cyprès fur une couche tempérée, elle levera beaucoup plus promptement & plus fûrement qu'en pleine terre. Ces petits arbres peuvent refter deux ans dans le femis ; au bout de ce temps, on les mettra en pépiniere. Il faut choifir pour cette opération un temps doux & qui nous annonce de la pluie, fur-tout au commencement d'Avril, lorfque les vents deffechans de Mars ceffent à fe faire fentir. La terre qu'on deftine pour en faire une pépiniere, doit être pierreufe & fablonneufe. Après l'avoir préparée par un labour & l'avoir nettoyée de toutes les mauvaifes racines qui peuvent s'y trouver, on tracera, par le moyen du cordeau, des rigoles à trois pieds de diftance, le long defquelles on plantera, à huit pouces les uns des autres, les jeunes cyprès, qu'on aura eu foin préalablement d'arracher avec leurs racines bien entieres, & s'il fe peut, en mottes.

Lorsque les jeunes pieds seront plantés, on serrera la terre autour, & on entourera le bas de leur tige & le dessous de leurs racines de menue paille, après quoi on les arrosera pour coller la terre, ce qu'on réitérera deux fois par semaine, jusqu'à ce qu'ils soient entiérement repris.

Ces arbres peuvent rester trois ou quatre ans dans la pépiniere, plus ou moins, selon qu'ils auront bien ou mal poussé. Si on les y laisse plus long-temps, il faut pour lors de deux en ôter un le long des rangées, sans quoi leurs racines s'entrelaceroient tellement les unes dans les autres, qu'il ne seroit plus possible de les arracher, & par conséquent de les transplanter. Pour les transplanter à demeure, il faut les enlever en motte. Voici, Monsieur, comme vous vous y prendrez. Vous ferez faire un fossé circulaire autour de chacun de ces jeunes cyprès ; vous couperez toutes les racines latérales qui passent; après quoi vous détacherez la motte par-dessous, en l'amincissant avec la bêche, & vous couperez la racine qui pivote. Cela fait, vous ôterez toute la terre de dessus la motte, jusqu'aux premieres racines latérales; & pour rendre les mottes encore plus légeres, vous ôterez par les côtés autant de terre qu'il sera possible, de sorte qu'il n'en reste que ce que les racines en peuvent soutenir. Deux hommes pourront pour lors aisément porter votre arbre sur une civiere jusqu'à l'endroit où vous voulez le placer, ayant soin qu'on n'éboule pas la terre des mottes par des mouvemens trop brusques. Si l'endroit destiné à la plantation est éloigné, il faudra mettre des mottes dans des paniers, & les envelopper de paille ; si on destine les jeunes plants à donner un jour du bois de conſtruction , il faut les eſpacer à dix-huit ou vingt pieds en tout ſens les uns des autres. Après les avoir plantés , ſerrez bien la terre contre les racines ; mettez enſuite de la litiere autour du pied , pour prévenir le deſſéchement; après quoi arroſez-les ; ce que vous réitérerez quelquefois , juſqu'à ce qu'ils ſoient bien repris. Votre plantation ainſi faite , ces arbres ne demandent pour lors pour tout ſoin que d'arracher de temps en temps les mauvaiſes herbes qui peuvent croître autour de leurs pieds. Le cyprès femelle ne donne de la bonne ſemence que dans nos Provinces méridionales, d'où nous la faiſons venir pour les ſemis qu'on fait à Paris. Cette ſemence vient dans des cônes, & on l'y laiſſe juſqu'au temps de la ſemaille ; elle s'y conſerve mieux. Pour les tirer de ces cônes , on les expoſe à un feu doux. La ſemence de cyprès mâle mûrit très-bien à Paris.

La plupart des Botaniſtes ont regardé juſqu'à préſent le cyprès mâle & le cyprès femelle comme deux eſpeces ; mais ils ſont actuellement bien revenus de leur erreur, puiſque l'expérience nous apprend que la graine qui vient d'un de ces cyprès , en produit de deux ſortes. Cependant il eſt difficile de concevoir , ſi cela eſt, pourquoi le cyprès mâle eſt plus dur que le cyprès femelle, & pourquoi la graine du premier mûrit plutôt à Paris que celle du ſecond.

Il y a, Monſieur, une autre eſpece de cyprès qui nous vient de l'Amérique , & qu'on nomme cyprès de Virginie, *Cypreſſus foliis acaciæ deciduis*. Cet arbre croît dans les lieux aquatiques de cet hémiſphere, où il parvient à une hauteur & à une groſſeur conſidérables; il s'en trouve qui ont juſqu'à 70 pieds de haut & quelques toiſes de tour. Quels avantages n'aurions - nous pas de cultiver cette efpece d'arbre ? Quelle plantation pourroit-on trouver pour être plus utile dans nos terreins maréca-geux, où rarement les arbres réfineux peuvent fubfifter ? Cette efpece fe multiplie auffi aifé-ment que les autres : on en fait venir la graine de la Caroline & de la Virginie, où elle eft très-commune. On la plante dans un terrein humide; c'eft-là où elle végete le mieux. Lord Catefby, qui nous a donné l'Hiftoire Naturelle de la Caroline, affure que cet arbre croît dans les en-droits où il y a jufqu'à quatorze pieds d'eau.

Comme cette efpece quitte fes feuilles, on ne peut guère la placer parmi les cyprès toujoursverds.

Un cyprès qui feroit encore fort avantageux en France, eft le cyprès d'Amérique à petit fruit, *Cupreffus Americana fructu minimo*. Il eft originaire de l'Amérique feptentrionale. Les Na-turels du pays l'emploient à différens ufages. Puifque cet arbre nous vient d'un pays auffi froid que la partie boréale de l'Amérique, il n'eft pas douteux qu'il réuffiroit à merveille en France ; il a un port régulier; il ne fe dé-pouille pas, & mérite fans contredit une place parmi nos arbres toujours verds, dont il aug-mentera la diverfité.

Le cyprès d'Amérique fe multiplie par fes graines ; vous les femez au printemps dans une caiffe garnie d'une terre légere & fraîche ; vous placez cette caiffe à l'expofition du levant; vous arrachez foigneufement les mauvaifes herbes qui pourroient y croître, & vous l'arrofez convenablement, fuivant que l'exige le plus ou le moins de féchereffe. Sur la fin de Septembre, vous changez cette caiffe de place; vous l'abritez auprès d'un mur ou d'une haie, & vous la laiffez ainfi paffer l'hiver jufqu'au

printemps fuivant , temps où les jeunes arbres
commencent feulement à lever ; car pour l'ordinaire la graine refte un an en terre avant de
pouffer , à moins d'en accélérer la germination ,
en plaçant cette caiffe fur une couche tempérée.
Dans ce dernier cas , au troifieme printemps , à
compter depuis le moment que vous avez femé
la graine , vous habituez peu-à-peu vos jeunes
arbres à l'air libre ; vous ôtez à cet effet au mois
de Mai de deffus la couche la caiffe où font ces
petits cyprès ; vous les mettez dans un lieu om-
bragé , & vous ne les expofez qu'au foleil levant.
Tant qu'ils font dans cette caiffe , vous les farclez
fouvent , & les arrofez de temps en temps ; l'hiver fuivant, vous leur donnez l'expofition du
midi, & vous les abritez d'un mur ; car les jeunes
plantes font délicates dans leur jeuneffe, quoiqu'elles deviennent fort dures à la fuite.

Sur la fin de Mars , ou au commencement d'A-
vril , peu de temps avant que ces jeunes arbres
ne pouffent , vous préparez un terrein pour en
former une pépiniere ; vous choififfez à cette fin
une terre fraîche , & qui foit néanmoins fituée
dans une expofition chaude ; vous y plantez
vos jeunes plants à un pied de diftance les uns
des autres, dans des rigoles efpacées de dix huit
pouces. Le temps propre à cette tranfplantation
eft un temps nébuleux & pluvieux ; il eft dangereux de la faire dans un temps fec , & lorfque le
vent d'eft domine. Si malgré la faifon indiquée,
l'air ne fe trouve pas encore affez doux & affez
humide, vous agirez prudemment de retarder de
quinzaine cette opération , plutôt que de mettre
vos jeunes plants dans un danger éminent. Le
replant fini, vous arrofez vos petits arbres ; c'eft

le vrai moyen de coller la terre contre leur racine ; vous répandez enfuite de la menue paille
fur toute la terre nue de votre pépiniere , afin
d'empêcher la féchereffe de pénétrer jufqu'aux
fibres délicates des racines de ces arbres , ce qui
feroit très-nuifible. Comme il y a à craindre
un pareil inconvénient, lorfqu'on tranfplante ces
jeunes plants , vous n'arrachez de la caiffe qu'un
feul cyprès à la fois , à l'inftant même que vous
êtes prêt à le mettre en terre.

Pour agir encore avec plus de précaution,
vous placez au fortir du femis chacun de vos
arbres dans un petit pot rempli d'une terre forte
& limonneufe ; vous mettez ces pots fur une couche tempérée, garnie d'une arcade de cercles ,
pardeffus lefquels vous pofez des paillaffons ,
pour pouvoir donner de l'ombre à ces petits cyprès , jufqu'à ce qu'ils foient bien enracinés :
c'eft-là le vrai moyen de les faire reprendre ; ils
réuffiffent mieux qu'en pleine terre ; il n'y a pour
lors aucun accident à craindre qui les faffe périr ,
lorfqu'on les ôte de ces pots, car il eft facile de
les en tirer en motte.

L'été fuivant , vous pouvez encore laiffer ces
pots enterrés dans une vieille couche , pourvu
néanmoins que vous ayiez foin de les arrofer
dans les temps fecs ; car ces fortes de cyprès, qui
croiffent dans les terres humides & dans les contrées baffes & marécageufes de l'Amérique, périffent facilement pendant l'été , lorfqu'ils manquent d'eau. Le plus grand avantage que je
connoiffe, Monfieur dans le cyprès d'Amérique, c'eft que le plus grand froid ne peut leur
nuire : mais ils périffent dans une terre feche ;
c'eft pourquoi vous devez avoir attention en les

plantant de ne les jamais placer en pareille terre ; ils y mourroient immanquablement, faute d'eau pendant les chaleurs de l'été.

Comme ces arbres font très difficiles à reprendre, lorfqu'on les tranfplante, vous ferez bien, Monfieur, de les laiffer daus des pots, jufqu'à ce qu'ils foient affez forts pour être placés à demeure.

Les rameaux des cyprès d'Amérique font garnis de feuilles plates, toujours vertes, affez femblables à celles de l'arbre de vie ; fes cônes ne font pas plus gros que ceux des cedres ; c'eft ce qui eft caufe que plufieurs Botaniftes ont rangé le cyprès d'Amérique dans la famille des cedres, & qu'ils le défignent communément fous le nom de cedre blanc de Virginie.

Si vous plantez cet arbre dans un endroit gras & humide, il croîtra très-vîte ; il fournira en peu du bois propre pour la conftruction, & deviendra pareillement l'ornement & la décoration de nos plantations d'arbres toujours verds. Il eft d'autant plus précieux, que rien n'eft plus rare dans les pays froids que de trouver un arbre réfineux toujours verd, qui vient dans les terreins humides. Plus vous augmenterez, Monfieur, dans vos plantations & dans vos jardins le nombre des arbres qui ne fe dépouillent point, plus vous ajouterez à leur beauté.

La plupart des principes que je viens de vous expofer fur la culture du cyprès dans cette Lettre, font fondés fur les obfervations de M. Miller, fameux Agriculteur Anglois ; mais comme le climat n'eft pas le même en France qu'en Angleterre, que d'ailleurs il varie même dans les différentes Provinces du Royaume, permettez-moi, Monfieur, de vous rapporter ici quelques

effais qui ont été faits dans une de nos Provinces feptentrionales fur la culture des cyprès. Ces
effais pourront fervir par la fuite à pofer des principes généraux ; ils ont été rendus publics par M.
le Bailli de Tfchoudy, dans un petit Traité qu'il a
compofé fur les arbres réfineux. Cet Auteur rapporte dans cet Ouvrage , avec toute la candeur
& l'ingénuité qui lui font propres, fes bons & fes
mauvais fuccès fur la culture du cyprès, ce qui
donne un relief à fes obfervations , & ce qui
prouve le cas qu'on en doit faire : auffi vous les
tranfcrirai-je ici littéralement.

« Me trouvant auprès de Milan, dit notre Agri-
» culteur, au mois de Janvier de l'année 1765, je
» fis cueillir des cônes d'un beau cyprès pyramidal,
» qui étoit auprès d'une roche expofée au midi ;
» je fus fort étonné de les trouver encore tout
» verds. Je ne favois fi je les voulois emporter :
» mais l'efpérance que je conçus alors qu'ils
» pourroient mûrir pendant ce tranfport, me
» décida ; & en effet, dans le voyage , ils ont jau-
» ni , leurs écailles fe font entr'ouvertes d'elles-
» mêmes , & j'en ai tiré une affez grande quantité
» de graines. Ces graines étoient creufes pour la
» plupart ; je femai feulement celles qui fe trou-
» verent bonnes, & je fuivis la méthode de Mil-
» ler. Cependant j'obfervai de les enterrer moins
» profondément que les plus petites graines de
» pin , d'autant que ces graines étoient fort plates :
» elles m'ont donné vingt-trois petits cyprès ,
» dont les uns raffembloient & les autres éten-
» doient leurs branches. Je m'apperçus que ces
» cyprès nouvellement levés , demandent plus
» d'ombre que les melezes ; car ayant découvert
» les uns & les autres aux mêmes heures , plu-
» fieurs des premiers furent grillés en un inftant;

» il ne m'en reſta que dix, qui paſſerent fort
» bien l'hiver dans une ſerre, où il geloit un peu
» moins que dehors; mais les ayant mis ſur une
» couche tempérée au commencement de Mars,
» j'en vis tous les jours ſécher quelques-uns par le
» hâle de ce mois, quoiqu'ils fuſſent preſque tou-
» jours couverts. Un ſeul m'eſt reſté, qui eſt à-
» préſent très-vigoureux; auſſi eſt-il de l'eſpece
» qui a ſes branches horizontales. J'ai reçu de
» la Provence de la graine de cyprès; elle a
» fort bien levé. J'en.ai reçu auſſi près de deux
» livres de Gênes, qui n'avoit pas été conſervée
» dans les cônes, & qui ne m'eſt arrivée que ſur
» la fin de Mai. J'en ſemai ſur le champ quatre
» onces, & pareille quantité dans le mois de
» Juin ; cette graine leva bien plutôt que n'a-
» voit fait celle que j'avois ſemée au mois d'Avril
» de l'année précédente, & en ſi grande quan-
» tité, que mes terreins reſſembloient à des eſ-
» peces de broſſes vertes.

» Ces petits cyprès crûrent avec une vîteſſe
» étonnante, & ils ſe maintinrent en très bon
» état juſqu'au temps où il fallut les garantir du
» froid ; j'en fis placer une partie dans une ſerre,
» & je mis les autres ſur une couche à vitrage.
» La terre des terrines qui étoient dans la ſerre
» deſſécha extrêmement, & devint dure comme
» une pierre, ayant été battue par les arroſe-
» mens , & faute d'avoir eu la précaution de
» mettre des écailles d'huître & de la brocaille au
» fond des terrines. Cependant il ne fut pas poſ-
» ſible de les arroſer, attendu la forte gelée qu'il
» faiſoit pour lors, premier inconvénient.

» 2°. Ma ſerre étant fort petite, & cependant
» ayant été obligé d'y ranger trois cents pots

» remplis de terre, il n'eſt pas douteux que l'air
» y étoit humide, autre inconvénient.

» 3°. On fut obligé de fermer les volets des
» fenêtres de la ſerre, à cauſe du grand froid
» qu'il faiſoit à Metz dans cette année 1767,
» puiſque la nuit du 10 au 11 Janvier, le froid
» fut à 16 degrés & demi, tandis que dans la
» même Ville, en 1709, il ne fut qu'à 14 deg.
» & demi. Perſonne n'ignore que la lumiere donne
» aux plantes la couleur & peut-être la conſiſ-
» tance. On peut donc juger combien fut fu-
» neſte pour ces cyprès la clôture des volets.

» 4°. Nos jeunes éleves ſe trouvoient en ſi
» grand nombre dans les terrines, qu'ils ſe tou-
» choient ; par conſéquent les premiers endom-
» magés communiquerent la contagion aux
» autres. Qu'eſt-il arrivé de tout cela ? Les
» ſommités de quelques-uns de ces éleves ont
» noirci de pourriture, & ſucceſſivement toutes
» les parties de leurs tiges, & de-là tous les au-
» tres. En en tirant quelques-uns de terre,
» j'ai trouvé les fibriles de leurs racines deſſé-
» chées. Cependant au mois de Février, je les
» fis arroſer ; l'eau paſſa à travers la terre des
» terrines comme à travers un tamis. Cette terre
» ne put s'humecter qu'à force d'eau, & elle
» devint pour lors comme de la boue, ce qui
» fit périr plus vîte mes jeunes arbres. Je les fis
» placer enſuite ſur la fin de Mars auprès des vi-
» tres ouvertes, cela les acheva. J'ai penſé pour
» lors que la gelée avoit eu le moins de part à
» leur deſtruction. Ainſi, de trois cents petits
» cyprès que j'avois dans la ſerre, il ne m'en eſt
» pas reſté un ſeul.

» La terre des terrines que j'avois enterrées
» dans

» dans la couche à vitrage, ne fe deffécha pas
» entiérement : mais la gelée y eut plus facilement
» accès que dans la ferre ; elle fit périr prefque
» tous les petits cyprès. Il ne m'en reftoit plus que
» dix-fept pour le 1ᵉʳ Avril ; de ces dix fept il en
» mourut encore quelques-uns par les coups de fo-
» leil, & il ne m'en demeure plus actuellement que
» dix, qui fe portent bien, & qui font même très-
» vigoureux. Le refte de ma graine a été femée ce
» printemps pour réparer mes pertes ; & comme je
» l'avois confervée dans du fable fin & fec, elle a
» levé auffi bien qu'elle avoit fait l'année précé-
» dente.

» On voit par ces obfervations, conclut M. le
» Baron de Tfchudy, que la graine de cyprès, ti-
» rée des pays chauds, leve fort aifément ; mais
» que la difficulté confifte à faire paffer le premier
» hiver aux jeunes plantes ; que le fecond prin-
» temps eft encore l'époque d'une crife, dont il
» n'eft pas facile d'éviter les mauvaifes fuites. Pour
» obvier à tout cela, je fais ôter, dès le mois de
» Juillet, de deffus la couche ombragée les terrines
» où font mes cyprès nouvellement éclos ; je les
» abrite auprès d'un mur expofé au foleil levant
» jufqu'aux fortes gelées ; je les mets pour lors
» auprès d'un mur qui a l'expofition du midi. Si
» le froid eft trop rude, je les couvre de feuilles
» feches ; au fecond printemps, je remets les caif-
» fes à l'expofition du Levant, ainfi que l'année
» d'auparavant, & j'en plante le plus grand
» nombre dans des pots, pour les y laiffer juf-
» qu'à ce qu'ils foient propres à être mis fur place,
» conformément aux principes de l'Agriculteur
» Muller ».

M. de Tfchudy a obfervé, que lorfqu'on tire
de terre un cyprès au mois d'Octobre, fes ra-

cines se trouvent terminées par un bouton noir.
Au mois de Mars, le bouton s'enfle, s'alonge
& blanchit. C'est par le développement de ces
boutons que les racines de cet arbre se continuent.
Si l'on retranche ces boutons des racines, elles
ne s'alongent plus, & n'en poussent point d'autres des bords de la coupure. Il est facile, par
cette observation, de démontrer de quelle importance il est de transplanter ces arbres avec
leurs racines entieres, quand ils sont petits; &
avec leurs mottes, quand ils sont un peu forts.

Tel est, Monsieur, le détail des observations
de M. de Tschudy pour les années 1766 & 1767:
mais ce célebre Cultivateur n'en resta pas là; il
renouvella ses expériences l'année suivante : en
voici le résultat.

1°. De la graine de cyprès, dit-il, semée dans
des caisses sur une couche tempérée, ombragée
& couverte de bois pourri, mêlée d'une terre sa-
blonneuse, a réussi au-delà de mes espérances.
Mes caisses en étoient si garnies, qu'elles avoient
l'air d'une forêt en miniature; une sur-tout me
fit beaucoup de plaisir, parce que les cyprès y
étoient plus hauts du double que les autres, ce
qui provenoit sans doute de ce que j'avois dis-
tribué la graine également.

2°. De la graine de cyprès de trois ans, qui
me venoit de Milan, & que j'avois conservée dans
du sable fin & sec, a été semée en des caisses enterrées, les unes contre une haie exposée au levant, les autres contre un mur à pareille exposition, sans aucune couverture qu'un filet, pour
empêcher les oiseaux, les chats & autres animaux
d'y gratter. Cette graine a levé fort épais, & les
petits cyprès qui en sont parvenus ont très-bien
profité, quoiqu'ils n'aient été arrosés que très-

rarement. Comme ils ont été moins rechauffés que ceux de l'expérience précédente, i's font un peu moins vigoureux, & quelques-uns se font desséchés.

3°. Ces caisses, contenant des cyprès élevés fur couche, ont été placés pour passer l'hiver, fous une grande caisse à vitrage; ces jeunes arbres s'y font parfaitement bien conservés. Une de ces caisses a été mise dans la ferre, & n'a pas non plus périclité; cependant il y a gelé pendant l'hiver de 1768 autant que pendant l'hiver de 1767, où tous mes jeunes cyprès y font morts, ce qui provient fans doute de ce que les jeunes cyprès que j'ai élevés cette année étoient plus forts que ceux de l'année précédente, ayant été semés plutôt & rechauffés plus souvent.

4°. Des cyprès de l'année, contenus dans une caisse qu'on a enterrée pour passer l'hiver contre un mur expofé au midi, ne paroissent pas jusqu'à présent avoir beaucoup souffert. C'étoit à la fin du printemps.

5°. Un cyprès pyramidal de trois ans ayant été placé à la même expofition, mais un peu loin du mur, a perdu fa fleche; & deux cyprès, qui n'avoient que deux ans, pofés à côté de celui-là, fe font très-bien conservés.

6°. Ayant levé vers la Saint-Jean de petits cyprès âgés de deux mois au plus de caisses où ils étoient nés, pour les planter dans d'autres caisses, à deux pouces les uns des autres, & les ayant tenus à l'ombre, jusqu'à ce qu'ils fuffent repris, la plupart ont réuffi : ils ne font pas devenus fi hauts que ceux qui ont été laiffés dans le femis, mais ils font plus gros & plus rameux.

Par toutes ces expériences, on pourroit établir, & c'est par où finit M. le Baron de Tschudy, une pratique générale pour femer & élever ces arbres ; mais cependant l'Auteur ne veut pas encore fe décider. Ce feroit une témérité, conclut-il , de donner comme maxime générale ce qui peut encore fouffrir quelques expériences ou modifications relatives au climat.

Je penfe actuellement, Monfieur, qu'il vous fera facile d'élever des cyprès : les principes de Muller & de M. le Baron de Tfchudy me paroiffent plus que fuffifans pour vous diriger dans leur culture.

Je fuis , &c.

Paris, ce 25 Octobre 1769.

LETTRE XLIII.

Sur les différentes efpeces de Tilleul, tant exotiques qu'indigenes.

UN arbre également utile & agréable eft, fans contredit, le tilleul : fon bois eft blanc & léger, bien lié, & conféquemment nullement fujet à fe crevaffer ou éclater. On le coupe facilement, & il ne fe trouve que très-rarement piqué de vers. Les Menuifiers en font quantité d'ouvrages légers. Il n'eft pas moins recherché par les Tourneurs : les Sculpteurs le préferent même à tout autre bois à défaut de noyer. On prétend que l'écorce moyenne du tilleul fervoit de papier aux Anciens pour écrire, quand elle étoit récente. On en voit même encore des livres écrits depuis plus de mille ans. Cette seconde écorce se nommoit chez les Grecs *phylira*.

Rien n'est si commun dans cette Capitale que de voir des cordes de puits faites avec l'écorce de cet arbre. On la détache pour cet effet par lames minces, & on la fait rouir & tremper dans l'eau. On emploie encore le bois de tilleul pour des fleches, & on le réduit en charbon pour faire la poudre à canon : ce bois est sur-tout très-bon pour couvrir l'impériale des carrosses : on en fait la carcasse, le couvercle, le plancher, la barre & les claviers des clavessins. C'est de ce bois que sont les semelles des soques que portent certains Religieux, & les talons des souliers d'hommes. Les tables de tilleul sont très-usitées par les ouvriers en cuir, parce que ce bois n'émousse point leur tranchet. A Strasbourg & même dans la Lorraine, on fait des petits balais à chasser les mouches avec ses jeunes branches. Lorsqu'elles sont beaucoup plus petites, elles sont propres pour faire les cribles, les vans & autres ouvrages grossiers de vannerie. C'est avec l'écorce de cet arbre qu'on fait les cabas dans lesquels on nous apporte la poix de Bourgogne. M. Guettard soupçonne que cette écorce, par rapport à la flexibilité de ses fibres, pourroit soutenir l'apprêt nécessaire pour faire du papier. On assure que le suc des feuilles de tilleul rend fixes les couleurs de la teinture. A l'égard de l'usage que l'on fait des tilleuls dans les jardins, rien n'est, Monsieur, plus beau que d'en garnir le bas en gros buissons d'ifs ou de rosiers taillés en forme de vase ou de cloches renversées : les tiges de tilleul qui semblent en sortir & qui portent des têtes bien arrondies, imitent de longues enfilades d'orangers encaissés;

d'ailleurs, les rofes qui percent de tous les côtés de ces vafes augmentent la beauté de ce coup-d'œil.

Comme il n'eft guere d'ufage de mettre des arbres de haute tige dans les parterres, excepté dans des jardins extrêmement étendus, on peut planter en lignes droites, au milieu ou à côté des larges allées qui bordent un parterre, de gros buiffons de tilleuls, dont on arrêtera les tiges pour les faire pouffer du pied ; enfuite, les taillant en forme de grandes caiffes, on enfoncera & on affermira dans ces vafes de verdure un grand panier, foit d'une touffe de fleurs, fuivant chaque faifon, foit fimplement d'une belle tête de rofiers.

On plante dans les parcs des tilleuls pour en former des falles de verdure. Malgré les reproches qu'on fait à ces fortes d'arbres d'être un des derniers à fe couvrir de feuilles & un des premiers à fe dégarnir, & qu'en outre fes feuilles tombant fort long-temps, faliffent les promenades, cependant il n'eft pas moins vrai de dire que la commodité de faire prendre au tilleul la forme que l'on veut, & d'y trouver une fraîcheur que les rayons du foleil ne viennent pas altérer, peut foutenir le goût pour ce bel arbre, qui, après tout, conferve long-temps fes feuilles, lorfque le pied jouit d'une humidité modérée.

Le tilleul a auffi fes ufages en Médecine : on l'emploie intérieurement & extérieurement ; intérieurement, fes fleurs font céphaliques & propres pour l'épilepfie, les vertiges & l'apoplexie : on en fait infufer une pincée dans deux taffes d'eau bouillante, à la façon du thé, qu'on édulcore avec un peu de fucre. Cette infufion théiforme réjouit le cerveau, le fortifie, modere les étourdiſſemens, & remédie aux palpitations du cœur.

On trouve dans les Pharmacies une eau diſtillée & une conſerve de fleurs de tilleul ; la premiere ſe donne à la doſe de quatre ou cinq onces dans les potions céphaliques & anti-épilep-
tiques ; & la conſerve, depuis une demi-once
juſqu'à une once dans les mêmes maladies. On
vante auſſi ces remedes dans le calcul des reins,
les affections hyſtériques, & pour diſſoudre le
ſang coagulé dans les grandes contuſions. La
Chymie tire de ces mêmes fleurs, par le ſecours
de la fermentation, un eſprit qu'on donne à
douze ou quinze gouttes. Cet eſprit ſert d'un excellent menſtrue pour tirer la teinture des plantes céphaliques.

Dans les Ephémérides d'Allemagne, on
donne comme un excellent remede anti-épileptique, l'eau de tilleul tirée par inciſion du tronc de
l'arbre vers le collet de la racine, dans les mois
de Février ou de Mars : on la donne à la doſe
de trois ou quatre onces, trois fois par jour,
en continuant pendant quelque temps.

Le Rédacteur de la nouvelle édition du Dictionnaire économique, dit avoir vu donner avec ſuccès des fleurs de tilleul par infuſion à des phthiſiques, pour diſſiper leur étourdiſſement ; mais en
revanche ces malades ſe plaignoient de ce que
cette infuſion ſéjournoit trop long-temps dans
leur eſtomac. On fait avec les fleurs de tilleul
un ratafia qui imite celui des fleurs d'orange ; les
baies ou fruits de cet arbre ſont aſtringens & propres pour arrêter toutes ſortes d'hémorrhagies
& de cours de ventre ; la façon de s'en ſervir eſt
de les réduire en poudre, & d'en prendre un
gros dans du bouillon ou dans quelque once d'eau
de plantain : on peut l'incorporer auſſi avec un

peu de marmelade de coing. M. Chomel parle avec éloge contre l'hydropisie de la décoction du bois de tilleul, sur-tout des jeunes branches de deux ans ou environ. On jette pour cet effet une poignée de ce bois coupé menu dans deux pintes d'eau bouillante, qu'on réduit à une chopine. Le malade prend cette tisane en trois prises, après l'avoir passée. On prétend que cette décoction est encore très-bonne dans les vertiges, l'apoplexie, la paralysie & l'épilepsie. Les feuilles de tilleul passent, de même que le bois, pour apéritives, & propres à pousser les urines & les regles des femmes. On attribue encore à ces mêmes feuilles une vertu détersive, dessicative & astringente. Etmuller dit avoir vu une femme parfaitement guérie de la cachexie, pour s'être servie de vin où l'écorce de tilleul avoit bouilli.

Pour ce qui est de l'usage extérieur de cet arbre, Simon Pauli assure que le mucilage tiré de son écorce moyenne avec l'eau de plantain, est un excellent liniment contre la brûlure : ses baies pulvérisées & incorporées avec un peu de vinaigre, introduites dans le nez, en arrêtent l'hémorrhagie, sur-tout si on y joint leur usage intérieur. Boerrhaave recommande le cataplasme fait avec les fleurs pilées, comme un des remedes les plus efficaces dans le ténesme. On assure encore que les feuilles de cet arbre, pilées & arrosées d'un peu d'eau, sont très-propres pour résoudre & dissiper les tumeurs des pieds ; si l'on en mêle le suc avec du vin, & qu'on y trempe des compresses pour les appliquer ensuite sur les endroits où se fait sentir la crampe, on en ressentira beaucoup de soulagement.

L'écorce de tilleul, pilée avec du vinaigre, enleve les taches de la peau ; si on la macere pour

l'appliquer fur les plaies récentes, elle les guérit.
La décoction des feuilles de cet arbre cuites
dans l'eau, guérit les fiftules & ulceres malins
de la bouche des enfans. On fait refpirer de la
poudre de fes femences pour les hémorrhagies
du nez. Le charbon de tilleul éteint dans le vinaigre, a, dit-on, beaucoup d'efficacité pour réfoudre le fang caillé. On prétend auffi que le
fucre tiré par incifion de la moëlle de cet arbre,
remédie à la chûte des cheveux.

Quand on prefcrit aux animaux la poudre des
fleurs de tilleul, c'eft pour l'ordinaire à la dofe
d'une demi-once. Les abeilles, lorfqu'elles fucent
ces fleurs, font à l'inftant attaquées de la dyffenterie, ainfi que je vous l'ai déja, Monfieur,
obfervé dans une autre Lettre. Le remede contre
cette maladie eft l'urine ; auffi voltigent-elles
communément par une efpece d'inftinct au-deffus
des endroits marécageux & urineux dans le temps
de la fleuraifon du tilleul.

Un arbre fi utile mérite donc bien, Monfieur, que vous le conferviez dans vos Domaines :
vous devez même chercher à l'y multiplier ; il
fe plaît dans un fol riche, pourvu fur-tout qu'il
ait affez de profondeur & d'efpace pour donner
la liberté à fes racines de s'étendre. Cependant
il croît encore affez bien dans d'autres fols ; il
n'aime ni la trop grande humidité, ni la trop
grande féchereffe ; auffi ne vient-il qu'avec peine
dans les fols argilleux, parce que l'argille re-
tient long-temps l'eau, & que l'humidité refroi-
dit & pourrit les racines.

Il croît auffi avec peine dans les fols pierreux & graveleux pauvres ; la groffeur à laquelle
le tilleul peut parvenir, dépend du fol où il eft
C v

planté: on voit rarement les tilleuls atteindre
leur grosseur naturelle, parce que les Cultivateurs ne s'appliquent pas assez à les planter dans
un sol convenable.

Les feuilles de tilleul paroissent quinze jours
plutôt dans les sols sablonneux que dans les autres sols ; elles tombent deux mois avant le temps
ordinaire dans les sols argilleux. Il est donc de la
derniere importance de donner à cet arbre le sol
qui lui convient, & de bien connoître celui qui
lui est le plus favorable. Il ne peut pas profiter
dans de mauvais terreins ; il n'y fait que végéter.
On en a vu qui sont parvenus à une hauteur de
plus de quatre-vingt dix pieds, & à une épaisseur proportionnée. M. Halles dit avoir trouvé
des plantations entieres de tilleuls, dont les
troncs avoient au moins vingt huit pouces de
circonférence. Le tilleul est peut être de tous les
arbres celui qui pousse le plus promptement, &
qui acquiert plutôt une parfaite croissance. Une
situation un peu élevée lui est favorable, cependant il réussit très-bien dans les collines, sur-
tout sur les pentes des hauteurs, si le sol est
riche & profond. .

On peut transplanter cet arbre à tout âge,
pourvu qu'on ait la précaution de lever beaucoup
de terre & de la conserver autour de ses racines.
Mais pour en assurer le succès, il faut l'étêter. On
couvre les entailles avec de l'argille & du fumier
bien pétris ensemble. Cette précaution prise, il
ne reste plus à craindre pour l'arbre : on éleve
le tilleul des semences. Si l'on conserve sa graine
pour ne la mettre en terre qu'au printemps, elle
ne leve ordinairement que la seconde année ;
mais si on la mêle, aussi-tôt qu'elle est mûre,

avec du fable ou de la terre, pour la femer au printemps fuivant, elle leve prefque toujours dans cette même faifon. Il y a de l'avantage à femer cette graine, auffi-tôt qu'elle eft mûre, dans une terre légere, humide, & qui ait de l'ombre, à l'y laiffer lever au printemps.

Quoique ces arbres levés de femences foient prefque toujours d'une belle venue, fur tout lorf-qu'on les tranfplante jeunes & une feule fois, cependant, comme ils n'acquierent qu'à la lon-gue une grandeur convenable, les Jardiniers ont coutume de les élever de marcottes. Pour cet effet, ils coupent à fleur de terre un gros tilleul; la fouche pouffe pour lors une quantité de jets vigoureux. Aux approches de l'automne fuivant, on couvre de terre la fouche & tout ce qui l'en-vironne; ces jets forment enfuite des racines, & fourniffent du plant en abondance. On peut les fevrer au bout d'un ou de deux ans, pour les mettre en pépiniere. L'une & l'autre opérations fe font pour l'ordinaire au mois d'Octobre, fur-tout fi c'eft dans un terrein fec. Non feulement les plantes profitent pendant les deux faifons fui-vantes, qui font prefque toujours humides; mais on eft encore difpenfé des amples arrofemens qui feroient néceffaires aux jeunes plantes, fi le printemps étoit fec: & fi on a différé jufqu'en Mars à les mettre en pépiniere, on les y laiffe fortifier pendant quatre ou cinq ans, en obfervant de fumer tous les ans le terrein de la pépiniere. Il faut avoir attention d'ôter exactement les gros brins qui paffent le long de la tige, pour l'o-bliger à s'élever en hauteur: mais il faut laiffer tous les menus brins; ils font très-utiles pour entretenir la feve, & donner du corps à la tige, qui, fans cela, feroit fujette à s'étioler. Si le fol de la pépiniere eft léger & gras, les arbres y feront des progrès rapides : de forte qu'on pourra en toute fûreté les planter à découvert au bout de trois ans. Pour avoir des marcottes plus vigoureufes, il faudra retrancher de bonne heure, dès le printemps, toutes celles qui ne paroiffent être que des brindilles, & les couper tout près de la fouche, fans quoi la plupart feroient de mauvaife venue. Les boutures de tilleul réuffiffent plus rarement que les marcottes. Ces arbres fupportent très-bien la tonte au croiffant ou au cifeau. Leur beauté & leur prompte croiffance les font employer dans les allées & les avenues; la bonne odeur de leurs fleurs les a fait rechercher; mais le défaut qu'ils ont de fe dépouiller de fort bonne heure, en a dégoûté plufieurs perfonnes. Ces arbres font les premiers qui nous avertiffent des approches de l'hiver; leurs feuilles tombent quelquefois à la fin d'Août, c'eft-à-dire, un mois ou fix femaines avant que les autres arbres fe dépouillent : mais en revanche il n'y a point d'arbre qui réfifte mieux qu'eux à la fureur des vents, & qui foit fujet à moins d'accidens. Il eft très-rare que fon tronc devienne creux ; il fe conferve toujours bien fain & bien robufte.

Après vous avoir, Monfieur, détaillé les ufages économiques & médicinaux du tilleul, & vous avoir donné la méthode de cultiver cet arbre, il ne me refte plus qu'à vous en faire connoître les caractcres & les efpeces ; c'eft par où je finis cette Lettre.

La racine de tilleul eft une de celles qui defcendent le plus profondément en terre, & qui y prennent en même temps le plus d'étendue; fon tronc eft grand, gros & rameux, couvert d'une écorce unie, cendrée ou noirâtre en dehors, jaunâtre ou blanchâtre en dedans; ses feuilles sont larges, arrondies, terminées en pointe, un peu velues des deux côtés, luisantes, dentelées en leurs bords. Il sort de leurs aisselles des languettes ou petites feuilles longues, blanchâtres, où sont attachés des pédicules, qui se divisent en quatre ou cinq branches, lesquelles soutiennent chacune une fleur à cinq pétales, disposés en rose, de couleur blanche tirant sur le jaune, garnie d'un grand nombre d'étamines à sommets jaunes, d'une odeur agréable, soutenue sur un calice taillé en cinq parties blanches & grosses. Lorsque cette fleur est passée, il lui succede une coque grosse comme un gros pois, presque ronde ou ovale, ligneuse, anguleuse, velue, qui contient une ou deux semences arrondies, noirâtres, douces au toucher. Cet arbre fleurit en Mai & Juin; son fruit mûrit en Août; il s'ouvre en Septembre & tombe de lui-même.

Les Botanistes ont observé, que quand les feuilles de tilleul sortent de leur bouton, elles sont pliées en deux. Les plus petites, qui se déve-lopperont à la suite, ne sont pas placées dans la duplicature des deux plus grandes; mais elles y sont appliquées par dehors, & recouvertes de deux grandes stipules creusées en cueilleron. Ces stipules, qui accompagnent les pédicules des feuilles, prennent de l'étendue. En examinant avec attention le dessous des feuilles, on apperçoit aux angles formés par les principales nervures, de petites houpes de poils, qui paroissent à la vue simple comme des glandes. Ces poils ou filets sont blancs ou d'un brun sale : les sillons du dessus des feuilles, formés par les grosſes nervures du deſſous, ſont remplis de grains brillans & durs quand les feuilles ſont jeunes.

Il y a de pluſieurs eſpeces de tilleul ; la premiere eſt le tilleul de nos bois, le tillau ; il eſt fort commun dans nos forêts. La ſaconde eſpece eſt le tilleul de Hollande ; les feuilles de cette eſpece ſont grandes & d'un verd clair ; il s'en trouve à feuilles panachées. La troiſieme eſpece, connue en Botanique ſous le nom de *tilia foliis molliter hirſutis, viminibus rubris, fruĉlu tetragono, Raii ſynops.* Les feuilles de cette troiſieme eſpece ſont légerement velues, ſes jeunes branches ſont teintes de rouge, & ſes fruits ont ordinairement quatre angles, qui déſignent que l'intérieur eſt diviſé en quatre loges. La quatrieme eſpece eſt le tilleul noir ou de la Nouvelle Angleterre, *tilia foliis cordatis, acuminatis, ſerratis, ſubtùs piloſis ; floribus neĉlario inſtruĉlis. Mill.* ; ſes branches ont une écorce noire, d'où lui eſt venu ſon nom. La cinquieme eſpece eſt le tilleul de la Caroline. L'odeur des fleurs de cette eſpece eſt ſi douce, que les abeilles les viſitent à chaque inſtant. M. Cateſby eſt le premier qui nous en a apporté. Ce tilleul ſe nomme *tilia Caroliana, folio longiùs mucronato.* La ſixieme eſpece eſt le tilleul du Canada, *tilia foliis majoribus, mucronatis.* La ſeptieme & derniere eſpece eſt le tilleul mâle ; il ne differe que fort peu de la premiere eſpece. L'écorce de cette eſpece ne ſe ſépare pas facilement, & ſon bois eſt un peu brun.

Je ſuis, &c.

Paris, ce 3 Novembre 1769.

LETTRE XLIV.

Sur l'utilité de l'écorce de Marronnier d'Inde, & de son sel tiré selon la méthode de M. de la Garraye.

IL n'y a, Monsieur, aucun Médecin parmi ceux qui aiment leur Patrie & le bien public, qui n'avoue qu'il résulte de très-grands accidens de la plupart des remedes exotiques, dont la superstition, l'ignorance & la cupidité des Marchands ont farci la Matiere Médicale. Si l'on considere pour un instant combien il en coûte pour les faire venir, on s'appliquera à chercher des médicamens indigenes qui puissent leur suppléer. Je n'examinerai pas actuellement avec vous, Monsieur, si chaque pays produit des remedes propres à guérir les maladies de ses Habitans; mais je tâcherai de prouver que l'Amérique n'est pas le seul pays où l'on trouve un excellent fébrifuge, & que nos forêts & nos campagnes nous en fournissent un très-efficace. La Nature bienfaisante ne nous a pas refusé des remedes indigenes contre les maladies du pays; il nous manque seulement des Observateurs qui cherchent à découvrir des propriétés dans les végétaux, en examinant avec soin leur nature.

Le Groënland, dont les Habitans sont très-sujets au scorbut, produit spontanément du cochléaria, qui est un antiscorbutique beaucoup plus efficace que celui qui croît dans nos climats. Les pays chauds, où regnent très-souvent des fievres ardentes & putrides, abondent en fruits acides, tels que les citrons, les tamarins, la casse & autres de ce genre. Pourquoi donc notre pays manqueroit-il d'un remede fébrifuge ? La grande cherté des remedes qui viennent des pays étrangers, devroit être une raison pour n'en pas faire usage; d'ailleurs l'on sait qu'ils sont souvent sophistiqués, car il est rare de trouver chez nous la myrrhe, l'opoponax, le sagapanum, & d'autres drogues pures & sans altération.

Tout le monde sait le grand usage que l'on fait du quinquina, & les grandes sommes d'argent qui passent dans les pays d'où on nous l'envoie. Il seroit donc très-à propos de chercher un remede indigene qu'on pût lui substituer, & c'est le devoir d'un Médecin prudent de tâcher de le découvrir. M. Bucholtz, Médecin à Iena, y a travaillé avec soin.

« Animé de ce zele, dit ce Médecin, je reçus avec le plus grand plaisir la Dissertation de Henri-Guilllaume Perperus, sur l'écorce du marronnier d'Inde, qu'il avoit publiée à Daisbourg en 1763; j'y lus que M. Leidenfrostius avoit donné cette écorce avec beaucoup de succès à beaucoup de ses malades attaqués de fievres intermittentes; cela m'engagea à en faire moi-même l'expérience. L'ayant réduite en une poudre très-subtile, je la fis prendre en substance à quelques-uns de mes malades qui avoient une fievre tierce; mais il faut avouer que ce fut sans effet. Il en fut à-peu-près de même de l'infusion; quant à l'extrait, comme on n'en retire que fort peu, il devient trop coûteux; c'est pourquoi je me déterminai à en tirer abondamment le sel, suivant la méthode de M. de la Garraye. Si l'on defire favoir quelles font les parties conftituantes dont M. Peiker s'eft affuré par l'analyfe chymique, on pourra lire fon excellente Differtation fur ce fujet. J'ajouterai feulement ici que l'Auteur dont je viens de parler, pour démontrer la vertu antifeptique de ce remede, en fuivant la méthode de M. Pringle, a fait beaucoup d'expériences, que je prie le Lecteur de comparer avec les miennes.

» M. Leidenfroftius prit deux gros de chair de bœuf, qu'il mit dans deux onces de décoction d'écorce de marronnier d'Inde, & deux autres gros de la même chair dans deux onces de forte infufion de quinquina ; enfuite il verfa fur la même quantité de chair de bœuf deux onces d'eau très pure. Ces infufions ayant été mifes à un degré de chaleur qui n'alloit pas au-delà du 100ᵉ degré du thermometre de Farenheit ; environ feize heures après, la chair fur laquelle on n'avoit verfé que de l'eau, commençoit à exhaler une odeur de pourri, qui devint bientôt plus forte ; les autres infufions, quatre jours après, n'en donnoient aucun figne. Pour ôter l'odeur putride à la chair fur laquelle on avoit verfé de l'eau dans l'expérience ci-deffus, M. Leidenfroftius, après l'avoir lavée dans de l'eau fraîche, & l'avoir divifée en deux parties, verfa fur l'une de la décoction d'écorce de marronnier d'Inde ; ce qui ayant été réitéré, la chair perdit cette odeur putride, & fe conferva plufieurs jours fans donner le moindre figne de corruption.

» M. Leidenfroftius, pour démontrer la vertu antifeptique & febrifuge de l'écorce dont il s'agit, en donna en poudre à vingt perſonnes du moins attaquées de la fievre tierce , qui ſe trouverent guéries après en avoir pris une ou deux onces. On ne peut avoir aucun doute à ce ſujet, d'a-près l'autorité de ce grand homme.

» J'ai employé très-rarement l'écorce en ſubſ-tance, parce que je n'ai eu à traiter que très-peu de malades attaqués de fievre tierce ; & pour dire ce que je penſe, ſa partie ligneuſe me pa-roît inutile & incapable d'aucun effet, fatigant conſidérablement l'eſtomac. Cela me fit penſer à trouver un moyen d'en ſéparer ce qu'il con-tient d'efficace, & en quoi conſiſte ſa principale vertu. Je fus charmé d'avoir découvert que c'é-toit dans ſon ſel, préparé ſelon la méthode de M. de la Garraye ; ce dont je fus pleinement convaincu, après en avoir obſervé les meilleurs effets ſur une fille âgée de 20 ans, qui avoit une fievre tierce. Les premieres voies furent d'a-bord évacuées par le moyen d'un purgatif pré-paré avec l'ipecacuanha, la rhubarbe, la crême de tartre & la pulpe de tamarins. Je lui fis pren-dre enſuite deux gros du ſel dont il s'agit dans une once d'eau de cannelle, ſans vin ; à peine eut elle pris la moitié pendant le temps de l'in-termiſſion, que la fievre ſe diſſipa, ſans qu'il reſ-tât d'autres ſymptômes que la tuméfaction, des langueurs & autres accidens de cette eſpece. On voit par-là que le ſel de cette écorce donné à pe-tite doſe, peut produire des effets plus marqués & plus prompts, qu'une grande quantité de la même écorce, qui d'ailleurs ne ſauroit être que fort déſagréable à beaucoup de malades.

» Après avoir obſervé ce que j'ai remarqué ſur la vertu fébrifuge de ce ſel, je crois devoir dire quelque choſe ſur ſa vertu antiſeptique, qui eſt certainement grande & presque égale à celle du sel de quin-quina, ainsi qu'il résulte des expériences que je vais rapporter.

» Le 21 Janvier de l'année derniere, je pris six gros de chair de bœuf maigre ; après les avoir divisés en trois parties, de deux gros chacune, je les mis dans trois petits vaisseaux de verre ; je versai dans le premier quatre onces d'eau , & j'y ajoutai un demi gros de sel d'écorce de marronnier d'Inde ; je mis dans le second la même quantité d'eau & de sel de quinquina , & dans le troisieme quatre onces d'eau seulement. Je plaçai ces trois petits vaisseaux , couverts d'un simple papier gris, dans un four, afin qu'ils eussent le même degré de chaleur ; seize heures après, les vaisseaux où j'avois mis du sel , n'exhaloient aucune odeur particuliere : mais le troisieme où il n'y en avoit point , commençoit à donner beaucoup de signes de putridité ; & sur le soir du même jour, c'est-à-dire , au bout de vingt quatre heures , il s'exhaloit de plus en plus l'odeur de chair qui se putréfie ; trois jours après, le vaisseau qui contenoit de la chair avec le sel de quinquina , commençoit à avoir l'odeur du gibier qui a déja éprouvé un petit degré de corruption. Le vaisseau qui contenoit de la chair avec le sel de marronnier d'Inde, n'avoit point encore pris d'odeur désagréable ; enfin , le troisieme vaisseau où je n'avois point mis de sel, le matin du troisieme jour, répandoit une puanteur si horrible , qu'on n'auroit pu le flairer sans danger ; l'eau étoit devenue brune ; la chair n'avoit plus sa couleur rouge , & se trouvant dissoute par la putréfaction , elle nageoit sur l'eau. Après avoir jetté l'eau qui étoit très puante , & avoir lavé plusieurs fois la chair

avec de l'eau nouvelle ; après l'avoir tenue ensuite pendant une demi-heure dans une autre
eau fraîche , & avoir encore jetté cette derniere ,
j'y verfai deffus quatre onces d'eau , en y ajoutant un demi-gros de fel de marronnier d'Inde :
mais après quelques heures d'infufion , elle confervoit encore fon odeur cadavéreufe. Je crus
qu'en la remettant encore dans le four , cette
puanteur pourroit peut - être être corrigée
par le fel ; mais dix heures après , elle répandoit encore une odeur déteftable & très-dangereufe , felon M. Pringle , parce qu'elle eft très-
capable de donner lieu à une dyffenterie & à une
fievre putride. La putréfaction de cette chair étoit
fi forte, qu'elle réfifta au fel de marronnier d'Inde ;
en conféquence je penfai qu'il étoit inutile de
prodiguer davantage de ce fel pour cette chair
corrompue.

» Le quatrieme jour , l'infufion avec le fel d'é-
corce de marronnier d'Inde n'avoit point changé
d'odeur, & la fubftance de la chair n'avoit éprouvé
aucune altération. Il en étoit de même de celle
où j'avois mis le fel de quinquina. Le cinquieme
jour, les deux infufions étoient encore dans le
même état , ce qui dura jufqu'au douzi me :
pour lors celle où étoit le fel d'écorce de marronnier d'Inde, avoit une odeur non cadavéreufe , mais de moifi & d'eau corrompue ; l'autre avec le fel de quinquina , n'annonçoit encore aucune corruption par fon odeur. Le quatorzieme jour, la premiere fe trouva couverte
d'une moififfure. Ayant verfé l'eau imprégnée de
fel de marronnier d'Inde , j'examinai la chair,
& je trouvai qu'elle n'avoit pas éprouvé la moindre altération par rapport à fon tiffu , car les
fibres en étoient fermes & dans leur intégrité ,

ce qui n'a plus lieu dans une chair corrompue. Cette chair étant dans le même état que si elle étoit fraîche, je voulus y verser encore par-dessus quatre onces d'eau, dans laquelle j'avois fait dissoudre un demi-gros de sel d'écorce de marronnier d'Inde. Je plaçai cette infusion de maniere qu'elle eût la chaleur ordinaire d'une chambre dans le temps où nous étions; je donnai aussi la même chaleur à l'infusion avec le sel de quinquina; celle-ci au vingtieme jour rendoit une odeur d'eau corrompue, mais légere, tandis que le vaisseau contenant le sel d'écorce de marronnier d'Inde avoit une bonne odeur, sans aucun signe de corruption, & resta dans le même état jusqu'au 18 Février, c'est-à-dire, pendant un mois entier, le sel l'ayant préservé de toute putréfaction.

» Si l'on peut juger de la vertu fébrifuge d'une plante par sa vertu antiseptique, comme le prétendent MM. Pringle, Macbride, & l'Auteur de l'Ouvrage intitulé: *Essai sur l'Histoire de la Putréfaction par le Traducteur des Leçons Chymiques de M. Shaw;* je crois avoir grande raison de conclure que le sel de l'écorce de marronnier est un grand fébrifuge. Je ne crois pas qu'il soit nécessaire de prouver la vertu antiseptique de ce sel par un plus grand nombre d'expériences sur des substances animales. Mais si dans la suite j'ai occasion de l'éprouver encore dans les fievres intermittentes, je rendrai un compte fidele de ce que j'aurai observé. Je dois encore dire en finissant que le sel de marronnier d'Inde a cela de particulier, que si on en fait dissoudre la moindre portion dans une grande quantité d'eau limpide, la solution prend aussi-tôt une belle couleur bleue ».

Telle eſt, Monſieur, l'obſervation de M. Bucholtz ; elle m'a paru aſſez intéreſſante pour vous la tranſmettre.

Je ſuis, &c.

Paris, ce 12 Novembre 1769.

LETTRE XLV.

Sur le Ginzeng.

EN parcourant les Lettres Édifiantes, j'ai lu, Monſieur, un Mémoire qui a beaucoup de rapport aux différens objets dont je me ſuis propoſé de vous entretenir dans ce commerce épiſtolaire. Ce ſera donc la copie de ce Mémoire qui ſuppléera à ma Lettre pour cet ordinaire ; il concerne le ginzeng, plante fameuſe chez les Chinois.

« Les plus habiles Médecins de la Chine, dit l'Auteur de ce Mémoire, ont fait des volumes entiers ſur la propriété de cette plante ; ils la font entrer dans preſque tous les remedes qu'ils donnent aux grands Seigneurs, car elle eſt d'un trop grand prix pour le commun du Peuple. Ils prétendent que c'eſt un remede ſouverain pour les épuiſemens occaſionnés par des travaux exceſſifs de corps ou d'eſprit ; qu'elle diſſout les phlegmes ; qu'elle guérit la foibleſſe des poumons & la pleuréſie ; qu'elle arrête les vomiſſemens ; qu'elle fortifie l'orifice de l'eſtomac, & ouvre l'appétit ; qu'elle diſſipe les vapeurs ; qu'elle remédie à la reſpiration foible & précipitée, en fortifiant la poitrine ; qu'elle anime les esprits vitaux & produit de la lymphe dans le sang ; enfin, qu'elle est bonne pour les vertiges & les éblouissemens, & qu'elle prolonge la vie aux vieillards.

» On ne peut gueres s'imaginer que les Chinois & les Tartares fassent un aussi grand cas de cette racine, si elle ne produisoit constamment de bons effets. Ceux même qui se portent bien, en usent souvent pour se rendre plus robustes. Pour moi, je suis persuadé qu'entre les mains des Européens, qui entendent la Pharmacie, ce seroit un remede excellent, s'ils en avoient assez pour en faire des épreuves nécessaires, pour en examiner la nature par la voie de la Chymie, & pour l'appliquer dans la quantité convenable, selon la nature du mal auquel elle peut être salutaire.

» Ce qui est certain, c'est qu'elle subtilise le sang, qu'elle le met en mouvement, qu'elle l'échauffe, qu'elle aide la digestion, & qu'elle fortifie d'une maniere sensible.

» Après avoir desliné celle que je décrirai dans la suite de ces Mémoires, je me tâtai le pouls pour savoir en quelle situation il étoit ; je pris ensuite la moitié de cette racine toute crue, sans aucune préparation ; & une heure après, je me trouvai le pouls beaucoup plus plein & plus vif ; j'eus de l'appétit ; je me sentis beaucoup plus de vigueur & une facilité pour le travail que je n'avois pas auparavant.

» Cependant je ne fis pas grand fond sur cette épreuve, persuadé que ce changement pouvoit venir du repos que nous prîmes ce jour-là : mais quatre jours après, me trouvant si fatigué & si épuisé de travail, qu'à peine pouvois-je me tenir à cheval, un Mandarin de notre troupe, qui s'en apperçut, me donna une de ces racines; j'en pris sur le champ la moitié, & une heure après je ne ressentis plus de foiblesse. J'en ai usé ainsi plusieurs fois depuis ce temps-là, & toujours avec le même succès. J'ai remarqué encore que la feuille toute fraîche, & sur-tout les fibres que je mâchois, produisoient à-peu près le même effet.

» Nous nous sommes souvent servis des feuilles de ginzeng à la place de thé, ainsi que font les Tartares; & je m'en trouvois si bien, que je préférerois sans difficulté cette feuille à celle du meilleur thé : la couleur en est aussi agréable; & quand on en a pris deux ou trois fois, on lui trouve une odeur & un goût qui vous font plaisir.

» Pour ce qui est de la racine, il faut la faire bouillir un peu plus que le thé afin de donner le temps aux esprits de sortir : c'est la pratique des Chinois, quand ils en donnent aux malades, & pour lors ils ne passent gueres la cinquieme partie d'une once de racines seches. A l'égard de ceux qui sont en santé, & qui n'en usent que par précaution ou pour quelque légere incommodité, je ne voudrois pas que d'une once ils en fissent moins que dix prises, & je ne leur conseillerois pas d'en prendre tous les jours. Voici de quelle maniere on la prépare : on coupe la racine en petites tranches, qu'on met dans un pot de terre bien vernissé, où l'on a versé un demi setier d'eau. Il faut avoir soin que le pot soit bien fermé, & faire cuire le tout à petit feu; & quand de l'eau qu'on y a mise il ne reste plus que la valeur d'un gobelet, il faut y jetter un peu de sucre & la boire sur le champ;

champ: on remet ensuite autant d'eau sur le
marc: on le fait cuire de la même maniere,
pour achever de tirer tout le suc, & ce qui reste
des parties spiritueuses de la racine. Ces deux
doses se prennent l'une le matin & l'autre le soir.

» A l'égard des lieux où croît cette racine, on
peut dire en général que c'est entre le 39ᵉ & le
47ᵉ degré de latitude boréale, & entre le 10ᵉ &
le 20ᵉ. degré de longitude orientale, en comptant depuis le méridien de Pekin. Là se découvre
une longue suite de montagnes, que d'épaisses
forêts, dont elles sont couvertes & environnées,
rendent comme impénétrables. C'est sur le penchant de ces montagnes & dans les forêts épaisses, sur le bord des ravines, ou autour des rochers, aux pieds des arbres & au milieu de toutes sortes de plantes, que se trouve la plante de
ginzeng. On ne la trouve point dans les plaines, dans les vallées, dans les marécages, dans
le fond des ravines, ni dans des lieux trop découverts. Si le feu prend à la forêt & la consume, cette plante n'y reparoît que trois ou quatre ans après l'incendie, ce qui prouve qu'elle est
ennemie de la chaleur; aussi se cache-t-elle du
soleil le plus qu'elle peut. Tout cela me fait
croire que s'il s'en trouve en quelqu'autre pays
du monde, ce doit être principalement en Canada, dont les forêts & les montagnes, au rapport de ceux qui y ont demeuré, ressemblent
assez à celles-ci.

» Les endroits où croît le ginzeng sont tout-à-
fait séparés de la Province de *Quan-Tang*, appellé *Leaotang* dans les anciennes cartes, par
une barriere de pieux de bois, qui renferment
toute cette Province, & aux environs de laquelle les Gardes rodent continuellement pour

empêcher les Chinois d'en fortir & d'aller chercher cette racine. Cependant quelque vigilance
qu'on y apporte, l'avidité du gain infpire aux
Chinois le fecret de fe glifler dans ces déferts
quelquefois jufqu'au nombre de deux ou trois
mille, au rifque de perdre la liberté & le fruit de
leurs peines, s'ils font furpris en fortant de la
Province ou en y entrant. L'Empereur fouhai-
tant que les Tartares profitaffent de ce gain préférablement aux Chinois, avoit donné ordre en
1709 à dix mille Tartares d'aller ramaffer eux-
mêmes tout ce qu'ils pourroient de ginzeng, à
condition que chacun d'eux en donneroit à Sa
Majefté deux onces du meilleur, & que le refte
feroit vendu au poids d'argent fin. Par ce
moyen, on a compté que l'Empereur en avoit
eu cette année vingt mille livres Chinoifes, qui
ne lui coûtoient gueres que la quatrieme partie de ce qu'elles valent.

» Voici l'ordre que garde cette armée d'Herbo-
riftes. Après s'être partagé le terrein felon leurs
étendarts, chaque troupe, au nombre de cent,
s'étend fur une même ligne jufqu'à un terme
marqué, en gardant de dix en dix une certaine
diftance ; ils cherchent enfuite avec foin la
plante dont il s'agit, en avançant infenfiblement
fur un même rhomb; & de cette maniere, ils
parcourent, durant un certain nombre de jours,
l'efpace qu'on leur a marqué. Dès que le terme
eft expiré, les Mandarins, placés avec leurs
tentes dans des lieux propres à faire paître les
chevaux, envoient vifiter chaque troupe, pour
lui intimer leurs ordres, & pour s'informer fi le
nombre eft complet. En cas que quelqu'un manque, comme il arrive affez fouvent, ou pour
s'être égaré, ou pour avoir été dévoré par les

qêtes, on le cherche un jour ou deux, après quoi on commence de même qu'auparavant. Ces pauvres gens ont beaucoup à souffrir dans cette expédition ; ils ne portent ni tentes, ni lits, chacun d'eux étant assez chargé de sa provision de millet rôti au four, dont il doit se nourrir tout le temps du voyage. Ainsi, ils sont contraints de prendre leur sommeil sous quelques arbres, se couvrant de branches ou de quelques écorces qu'ils trouvent. Les Mandarins leur envoient de temps en temps quelques pièces de bœuf ou de gibier qu'ils dévorent, après les avoir montrées un moment au feu. C'est ainsi que ces dix mille hommes ont passé six mois de l'année. Ils ne laissent pas, malgré ces fatigues, d'être robustes & de paroître bons soldats.

» Le ginzeng est connu en Chine sous le nom de *petsi*, & chez les Iroquois sous celui de *garentoguen*, que les Médecins Chinois décorent des noms de *simple spiritueux*, *d'esprit pur de la terre*, & de *recette d'immortalité* ; sa racine est de la longueur de deux pouces, & à peu-près de la grosseur du petit doigt, un peu raboteuse, brillante & comme transparente, le plus souvent partagée en deux branches, quelquefois en un plus grand nombre, fibreuse vers la base, roussâtre en dehors & jaunâtre en dedans, d'un goût légèrement âcre, un peu amer & d'une odeur d'aromate, qui n'est pas désagréable. Le collet de la racine est un tissu tortueux de nœuds, où sont imprimés obliquement & alternativement, tantôt d'un côté, tantôt de l'autre, les vestiges des différentes tiges qu'elle a poussées chaque année. La tige de ginzeng est haute d'un pied, unie & d'un rouge noirâtre ; au sommet de la tige naissent trois ou quatre queues creusées en gouttiere

& disposées en rayons, chargées chacune de cinq feuilles inégales & dentelées ; la côte qui partage chaque feuille, jette des nervures qui s'entrelacent. Du lieu où les feuilles prennent naissance, s'éleve un pédicule simple, nud, d'environ cinq à six pouces de long, terminé par un bouquet de petites fleurs, dont le calice est très petit; les pétales & les étamines sont au nombre de cinq ; le style de la fleur est surmonté d'un stigmate, & posé sur un embryon arrondi, qui, en mûrissant, devient une baie sphérique, cannelée, couronnée & partagée en trois ou quatre loges, qui contiennent chacune une semence applatie & en forme de rein ».

L'Auteur du Mémoire rapporté dit que le dessous des queues qui sortent de la tige, & qui sont de vrais pétioles de feuilles aîlées, est d'un verd tempéré de blanc, & que le dessus est assez semblable à la tige, c'est-à-dire, d'un rouge foncé, tirant sur la couleur de mûre. Ces deux couleurs s'unissent ensuite par les côtés avec leur dégradation naturelle. Il ajoute n'avoir jamais vu de feuilles de la grandeur de celles du ginzeng, aussi minces & aussi fines; les fibres, dit-il, en sont très-bien distinguées ; elles ont par-dessus quelques petits poils un peu blancs ; la pellicule qui est entre les fibres s'éleve un peu vers le milieu au-dessus du plan des mêmes fibres. La couleur de la feuille est d'un verd obscur pardessus, & pardessous d'un verd blanchâtre & un peu luisant. La couleur du fruit est d'un beau rouge. Comme on a eu beau semer la graine de ginzeng, continue toujours notre Auteur, sans que jamais on l'ait vu lever, il est probable que c'est ce qui a donné lieu à cette fable, qui a cours parmi les Tartares. Ils disent qu'un oi-

feau la mange dès qu'elle eft en terre ; que ne
la pouvant digérer, il la purifie dans fon eftomac, & qu'elle pouffe enfuite dans l'endroit
où l'oifeau la laiffe avec fa fiente. J'aime mieux
croire que ce noyau demeure fort long-temps en
terre, avant de pouffer aucune racine, & ce fentiment me paroît fondé fur ce qu'on trouve de
ces racines qui ne font pas plus longues & qui
font moins groffes que le petit doigt, quoiqu'elles aient pouffé fucceffivement plus de dix tiges
en autant de différentes années. La hauteur des
plantes du ginzeng eft proportionnée à leur
groffeur & au nombre de leurs branches, ou,
pour mieux dire, de leurs grandes feuilles aîlées,
compofées toujours d'un pétiole commun & de
cinq folioles, qui fe terminent par une impaire,
les deux premieres étant plus petites. Il y a des
pieds de ginzeng, qui ont cinq & même fept de
ces grandes feuilles, ce font les plus beaux ;
ceux qui n'ont point de fruits font d'ordinaire
petits & fort bas. La racine la plus groffe, la
plus uniforme, & qui a moins de petits liens,
eft toujours la meilleure. Je ne fais pourquoi
les Chinois ont nommé cette plante *ginzeng*,
qui veut dire *repréfentation de l'homme;* je n'en
ai point vu qui en approche tant foit peu, &
ceux qui le cherchent par profeffion m'ont affuré
qu'on n'en trouvoit pas plus qui euffent de la reffemblance avec l'homme qu'on en trouve parmi
les autres racines, qui ont quelquefois, par hafard, des figures affez bizarres. Les Tartares l'appellent, avec plus de raifon, *orhota,* c'eft-à dire,
la premiere des plantes. Au refte, il n'eft pas
vrai que cette plante croiffe à la Chine, comme
le dit le P. Marcini, fur le témoignage de quelques livres Chinois, qui l'ont fait croître dans la

Province de Pekin, fur les montagnes d'*Yong-Pinfon*. On a pu aiſément s'y tromper, parce que c'eſt là qu'elle arrive, quand on la porte de Tartarie à la Chine.

Ceux qui vont chercher cette plante, n'en conſervent que la racine, & ils enterrent dans un même endroit tout ce qu'ils peuvent amaſſer pendant douze ou quinze jours. Ils ont ſoin de bien laver la racine & de la nettoyer, en ôtant avec une broſſe tout ce qu'elle a de matiere étrangere; ils la trempent enſuite un inſtant dans l'eau preſque bouillante, & la font ſécher à la fumée d'une eſpece de millet jaune, qui lui communique un peu de ſa couleur. Le millet renfermé dans un vaſe avec un peu d'eau, ſe cuit à petit feu; les racines, couchées ſur de petites traverſes de bois au deſſus du vaſe, ſe ſechent peu-à-peu ſur un linge, ou ſous un autre vaſe, qui les couvre. On peut auſſi les ſécher au ſoleil, ou même au feu; mais quoiqu'elles conſervent leur vertu, elles n'ont pas pour lors cette couleur que les Chinois aiment. Quand les racines ſont ſéchées, il faut les tenir renfermées dans un lieu qui ſoit auſſi bien ſec; autrement elles ſeroient en danger de ſe pourrir, ou d'être rongées de vers. Le P. Jartoux eſt le Miſſionnaire qui nous a fourni ce Mémoire. Je vous obſerverai ici, Monſieur, quant aux vertus de cette plante, qu'il paroît que les Aſiatiques les ont un peu trop outrées. Outre celles qui ſe trouvent détaillées dans ce Mémoire, ils diſent encore que la racine de ginzeng ranime les vieillards & même les agoniſans, retarde la mort, affermit la moëlle des os & de tous les membres, répare dans un inſtant la perte que procurent les plaiſirs de l'amour & les inſpire auſſi-tôt. Ils la regardent enfin comme une panacée souveraine. Les Chinois y ont recours dans toutes leurs maladies, comme à la derniere ressource. Les Médecins Hollandois la recommandent dans les convulsions, la syncope, les vertiges, & pour purifier l'estomac; mais ils en défendent l'usage immodéré, parce que cette plante occasionne une trop grande effervescence dans le sang. L'usage en doit être interdit aux jeunes gens & à ceux qui sont d'une constitution chaude. La cherté & la rareté de cette racine fait qu'on en use peu en Europe. Son prix est tel chez les Chinois, qu'ils en vendent une livre de poids trois livres pesant d'argent; les Hollandois la vendent aussi au poids de l'or.

On prétend qu'ils ont planté de cette plante au Cap de Bonne-Espérance. Quelques tentatives que nous ayions faites jusqu'à présent pour la faire venir de graine, nous n'avons encore pu y réussir. Le ginzeng produit un grand revenu à l'Empereur de la Chine : c'est peut-être sa vertu la mieux constatée. On conserve pour ce Prince, comme le meilleur, celui qui a été ramassé sous les montagnes de *Tsu-Toang Seng*. Tout le ginzeng qu'on ramasse en Tartarie, dont le montant nous est inconnu, se porte donc à la Douane de l'Empereur de la Chine. On en préleve pour les droits de ce Prince deux onces, ainsi qu'il est dit dans le Mémoire, par chaque Tartare qui en a fait la récolte. L'Empereur achete ensuite le surplus à une certaine valeur, après quoi il fait revendre tout ce qu'il ne veut pas, à un prix beaucoup plus haut dans son Empire, où on ne la débite qu'en son nom, & ce débit est toujours assuré. Les Nations Européennes qui trafiquent à la Chine, & particuliérement la Compagnie Hollandoise des Indes Orientales,

D iv

s'en pourvoient. Cette derniere est même presque la seule qui en fasse l'acquisition, & qui en vende en Europe. Je souhaite, Monsieur, que ce que je viens de vous rapporter au sujet du ginzeng, vous fasse plaisir, ainsi qu'à vos amis.

Je suis, &c.

Paris, ce 22 *Novembre* 1769.

LETTRE XLVI.

Sur l'Acacia.

DEPUIS un an entier que je ne cesse, Monsieur, de vous écrire régulierement tous les huit jours, je ne fais encore qu'effleurer le plan que je me suis tracé pour notre commerce épistolaire. La matiere est si vaste & si étendue, que plus je vous écris, plus je m'apperçois que je ne vous ai encore rien appris sur les végétaux. Les Botanistes font monter actuellement le nombre des plantes à plus de dix mille ; jugez par-là, Monsieur, combien de choses il me reste encore à discuter, non seulement pour vous les faire connoître, mais encore pour vous en indiquer les propriétés. Je choisis aujourd'hui pour sujet de cette Lettre l'acacia. Il m'est tombé par hasard entre les mains l'extrait d'un Herbier Chinois, qui traite de quelques particularités de cet arbre, aussi agréable à la vue qu'utile pour l'économie champêtre. C'est par l'exposition succincte de ces particularités que je commence ma Lettre.

L'acacia se nomme à la Chine *Hoaichu* ; la graine qu'on tire de ses gousses s'y emploie avec succès pour la Médecine ; ses fleurs y servent à teindre le papier en une couleur jaune assez particuliere. Les Teinturiers en font pareillement grand usage conjointement avec les graines. Lorsqu'on se sert de ces dernieres dans la Médecine Chinoise, voici, Monsieur, la façon dont on les prépare : on les met, à l'entrée de l'hiver, dans du fiel de bœuf, en sorte qu'elles en soient parfaitement couvertes : on fait sécher ensuite le tout à l'ombre durant l'espace de cent jours, après quoi on les enferme pour les prescrire dans le besoin. On en avale pour l'ordinaire une graine par jour après le repas. L'Auteur de l'Herbier Chinois attribue à ces sortes de graines ainsi préparées des propriétés qui paroissent tenir du merveilleux ; il assure entr'autres qu'en continuant d'en prendre tous les jours, il éclaircit la vue, guérit les hémorrhoïdes, & redonne aux cheveux blancs une couleur noire, ce qui plaît infiniment aux Chinois, d'autant plus qu'ils ne portent point de perruques, & qu'ils ne se font point raser.

Les fleurs de l'acacia sont, Monsieur, très-propres pour teindre des feuilles de papier ou des pieces d'étoffes en couleur jaune. Pour réussir parfaitement à cette couleur, prenez une demi-livre de ces fleurs, cueillies avant qu'elles soient trop épanouies ou prêtes à tomber ; rissolez-les légerement sur un petit feu clair, en les remuant avec vîtesse dans une casserole bien nette, de la même maniere, dit l'Auteur Chinois, qu'on rissole les petits bourgeons & les feuilles de thé nouvellement cueillis. Quand vous vous appercevrez qu'en rissolant & remuant ces fleurs dans la casserole, elles commencent à prendre une

D v

couleur jaunâtre, jettez deſſus trois petites cuillerées d'eau, que vous ferez bouillir, en ſorte que
le tout s'épaiſſiſſe, & que la couleur ſe fortifie ;
paſſez enſuite cela au travets d'une piece de
ſoie groſſiere ; quand la liqueur aura été expri-
mée, ajoutez-y une demi-once d'alun & une
once de poudre fine d'huître ou de coquillage
brûlé ; lorſque le tout ſera bien incorporé, vous
aurez de la teinture jaune.

Les Teinturiers de profeſſion tirent des fleurs
& des graines de l'acacia trois différentes couleurs
jaunes. Ils préparent d'abord les fleurs d'acacia,
en les faiſant riſſoler ; puis ils y joignent des
graines parfaitement mûres, tirées de gouſſes ;
mais ils mettent beaucoup moins de graines que
de fleurs. S'il s'agit de donner la couleur de
ngo hoang, qui eſt le jaune le plus vif, & s'ils
veulent teindre en cette couleur une piece de ſoie
de cinq ou ſix aunes, ils emploient une livre de
fleurs d'acacia avec quatre onces d'alun, ce
qu'on augmente à proportion de la longueur des
pieces que l'on veut teindre. Pour donner la couleur de *kin-hoang*, c'eſt-à-dire, le jaune d'une
couleur d'or, on donne d'abord la teinte précédente. Cette premiere teinte étant ſeche, on y
ajoute une ſeconde couleur, où il entre un peu
de ſoumu, c'eſt-à dire, de bois de Bréſil. Quant
à la teinture du jaune pâle, elle ſe fait de la
même façon que la premiere, avec la différence
ſeulement qu'au lieu de quatre onces d'alun, on
n'y en met que trois. La qualité d'eau, ſuivant
les Teinturiers Chinois, de même que ſuivant
ceux de notre pays, contribue beaucoup à la
beauté de la teinture. L'eau de riviere paſſe,
ſuivant les premiers, pour la meilleure, quoique néanmoins toute eau de riviere ne ſoit pas

également bonne. Celle, par exemple, qui a un goût fade, y est moins propre. Cependant, si on n'en avoit point d'autre, au lieu d'un bain dans la teinture, il en faudroit donner deux pour atteindre à cette belle couleur qu'on desire.

Les fleurs de l'acacia étant rissolées, peuvent se conserver pendant toute une année, ainsi que les graines, & même toujours être employées à faire de la teinture : mais lorsqu'on garde ainsi l'une & l'autre matieres, il faut les faire bouillir plus long-temps que si elles étoient récentes ; leur suc, quand elles ont vieilli, en sort plus difficilement, & avec moins d'abondance ; d'ailleurs les fleurs récentes donnent toujours une plus belle couleur.

Dans le Levant, on emploie la graine d'une espece d'acacia, pour préparer les peaux ; rien n'est même plus usité que cette graine pour les Corroyeurs & les Tanneurs de ce pays ; elle se nomme *quarad* en Arabe, & l'arbre d'où on la tire *santh*. C'est cette espece d'acacia, dont les fleurs n'ont aucune odeur, qui nous donne, à ce qu'on dit, la gomme arabique ; fait que je pourrai bien discuter dans la suite. Pour ce qui est du vrai acacia d'Egypte, il se nomme en langue Egyptienne, *sotané* ; & en langue Syriaque, *saissabon*. Les fleurs en sont très-agréables & très-odoriférentes.

Vous serez peut-être encore curieux, Monsieur, de savoir comment on cultive l'acacia à la Chine ; notre Herbier Chinois vous l'apprendra pareillement.

« Quand vous aurez ramassé, dit-il, des graines d'acacia, séchez-les au soleil, & un peu avant le solstice d'été, jettez-les dans l'eau ; lorsqu'elles y auront germé, semez-les dans un ter-

rein gras, en y mêlant de la graine de chanvre ;
l'une & l'autre femences pousseront ; vous couperez le chanvre en tout temps, & vous lierez ces
jeunes acacias à de petits échalas, qui leur ferviront d'appui. L'année suivante, vous femerez
encore du chanvre, ce que vous ferez de même
la troisieme année, afin que le chanvre préserve
ces plantes délicates des injures du temps ; après
quoi ces arbrisseaux étant devenus plus forts &
plus robustes, vous les transplanterez ailleurs, &
ils deviendront de très-beaux arbres ».

Mais c'est assez, Monsieur, vous entretenir
d'un acacia qu'on ne cultive qu'à la Chine ;
parlons plutôt de celui qui se rencontre actuellement presque par toute l'Europe. Cette espece
sera pour vous d'autant plus intéressante, qu'elle
est plus facile à multiplier, & qu'elle nous procure des avantages bien réels. Ce n'est pas, suivant les Botanistes, un vrai acacia ; aussi le nom-
ment-ils *pseudo-acacia*. Il vient originairement
de la Virginie & du Canada ; il est à présent
naturalisé en France, où il réussit parfaitement ;
il fait partie de la famille des plantes légumineuses, & peut conséquemment convenir pour alimens aux bestiaux. Vous connoissez, Monsieur,
parfaitement cet arbre, sans être obligé de vous
le décrire ici. Je vous observerai néanmoins que
le goût de ses feuilles, & son fruit qui a la forme
d'une silique, prouvent l'analogie parfaite de
ce végétal, avec le trefle, la vesce & les autres
plantes pareilles. M. Bohalsch, Conseiller
du Commerce de Sa Majesté l'Impératrice-
Reine, Professeur en Médecine à Prague, en
examinant attentivement cette analogie parfaite,
s'est imaginé avec raison que puisque le trefle,
la vesce & les plantes légumineuses fournissoient
la nourriture la plus excellente pour les bestiaux,

l'acacia, qui étoit de cette claſſe, pourroit auſſi être employé pareillement pour cet uſage : auſſi en fit-il l'expérience. Il en donna aux beſtiaux, & il remarqua pour lors avec plaiſir qu'il ne s'étoit pas trompé dans ſa conjecture, & que les animaux étoient même fort avides à en manger. Les feuilles de cet arbre ſont même pour eux très-nourriſſantes. C'eſt ce qui réſulte encore des obſervations de ce Médecin zélé pour le bien de l'humanité. Pour faire ſon expérience, parmi cinq vaches il en choiſit une, qui donnoit moins de lait que les quatre autres. Il a fait nourrir cette vache pendant deux jours avec les feuilles d'acacia; elle a donné alors plus de lait qu'aucune de ces quatre autres qu'on avoit continué de nourrir à la maniere accoutumée.

Toutes les expériences heureuſes qu'a fait ce Médecin ſur les feuilles d'acacia, conſidérées comme alimens pour les beſtiaux, l'ont engagé dans le temps à inviter tous les Agriculteurs de multiplier dans leurs terreins cet arbre ſi utile, au point de pouvoir ſe procurer une aſſez grande quantité de ces feuilles pour en nourrir les chevaux & les vaches pendant tout l'été. Par ce moyen, dit-il, un bon Econome champêtre pourra aiſément réſerver tous ſes foins pour l'hiver, ſans être obligé d'y toucher pendant la belle ſaiſon; il pourra même encore faire ſécher ces mêmes feuilles d'acacia, & elles lui ſerviront pareillement de fourrage dans cette triſte ſaiſon. Si on les conditionne bien en les ſéchant, elles acquierent l'odeur & le goût du foin de la meilleure qualité. Ne pourroit-on pas encore mêler, ajoute notre Auteur, ces feuilles avec le foin ou la paille hachée, pour les rendre plus agréables aux animaux? Quant à moi, je penſe, Monſieur, que le profit ſera plus grand de don-

ner aux animaux les feuilles d'acacia en verd
que féchées. La raifon en eft très-fenfible ; ces
feuilles font de leur nature fort minces & d'un
petit volume ; elles fe réduifent donc à très peu
de chofe en féchant ; conféquemment ce fourrage ne peut devenir un objet bien intéreffant
pour nourrir pendant l'hiver le gros bétail.

M. Bohalfch a pouffé fes expériences jufques
même fur l'écorce de l'arbre. Il prétend, d'après
des obfervations bien conftatées, qu'elle plaît
beaucoup aux chevaux, quoiqu'il fe foit trouvé
des perfonnes qui aient ofé avancer que ces efpeces d'animaux n'en mangeoient point impunément. Les accidens, dit-il, qui leur font furve-
nus quelquefois après en avoir mangé, peuvent avoir toute autre caufe, & provenir encore
d'autres alimens nuifibles, qu'ils auront pu prendre conjointement ou immédiatement devant &
après cette écorce. Au refte, Monfieur, ce
n'eft pas fur cette écorce que l'Auteur infifte le
plus ; c'eft fur-tout fur les feuilles. En Médecine, les racines & l'écorce de faux acacia
étant douces & fucrées comme la réglitfe, paffent pour pectorales, & fes fleurs font laxa-
tives.

Vous agirez, Monfieur, très-fagement, fi
vous faites des plantations d'acacia, fur-tout
dans les parties de vos Domaines qui manquent
de prairies ; c'eft par-là que vous obvierez fûrement à l'inconvénient du défaut de pâture ; vous
ferez à même par conféquent de nourrir plus de
beftiaux, & plus vous aurez de nourri, plus
vous remafferez de fumier, & mieux vous en-
graifferez vos terres.

Le bois de cet arbre, qui eft excellent pour
faire des chaifes & autres ouvrages de cette
nature, doit être encore pour vous un nouveau

motif de le multiplier. Les Habitans de la Loui-
siane s'en servent pour faire des arcs , parce qu'il
est fort roide ; ils l'appellent en leur idiôme *bois
dur* , & le regardent comme incorruptible. Nos
François s'en sont servis dans ces pays-là pour
construire leurs batimens: mais il y a une précaution pour lors à prendre ; c'est de dépouiller
ce bois de son écorce ; sans quoi, si on le plan-
toit ainsi en terre , comme cet arbre a beaucoup
de seve, & qu'il vient facilement , il pousseroit
plusieurs jets. Les Tourneurs & les Ebénistes
recherchent encore le bois d'acacia , à cause de
sa couleur quelquefois jaune, d'autres fois verdâtre , & toujours brillante & satinée : d'ailleurs
les acacias deviennent de très-beaux & de très-
grands arbres ; ils ne craignent pas même le
froid , autre avantage. Le seul inconvénient
qu'on remarque dans ces sortes d'arbres, c'est
qu'ils sont sujets à se fendre. Si par hasard deux
de ses branches également fortes viennent à se
détacher du tronc en forme de fourche, un seul
coup de vent fait quelquefois fendre ces arbres
de haut en bas, presque jusqu'aux racines. Pour
parer à cet accident , lorsqu'on voit des branches
ainsi dispersées , on les lie l'une à l'autre avec
de fortes brides de fer ; cela ne laisse pas d'occasionner pour lors une espece de dépense. Cependant , vous pouvez encore vous l'épargner ,
en étêtant vos arbres tous les cinq ou six ans ;
vous avez même par-là l'avantage d'en retirer du
bois de fagots propre au chauffage. Vous pouvez pareillement employer les acacias pour orner vos bosquets de printemps. Une salle de
ces arbres étêtés est une chose bien agréable
dans le temps de leurs fleurs , sur-tout dans les
parcs, où on ne recherche pas la plus grande

élégance. Cette falle fuffiroit pour parfumer tout un jardin, de quelque grandeur qu'il puiffe être. Rien n'étoit fi commun autrefois que de voir des allées formées par des rangées d'acacias.

Leur culture n'eft pas bien difficile, & c'eft ce qui fe trouve encore d'avantageux dans ces fortes d'arbres ; ils fe multiplient & par femences & par rejets. Dès que les femences font mûres, vous les mêlez avec un peu de terre, & vous les confervez ainfi dans un pot jufqu'au printemps, ou, pour mieux réuffir encore, vous les femez dans des terrines fur couches. Si vous voulez en élever beaucoup, vous êtes obligé pour lors de les mettre à l'ombre : vous couvrez ces femences d'un peu de terre ; elles levent promptement, & pouffent des jets affez confidérables. Dès la premiere année, ayez attention de garantir pour lors vos jeunes plantes des ardeurs du foleil. Au bout de deux ans, replantez vos jeunes arbres en pépinieres, & laiffez-les dans cet emplacement jufqu'à ce qu'ils aient au moins cinq ou fix pouces de circonférence par le pied, & qu'ils foient par conféquent affez forts pour être placés à demeure.

Quant à ce qui concerne les jets ou plants enracinés d'acacia, ces arbres n'en produifent même que trop. Si vous defirez d'en avoir encore davantage & même plus vîte, arrachez un de ces arbres qui ait au moins douze à quinze pouces de circonférence ; coupez fes racines à un pied ou dix-huit pouces du tronc, de forte cependant que vous ayiez affez de racines pour pouvoir le tranfplanter ailleurs. Laiffez ouvert le trou que vous aurez fait pour arracher l'arbre ; toutes les racines qui auront été coupées vous fourniront autant de rejets.

Le faux acacia exige un bon fond de terre, cependant un peu légere & humide, & ne veut pas être planté bien avant, si vous voulez le voir croître vîte. Il demande en général la même culture que celle qu'on donne aux marronniers. Gardez-vous bien de planter ces sortes d'arbres près de vos terres labourables ni de vos prairies ; leurs racines sont rampantes, s'étendent fort loin, & pourroient par conséquent leur préjudicier. Comme les feuilles sont ce qu'il y a de plus utile dans ces arbres, pour en faire la récolte, servez-vous d'un croissant ou d'un ciseau de Jardinier.

Je suis, &c.

Paris, ce 30 Novembre 1769.

LETTRE XLVII.

Sur le Trefle semé en prairies artificielles, ambulantes & sédentaires.

JE vous ai indiqué, Monsieur, dans mes Lettres précédentes, la méthode pour former des prairies naturelles & rétablir les anciennes. Je passe actuellement aux prairies artificielles. Depuis qu'on éleve en France de ces sortes de prairies on n'en connoissoit que de sédentaires. C'est à M. Ferrand, Chevalier de l'Ordre Royal & Militaire de Saint-Louis, que nous sommes redevables des prairies artificielles ambulantes. Il nous a donné sur ce sujet un excellent Mémoire. C'eſt l'extrait de ce Mémoire que j'ai choiſi aujourd'hui , comme étant de la plus grande utilité pour l'objet de cette Lettre.

Toutes les terres , dit ce Cultivateur , dans les Provinces qui n'ont pas joui de l'avantage de la culture du trefle , ſont diviſées en trois ſaiſons, qui ſervent alternativement, l'une pour le fromei t ou le ſeigle , & la ſeconde pour les grains de Mars, tandis que la troiſieme repoſe pour recevoir le froment l'année ſuivante. Pour profiter de cette derniere , qu'on peut qualifier de vraie année en pure perte , qui empêche, en ſemant les grains de Mars, ſans autres frais ni façon, d'y ſemer en même temps du trefle? Il vient plus lentement, & couvre ſeulement la terre à la moiſſon ; il grandit enſuite , au point qu'on peut le faire pâturer dans l'automne par les moutons, ou ſimplement le faucher. Cela fait , comme vous n'en doutez pas , Monſieur, du fourrage excellent pour les bêtes à corne. Au mois de Décembre ſuivant, on couvre le trefle d'une couche de bon fumier dont on s'eſt précautionné. Ce fumier tient lieu d'engrais pour les bleds de l'année ſuivante. La même quantité qui leur eût été néceſſaire leur ſuffit, après avoir ſervi pour le trefle. A l'ouverture du printemps, l'on étend les taupieres, l'on ôte les pierres & les chicots pour faire place à la faulx dont on ſe ſert pour la premiere coupe, environ le 15 Mai : la ſeconde ſe fait deux mois après. On a les mois entiers d'Août, Septembre & Octobre, pour préparer les terres & ſemer les bleds, qui, comme l'expérience l'a prouvé, viennent plus beaux que dans les terres qui ont repoſé ; la raiſon en eſt très-évidente.

Les racines multipliées de ce trefle ouvrant

les pores de la terre à une certaine profondeur,
la difpofe à recevoir les fels du fumier, à proportion que la rofée ou la pluie les détache ; au
lieu que quand le champ eft verfé à l'ordinaire,
la pluie entraîne dans la raie les fels du fumier
qui n'eft pas bien enterré, & de la raie le courant des eaux les entraîne dans les fôffés. Outre
que la terre eft mieux difpofée pour recevoir les
bleds, par le moyen de cette méthode, l'on
fait encore dans cette année de repos, fans préjudicier à la femence ordinaire des bleds, & en
pure profit, deux récoltes en trefle, qui fouvent
valent mieux que le fonds. Par le calcul que fait
cet Auteur, il réfulte qu'un arpent de cent verges
de long fur quatre de large, la verge étant de
neuf pieds, peut produire, année commune,
tous frais déduits, 120 liv. au Propriétaire, qui
eft prefque la valeur du fonds. Pour rendre
plus fenfibles les avantages qui réfultent de ces
prairies ambulantes, M. Ferrand fait le parallele
d'une ferme qui n'en eft pas pourvue avec celle
qui en a ; & par ce parallele, il prouve que la
derniere peut fournir, à l'aide du trefle ainfi
femé, un revenu plus que double de celui que
fournit la premiere. On y éleve une quantité
de vaches & de moutons par le moyen de la
pâture & du fourrage qu'on en tire ; & en y
élevant ces animaux, outre la valeur intrinfeque
qui s'y trouve, on fe procure encore par-là une
quantité de fumier propre à améliorer les terres,
& à les rendre toujours de plus en plus fécondes.
Il eft inutile de fuivre l'Auteur dans fon calcul ;
fans y entrer, vous fentez tous ces avantages.
Une ferme de deux charrues, outre les chevaux
& bœufs de travail, peut être, felon lui, plus
que fuffifante pour nourrir au pardelà au moins

quarante vaches, dont M. Ferrand évalue ordinairement le rapport à 60 liv. par année, & quatre cents moutons, dont il fixe le revenu auffi par année à 3 liv. l'un. Cependant on pourroit faire plufieurs objections contre la méthode des prairies ambulantes, & des faits avancés par notre Auteur : mais il n'attend pas qu'on les lui faffe; il fe les propofe lui-même, & en même temps les réfoud.

1°. Comment faire d'abord pour établir l'ufage du trefle dans une ferme ? Il faut, fuivant la méthode de l'Auteur, du fumier pour en couvrir les terres qui en font enfemencées. Où en trouver une auffi grande quantité ? on manque de beftiaux pour en faire. Rien n'eft fi fimple que cette objection ; on ne commence que par degrés : au lieu d'en enfemencer une faifon entiere de la ferme, on n'enfemence d'abord que le quart ou le demi quart. Quelque peu de fumier qu'on ait, on fe trouve pour lors en avoir fuffifamment. Ce quart enfemencé fournit pour l'année fuivante du fourrage. On augmente pour lors infenfiblement les bêtes à corne & à laine: ces bêtes étant augmentées, le fumier augmente ; & par conféquent l'année fuivante, au lieu d'enfemencer uniquement un quart des terres de la faifon deftinées pour le trefle, on en enfemence la moitié.

2°. Comment pourra-t-on nourrir dans une ferme qui ne fera que de deux charrues, quarante vaches & quatre cents moutons ? C'eft une objection qu'on pourra peut-être me faire, dit M. Ferrand, & à laquelle il eft facile de répondre. Perfonne n'ignore la quantité de trefle que fournit un arpent de terrein, lorfqu'il n'eft pas pâturé ; cela tient même du prodige. On fau-

chera donc ce trefle tous les jours pour les bestiaux, & on le leur donnera dans l'écurie en verd
pendant les mois de Mai, Juin Juillet & Août.
Il y aura par ce moyen double avantage; l'herbe
en croît plus vîte, & ne se trouve pas froissée
par les pieds des animaux. On les laissera seulement sortir quelques heures du jour pour prendre l'air, & principalement le matin & le soir,
à cause de l'incommodité des mouches.

Mais comment, dira-t-on, & c'est la troisieme objection, pourra-t'on retirer toutes les
années d'une vache la valeur de 60 liv. ? Le calcul que fait l'Auteur pour le prouver est plus que
convainquant; il insiste sur-tout, pour pouvoir en
tirer tout le revenu, sur la méthode d'élever les
veaux à la Flamande; il la recommande même
très-fort. Comme cette méthode est très-avanta-
geuse, je saisis, Monsieur, l'occasion pour vous
en faire part.

On retire le veau d'auprès de la vache, dès
qu'il est bien lêché & bien sec : on le met dans
une petite niche de planches disposée en quarré
long, de deux pieds & demi de largeur sur cinq
pieds de longueur, close des deux côtés. On ménage à cette niche une porte parderriere & une
pardevant, & on place un crampon de chaque
côté. A un demi-pied de la porte de devant, on
y attache le veau à deux longes, en sorte qu'il
puisse se coucher, sans néanmoins pouvoir avoir
la liberté de se tourner de la tête à la queue. Cette
niche est garnie pardessous d'un plancher qu'on
fabrique un peu en pente, pour faciliter l'écoulement des urines. Dès que le veau a huit jours,
on ne lui laisse aucune litiere : on la ba-
laye même souvent très-proprement : on lui
met la bouche jusqu'au-dessus des naseaux dans

un petit panier d'ofier, qui s'attache pardeffus la tête avec une liaffe, afin qu'il ne puiffe
pas manger, ni même lêcher la pouffiere; dès
qu'il eft dans cette niche, vous lui préfentez
du lait frais, tiré dans un vafe; vous lui mettez
la bouche tremper fur le bord, & avec le doigt,
en réitérant, vous lui en introduifez dedans. Peu
de jours après, il tette le doigt, dont le petit
bout fort du lait. Par ce moyen, dans quinze
jours au plus tard, on l'habitue à boire le lait
parfaitement bien. On peut le nourrir ainfi tant
qu'on veut; il coûte peu de foin. Au bout de
trois mois, s'il eft né d'une groffe vache, &
fi on lui a donné du lait autant qu'il a pu en
boire, il peut pefer jufqu'à quarante-cinq livres
le quartier, même tout dépouillé.

M. Ferrand, après avoir répondu à toutes ces
objeſtions, expofe dans fon Mémoire la façon
de recueillir le trefle. On ne le fanne point, dit-
il, comme le foin avec une fourche. Quand les
andains fe trouvent fecs d'un côté, on les retourne
de l'autre, comme les javelles de bled; lorfqu'il
eft tout-à-fait fec, on le met en meule d'une
moyenne groffeur, toutes les fleurs du premier
lit tournées en haut, comme lorfqu'il étoit fur
pied, tous les autres lits de fleurs en bas en diminuant, & lui donnant la forme d'un pain de
fucre. Après avoir ainfi fué pendant huit jours,
on le met en bottes de vingt ou trente livres,
en obfervant de ramaffer avec foin les feuilles
& les fleurs au milieu des bottes, afin qu'il
s'en perde moins en les remuant. Pour en avoir
de la graine, il en faut laiffer deux arpens fur
le total de la feconde coupe, mûrir huit ou
dix jours de plus que l'autre, le ferrer à part
pour le battre dans les fortes gelées, avec beau-

coup plus de force & d'art que les autres graines. Cette quantité doit suffire, à raison de huit livres par arpent dans les commencemens, & de six après l'amélioration. Si l'on s'apperçoit à la moisson que le trefle ne se trouve pas levé, ce qui est sans exemple, on peut travailler à l'ordinaire les terres dans lesquelles on l'a semé, sans qu'elles en souffrent aucun dommage. Le trefle d'Hollande, ou le trimene, suivant les Bretons, est la variété du trefle qui convient le mieux pour des prairies ambulantes; il ne differe du trefle ordinaire que par la hauteur de sa tige & la largeur de ses feuilles. Il y a des Provinces où l'on seme le trefle avec le lin; c'est même, suivant les Habitans de ces contrées, la plante avec laquelle il vient le mieux. L'espece de labour qu'on donne à la terre, en arrachant le lin, lui est nuisible.

L'Auteur des prairies ambulantes finit son Mémoire par un nouveau projet; il conseille de mettre toutes les prairies naturelles en nature de terres labourables, & de les diviser en trois saisons, pour faire d'une saison des prairies ambulantes.

Quoique cet Auteur mérite toute la reconnoissance possible, en faisant connoître aux Agriculteurs la méthode des prairies ambulantes, déja universellement répandue, & même depuis fort long-temps dans la Flandre, la Picardie & l'Artois, & en enlevant les avantages; cependant je ne puis l'applaudir dans son zele outré, qui tend à supprimer toutes les prairies autres que les prairies ambulantes. Il seroit même à desirer que les prairies naturelles pussent se multiplier davantage. Le foin est sans contredit meilleur pour toute sorte de bétail que celui qu'on tire des prairies artificielles, & leur est même plus profitable. En faisant valoir la bonté d'une découverte, notre zele ne doit pas nous porter à condamner ce que l'expérience a démontré être avantageux.

Une petite réflexion, Monsieur, que vous voudrez bien aussi me permettre au sujet de ce Mémoire, c'est que l'Auteur n'entre pas dans un assez grand détail sur le ménagement qu'on doit faire du trefle, lorsqu'on en donne aux vaches ; car il est d'expérience que lorsqu'on en donne sans discrétion aux bêtes à cornes, elles en mangent en si grande quantité, qu'il les fait souvent périr; d'ailleurs le trefle n'est pas une nourriture aussi bonne pour les brebis, que tâche de l'inspirer l'Auteur. Il est vrai que cette herbe est fort propre pour engraisser les moutons. On a néanmoins observé qu'elle n'étoit pas également bonne pour ceux qu'on destinoit au nourris. Mais c'est assez vous avoir parlé, Monsieur, du trefle, considéré comme prairie ambulante; je passe actuellement au second objet, qui est de le considérer comme propre pour des prairies sédentaires.

On prépare pour le trefle la terre de même que pour la luzerne. La meilleure graine pour semer est celle qu'on tire de la Flandre; pour l'avoir bonne, il faut qu'elle soit nouvelle, grosse, d'une couleur jaunâtre, & même un peu verdâtre. Il ne faut semer le trefle ni trop clair ni trop épais. Les plantes qui en proviennent sont très-menues, & donnent conséquemment de très-mauvaises récoltes. Quand au contraire il est trop clair, on se prive non-seulement d'une récolte suffisante ; mais encore la terre n'étant pas couverte d'assez de plantes, est moins en
état

é-at de porter enfuite du froment. Cette plante
réuffit très-bien dans une terre un peu argilleufe,
pourvu néanmoins que cette terre foit fraîche &
fufceptible d'arrofemens ; elle vient auffi dans une
terre fablonneufe, mais fes productions font pour
lors très-foibles. Sans la gelée, qui eft fort à craindre, je vous confeillerois, Monfieur, de femer
votre trefle en automne ; il fourniroit deux cou-
pes dans le courant de l'année de fa levée. Ce
pendant l'ufage le plus commun eft de le femer
en Mars, Avril & Mai. La durée d'un femis de
trefle ne paffe gueres la troifieme année de fa levée. Il faut le détruire pour lors fur la fin d'Octobre par un premier labour. On en fait fuccéder
un fecond à celui-ci dans le mois de Mars, après
quoi on feme le champ d'avoine ou de pois. Le
froment & le feigle y réuffiffent enfuite à fou-
hait, avec la moitié de l'engrais ordinaire.

De toutes les plantes, le lin eft, Monfieur,
celle qui fe plaît le mieux dans une piece de trefle
nouvellement défrichée : mais il faut, pour le
faire bien croître, trois labours à la terre ; le premier fe donne en Août ou Septembre, le fecond
à la fin d'Octobre, & le troifieme dans le mois
de Février qui fuit.

Un Agriculteur Anglois prétend que le trefle,
au bout de deux ans qu'il eft enterré, devient
très-préjudiciable au bled qu'on feme dans les
terres où il a été auparavant femé, parce qu'il
s'y nourrit quantité de vers, fur-tout lorfque le
fol en eft humide & plat. Pour obvier au dégoût
que pourroient occafionner les vers dans les fe-
mailles, il confeille de faire ufage d'une efpece
de leffive, dans laquelle on mettra tremper le
bled avant de le femer.

Mettez, dit cet Auteur, deux ou trois boiffeaux

de froment dans un cuvier garni de sa canule ou cheville ; jettez trois livres de couperose dans huit ou dix pintes d'eau chaude, mesure de Paris, & remuez ce mêlange ; la couperose s'y dissoudra promptement. Quand la liqueur ne sera plus que médiocrement chaude, versez la sur le grain ; un quart-d'heure après, ajoutez-y l'eau noire d'un égoût, pour qu'elle surnage de quatre pouces ; tous les grains défectueux s'éleveront à la superficie. On laisse tremper le bled dans ces liqueurs pendant quinze jours : on fait ensuite écouler l'eau, & on passe tout de suite le bled à la chaux. L'eau qui a servi à cet usage doit être gardée pour être employée à une autre quantité de bled, en y ajoutant une ou deux livres de couperose ; par cette préparation on sera en sûreté contre les vers & autres animaux qui attaquent le bled en terre, on le garantira même du noir.

Le trefle a ses avantages & ses désavantages pour les bestiaux. Donné en verd, il engraisse promptement les chevaux, les bêtes de somme, le gros & le menu bétail ; il donne du lait aux animaux qui allaitent : mais ce fourrage qui se change en lait dans la truie qui nourrit, est un poison pour les truies qui sont pleines ; il leur cause des tranchées si vives, que souvent le fruit en périt dans le ventre de la mere. Il n'occasionne pas moins de tranchées aux autres animaux ; il faut être très attentif sur l'état des bestiaux qui s'en nourrissent, par rapport aux maladies qui leur en peuvent survenir. Les Bergers doivent sur-tout examiner, & même sans cesse, si les brebis qu'ils conduisent n'enflent pas pour avoir mangé de ce trefle ; il leur sera pour lors facile d'y apporter remede.

Comme c'est dans les premiers jours que le

bétail fe nourrit de trefle qu'il fe trouve expofé aux tranchées, un bon Économe doit s'affurer d'une fuite de beaux jours, pour donner entrée dans les trefles à fes animaux domeftiques. Un temps de pluie, & même des brouillards, procureroient indubitablement le mal contre lequel on a tant d'intérêt de fe précautionner. Si vous permettez donc, Monfieur, que vos gens conduifent vos beftiaux dans les trefles, obfervez exactement ce que j'ai l'honneur de vous prefcrire.

Je fuis, &c.

Paris, ce 5 Décembre 1769.

LETTRE XLVIII.

Sur les Arbres, Arbriffeaux & fous-Arbriffeaux qui peuvent fervir d'ornement dans les avenues, parcs & jardins.

JE viens, Monfieur, d'apprendre que vous vous propofez de former des jardins d'ornement; vous ferez fans doute bien-aife de connoître les différens arbres qui pourroient y tenir place : c'eft ce qui m'engage à vous en donner ici un catalogue raifonné. J'emploierai pour cette énumération les termes propres au jardinage par préférence à ceux de botanique. Je ne vous entretiendrai pas ici du vrai acacia, parce qu'il ne réuffit en France que dans les terres chaudes. Il n'en eft pas de même du faux acacia, ou du robinia : on en diſtingue de pluſieurs eſpeces ; l'ordinaire peut s'employer pour arbre d'alignement, & même dans les avenues. Mais comme le vent lui fait beaucoup de tort, on ne le place que dans les avant-cours ; il ſe charge à la fin du mois de Mai de belles grappes de fleurs blanches, d'une odeur agréable : on pourroit par cette raiſon l'employer à la décoration des boſquets du printemps. Il eſt vrai, dit M. Duhamel, en parlant de cet arbre, qu'il pouſſe toujours de grandes branches en houſſine, qui ne ſont nullement propres à former des portiques réguliers ; mais, ajoute-t-il, dans les parcs, où l'on ne cherche pas la plus grande élégance, une ſalle de ces arbres étêtés auroit beaucoup d'agrément dans le temps de ſa fleur, & elle ſuffiroit pour parfumer tout un jardin.

L'acacia à fleurs purpurines, ou le robinia nain d'Amérique, eſt de la claſſe des arbuſtes ; il mérite une place diſtinguée dans les jardins d'ornement : auſſi M. Richard, Jardinier du Roi à Trianon, en fait très-grand cas. Le robinia ou faux acacia de Sibérie mérite encore une place diſtinguée dans nos jardins. On en diſtingue de deux ſous-eſpeces ; l'une ſe nomme caragagne de Sibérie, & l'autre aſpalathe ; ils portent l'un & l'autre des fleurs jaunes aſſez grandes. Rien n'empêche qu'on ne les emploie pour la décoration des boſquets de la premiere ſaiſon ; ils peuvent même faire un très-joli effet en les entremêlant avec les acacias ordinaires, d'autant plus qu'ils fleuriſſent à-peu près dans le même temps. Les fleurs d'açacia de Sibérie n'ont point d'odeur.

Un arbriſſeau auquel vous pouvez donner place dans vos boſquets d'hiver, eſt l'alaterne ; il y en a à grandes feuilles & à petites. Le verd brillant des feuilles de l'une ou l'autre espece qui se conserve pendant la saison la plus rigoureuse, rend ces arbustes fort agréables, sur-tout si vous les entremêlez avec des variétés à feuilles panachées de blanc & à feuilles panachées de jaune, qui se rencontrent communément parmi les especes d'alaterne.

L'alisier est un arbre qui ne mérite pas moins, Monsieur, votre attention, quoiqu'il se dépouille pendant l'hiver : il ne vient pas fort haut ; aussi ne convient-il pas dans les grandes avenues ni dans les grandes futaies : mais il fait très-bien dans les petites allées qu'on dresse pour l'ordinaire dans les parcs ; il est encore très propre dans les taillis, son fruit y attire presque tous les oiseaux. Les bouquets de fleurs des différentes especes d'alisier font un effet merveilleux au printemps. L'alisier à feuilles arrondies, oblongues, entieres, dentelées & blanches en dessous, se nomme alouche en Bourgogne; il est même connu sous le nom de sorbier des Alpes. On ne plante presque jamais les alisiers, de quelque espece qu'ils soient, dans des bosquets d'automne, parce qu'en général leurs feuilles perdent de bonne heure leur éclat. Mais comme ces arbres se plaisent à l'ombre, rien n'est si commun que d'en garnir les clairieres dans les bois de moyenne grandeur.

L'*althea frutex* des Jardiniers, autrement le *ketmia*, est peut-être un des plus jolis arbrisseaux que nous ayions pour orner les bosquets d'automne : il prend d'abord la plus belle forme; ses grandes fleurs, qui se trouvent violettes, rouges ou blanches, suivant leurs différentes variétés, font le plus joli effet qu'on puisse desirer dans les bosquets de l'arriere-saison. On dit qu'il y a des ketmia à fleurs doubles. (*Il en a fleuri un en 1779 à Trianon dans le Jardin de la Reine*). S'il s'en trouve, ils doivent être d'une grande beauté. Les althéas à feuilles panachées de blanc, forment une variété qui plaît assez aux curieux.

J'ai eu souvent, Monsieur, du plaisir à vous voir examiner les petits amandiers nains qui se trouvent dans les jardins de Botanique. En effet, cet arbuste mérite certainement bien vos regards ; il est fort branchu, & ne s'éleve gueres qu'à la hauteur de trois ou quatre pieds ; les fleurs viennent une à une, s'épanouissent au commencement d'Avril, & sont d'une belle couleur moyenne entre celle de la rose & de la fleur de pêcher. Tous les rejets de l'amandier nain, de même que la principale tige, en sont également garnis. L'effet de cet arbuste en fleur est très-joli parmi d'autres buissons de même couleur.

Il nous est venu d'Alep une espece d'amandier, dont la feuille ressemble à celle du pourpier : elle est satinée & comme argentée ; aussi lui a-t-on donné le nom d'amandier satiné. M. le Duc de Noailles est le premier qui a fait élever cet arbuste dans ses bosquets ; la couleur de ses feuilles le rend très-singulier. On cultivoit anciennement dans le jardin de Nancy un amandier à fleurs toujours doubles & incarnates. Cet amandier est originaire d'Afrique ; il ne porte point de fruits. De célebres Botanistes, entr'autres M. Bernard de Jussieu, sont incertains s'il ne faut pas plutôt placer cet arbuste dans la famille des pruniers que dans celle des amandiers, d'autant plus que ses feuilles sont roulées les unes sur les autres dans le bouton, comme ont coutume

de l'être celles du prunier. M. Hermann, célebre Botaniste Hollandois, place cet arbuste dans
la classe des pêchers. Tout ce qui est de sûr,
c'est que les fleurs de cet arbuste plaisent beaucoup dans les bosquets du printemps. Les Amateurs font beaucoup de cas d'une variété d'amandier nain, dont les feuilles sont panachées de
blanc.

Je ne vous parle pas, Monsieur, des amandiers à fruits, puisque les arbres fruitiers ne sont
pas l'objet de cette Lettre. Je ne vous entretiens pas
non plus ici de l'amélanchier des bois, vous le
connoissez parfaitement. Cet arbuste est assez joli:
mais un arbuste du même genre, qui l'emporte
infiniment sur celui là, est l'amélanchier du Canada; ses fleurs, rassemblées en bouquet, produisent un effet charmant.

L'amorpha d'Amérique est un arbrisseau qui
se nomme plus communément indigo bâtard; il
perd beaucoup de ses branches pendant l'hiver.
Cependant, comme il pousse avec vigueur, il
fait encore un buisson assez agréable pour l'été;
il peut même trouver place dans les bosquets de
cette saison, & même dans ceux d'automne, puisque ses feuilles se conservent jusqu'aux gelées.
Cet arbrisseau fleurit au mois de Juin; ses fleurs
plaisent par leur singularité; ce sont de longs épis,
d'un violet foncé, parsemé de pointes jaunes,
qui semblent être des paillettes d'or. Ces fleurs
singulieres engagent les Amateurs de planter des
pieds d'amorpha dans les bosquets de la fin du
printemps. Si vos jardins ne sont pas, Monsieur, exposés à la gelée, vous pouvez en faire
de jolies palissades; mais ayez soin d'en attacher
les branches sur un treillage avec des osiers.

Un arbre, Monsieur, que je vous invite très-fort à multiplier, est le guainier, ou arbre de Judée : c'est un des plus beaux arbres d'ornement que vous puissiez avoir ; ses feuilles sont grandes, fermes, & font dans un jardin d'ornement le meilleur effet qu'on puisse desirer ; d'ailleurs elles ne sont point sujettes à être endommagées par les insectes, autre avantage. L'arbre de Judée est dans sa plus grande beauté au mois de Mai ; il se trouve pour lors chargé d'une quantité prodigieuse de fleurs pourpres ou blanches, qui viennent non-seulement sur les jeunes branches, mais encore sur les plus grosses & même sur le tronc ; ses fleurs conservent leur éclat pendant près de trois semaines. Les bosquets du printemps ne peuvent jamais mieux être décorés que par les arbres de Judée.

L'arbre de vie ou thuya de la Chine, est un arbre totalement différent du dernier ; il est toujours verd ; sa place est dans les bosquets d'hiver. Le bois de Sainte-Lucie ou mahaleb, si commun à Sainte-Lucie, près de Sampigny en Lorraine, & à Montbard en Bourgogne, est un arbrisseau des plus propres qu'on puisse trouver pour former les palissades des bosquets du printemps ; il plaît également par le mélange de ses feuilles & de ses fleurs, qui paroissent en tout temps.

L'arroche en arbrisseau, ou pourpier de mer, conserve presque tout l'hiver ses feuilles, qui sont argentées : c'est ce qui fait qu'on le met pour l'ordinaire dans les bosquets de cette saison. Si les limaces & les oiseaux ne dévoroient pas les feuilles de cet arbrisseau, qui en font l'unique mérite, il mériteroit aussi d'être rangé parmi les arbustes qu'on plante dans les bosquets d'automne.

Un arbrisseau qui vient naturellement dans nos

Provinces méridionales, est , M. , le baguenaudier ;
il convient très-bien pour décorer nos bosquets
du printemps ; vous pouvez encore le mêler avec
des arbres de moyenne grandeur dans les remi-
les & dans les massifs. La singularité de ses fleurs
& de ses gousses forme une diversité d'autant plus
agréable , que les arbrisseaux restent en fleurs
pendant plusieurs mois de suite. Les fleurs de ce
baguenaudier sont jaunes ; mais celles du baguenaudier d'Ethiopie sont d'un rouge vif ; celui-
ci ne s'éleve pas si haut que le baguenaudier
ordinaire : mais il ne mérite pas moins que lui ,
& même encore avec plus de raison , d'être placé
dans les bosquets du printemps , & même encore dans ceux d'été. Le bignonia ou jasmin de
Virginie , est une de ces productions végétales,
dont les curieux sont toujours amateurs ; il est de
la famille des plantes sarmenteuses & grimpan-
tes , & conséquemment très - propre à couvrir
de murailles & à former des tonnelles : il s'éleve
aussi très-haut, & produit une grande fleur qui
commence à paroître à la fin de Juillet , & qui
dure jusqu'au temps des gelées. Tout le défaut
qu'on reproche à cette plante, c'est de se dégarnir par le pied ; mais en revanche elle a toujours le haut de sa tige touffu.

Il nous est venu du Canada un arbrisseau
qu'on nomme dans le pays chicot, & que nous
connoissons en France sous le nom de bonduc.
Cet arbuste peut occuper une place dans vos
jardins d'été ; le grand étalage de ses feuilles plaît
universellement. On dit qu'un terrein sec est
celui qui lui est le plus approprié.

Je ne vous parlerai pas ici , Monsieur , du
buis ; il n'y a aucun jardin rangé où l'on ne se
trouve obligé d'en planter. Le buis nain sur-tout

sert à faire des bordures & broderies dans les
parterres. Le froid ni le chaud n'incommode jamais ce sous-arbrisseau, ce qui lui est très-avan-
tageux; d'ailleurs il dure très-long-temps, n'exige
presque aucun soin pour se conserver dans toute
sa beauté; il produit encore quantité de racines,
qui empêchent la terre des plate-bandes de se répandre dans les allées. Le buis de la grande espece,
principalement celui qui est à panache, fait très-
bien dans les bosquets d'hiver. Plusieurs personnes plantent du buis de la grande espece dans
leurs remises, ce qui forme à la suite une retraite des plus commodes pour le gibier, sur-
tout pendant l'hiver. Anciennement on se servoit de buis pour les palissades; mais actuellement cela est hors d'usage, parce que cet arbuste est trop lent à croître, & parce qu'il sert
de retraite aux limaces. Quand on a des palissades & des bordures de buis, il faut les tondre en
Mai, ou en Juin au plus tard. M. Miller, dans
son Dictionnaire, à l'article *buis*, dit que celui
de la grande espece décore très-bien les endroits
dont le sol froid & stérile paroît se refuser à
presque toute autre production.

Le *buplevrum* en arbre, qui est l'oreille de
lievre, a cela d'avantageux, qu'il ne perd point
ses feuilles pendant l'hiver. Vous pouvez conséquemment lui chercher une place dans vos bosquets de cette saison. On en cultive pour l'ordinaire de deux especes; l'une est à feuilles de
saule; l'autre est le *buplevrum* d'Espagne en arbre, ses feuilles ressemblent à celles du chiendent. L'une & l'autre de ces especes font très-
bien dans les remises; elles y forment des buissons touffus, & y attirent les oiseaux par le moyen
de leurs graines.

. Le cerisier en grappes, connu communément sous le nom de putier, est pareillement un de ces arbres qui méritent d'être cultivés dans vos jardins ; c'est un plaisir de le voir en fleurs au printemps. La beauté de ses grappes fait le plus bel ornement d'un jardin. Le cerisier à grandes fleurs doubles, celui à fleurs semi-doubles, & ceux à feuilles panachées, font autant de variétés de cerisier qui peuvent servir de décoration dans les bosquets du printemps.

. Les Botanistes placent au rang des neffliers le buisson ardent, ou la *pyracantha*. Cet arbuste, qui conserve sa verdure pendant l'hiver, se charge à l'arriere-saison de fruits de couleur d'écarlate, qui ne tombent qu'au printemps suivant, ce qui lui fait mériter une place dans les bosquets d'hiver, dont il fait l'embellissement.

On éleve dans la Provence beaucoup de capriers : il y a peu de plantes aussi jolies qu'eux, quand ils sont en fleurs. Le charme est un de ces arbres qu'on cultive dans tous les jardins : on en fait de grandes & belles palissades, auxquelles on donne le nom de charmilles : on en forme aussi des cabinets & des allées. L'ombre de ces charmilles peut servir à garantir du soleil les orangers & autres semblables plantes. Le charme est de tous les arbres des forêts celui qui soutient mieux le broutement des bêtes ; c'est pour cette raison qu'il est très-propre pour garnir les parcs ; mais en revanche, les hannetons & les chenilles font beaucoup de mal à ses feuilles, qui sechent sur l'arbre pendant l'automne, & ne tombent qu'au printemps, lorsque l'arbre en pousse de nouvelles, ce qui sert de retraite aux oiseaux pendant l'hiver. On plante pour l'ordinaire toutes les différentes especes de charmes dans les bosquets d'été & dans les bois.

Le châtaignier est encore, Monsieur, un de ces arbres que je vous conseille de planter dans vos bosquets d'été & d'automne, si néanmoins le terrein lui est convenable. Vous ferez aussi très-bien d'en former des massifs & des avenues. Le châtaignier fournit beaucoup d'ombre; il conserve assez avant dans l'été ses feuilles, qui ne sont pas d'ailleurs sujettes à être dévorées par les insectes. Le chêne est encore plus beau que le châtaignier; c'est le Roi des arbres.

Parmi les chevre-feuilles, les deux especes qu'on cultive par préférence dans les jardins, sont le chevre-feuille toujours verd & le chevrefeuille romain; ils sont très-propres l'un & l'autre à garnir des tonnelles, des cabinets, des berceaux de treillages & des petits murs de terrasse: on les tond ensuite en buisson; quelques personnes les laissent grimper dans d'autres arbres, qu'ils décorent par leurs fleurs. Le chevre-feuille toujours verd orne parfaitement les bosquets d'hiver, & on éleve le romain en buisson dans les bosquets printaniers. Les *chamæcerasus* ou cerisiers bâtards sont des arbustes qui suivent immédiatement les chevre-feuilles, tant par leurs feuilles que par leurs fleurs ou leurs fruits: ceux des Alpes sont les plus beaux; il y en a à fruit rouge & jumeau, marqués de deux points noirs, & à fruit noir & jumeau. Ces petits arbustes se chargent au printemps de fleurs assez jolies; cependant ils sont encore plus agréables l'été, quand ils se trouvent garnis de fruits de couleurs différentes. C'est la raison pour laquelle ils servent également d'ornement dans les bosquets du printemps & dans ceux d'été. Dans la suite,

je vous entretiendrai, Monsieur, des autres arbres & arbustes qui peuvent servir de décoration.

Je suis, &c.

Paris, ce 10 Décembre 1769.

LETTRE XLIX.

Sur la transmutation des Especes dans le Regne végétal.

JE m'étois proposé, Monsieur, de vous entretenir aujourd'hui de la pelore, d'après le célebre Botaniste Suédois; mais ayant assisté à la Séance publique de l'Académie Royale des Sciences de Paris, j'y entendis faire la lecture d'un Mémoire qui détruit totalement le sentiment de M. de Linnée sur cette plante. Ce Mémoire savant & uniquement fondé sur l'expérience, étoit de M. Adanson, connu par son voyage du Sénégal, par son systême des familles des plantes, & par plusieurs autres pieces intéressantes. Il m'a paru si curieux & si bien détaillé, que je crois ne pouvoir mieux faire que de vous en donner l'extrait dans cette Lettre; c'est-là où vous apprendrez, Monsieur, comment il faut vous y prendre pour faire des observations en fait d'Histoire Naturelle, & combien vous avez même à vous défier de celles qui sont faites.

Une question des plus célebres & des plus agitées depuis quelques années en Histoire Naturelle, & sur-tout en Botanique, est, Monsieur, dit cet illustre Académicien, de savoir si les especes sont constantes, ou si elles changent, parmi les plantes, c'est-à-dire, si, par la communication des sexes ou autrement, il se forme de nouvelles especes, qui se fixent à leur tour, ou qui se reproduisent constamment sous cette nouvelle forme, sans reprendre celle des plantes d'où elles ont tiré leur origine. Tous les Auteurs avant Linnée, & même Linnée en 1740, avoient toujours regardé ces especes comme constantes. Ce ne fut qu'en 1744 que ce dernier mit la question en problême au sujet de la pelore : il paroît même se décider sur la production des nouvelles especes dans la plupart de ses Dissertations réunies sous le titre commun d'*Amœnitates Academicæ*. Il rapporte, pour le prouver, huit exemples, dont trois sur-tout méritent attention.

Les deux premiers & les plus anciens sont, Monsieur, extraits de l'Académie Royale des Sciences de Paris. Au mois de Juillet 1715, M. Marchand, Membre de cette Académie, apperçut dans son jardin une plante qu'il ne connoissoit pas, & qui s'éleva jusqu'à la hauteur de cinq ou six pouces ; elle étoit annuelle, & elle se desséchoit sur la fin de Décembre. Après un examen exact de cette nouvelle plante, cet Académicien-Botaniste crut ne pouvoir la rapporter qu'au genre de la mercuriale : il lui donna en conséquence le nom de *mercuriale à feuilles capillaires*. L'année suivante, au mois d'Avril, précisément dans le même endroit où avoit paru la mercuriale à feuilles capillaires, il en vit naître six autres, dont quatre étoient totalement semblables à cette derniere, & deux autres assez dissemblables pour en constituer une autre espece,

qu'il nomme *mercuriale à feuilles découpées &*
comme déchirées. Ces deux prétendues nouvelles
especes de mercuriales se conservent jusqu'au
mois de Décembre avant de se dessécher ; & en
cela, elles paroissent différer de la mercuriale
commune, qui périt bien avant ce temps. Elles
ont l'une & l'autre multiplié depuis dans l'espace
de sept à huit pieds de terrein ; & ce qui est bien
surprenant dans ces especes, c'est que M. Marchand n'a jamais pu découvrir dans ces plantes
aucune apparence de graine.

Cependant, on ne peut pas douter qu'elles ne
doivent leur reproduction toutes les années à des
semences, qui seront immanquablement tombées
des pieds des années précédentes. C'est ainsi
qu'a conclu l'Historien de l'Académie.

Le troisieme exemple que rapporte Linnæus,
pour la transmutation des especes des plantes,
est la pelore. M. Zioberg découvrit, pour la
premiere fois, cette plante en 1742, dans une
Isle de la mer du nord, environ à sept milles
d'Upsal, vers la Province de Roslagne, sur un
terrein graveleux, tout couvert de linaires, parmi
lesquelles elle se trouvoit, quoiqu'en beaucoup
plus petite quantité. M. Ludolfe en a découvert depuis aux environs de Berlin ; & Linnæus
lui-même, dans plusieurs endroits de la Suede.
Cette nouvelle plante est si semblable à la linaire commune, avant l'épanouissement de ses
fleurs, qu'on la prendroit uniquement pour elle.
Le port de la pelore, la grandeur, l'odeur, la
couleur, les feuilles, le calice même, les étamines, le pistil, le fruit & les graines sont tout-
à-la-fois les mêmes que ceux de la linaire ; il
n'y a uniquement que la corolle qui en differe.
Au lieu du tube court de la linaire, terminé par

deux levres irrégulieres , à quatre crénelures , &
armé au bas d'un éperon , la corolle de la pelore a un tube fort long , terminé par un pavillon
presque régulier , & à cinq crénelures , entouré
au bas de cinq éperons. Outre la ressemblance
parfaite qu'a la pelore avec la linaire dans toutes
ses autres parties , on a trouvé quelquefois sur
une même tige des fleurs de la linaire commune. La pelore paroît en conséquence provenir
de la linaire , même par une fécondation étrangere , son stigmate ayant reçu la poussiere d'une
autre plante de la même famille , qu'on soupçonne être la jusquiame ou le tabac , dont la corolle a à-peu-près la forme de celle de la pelore. M. Linnæus prétend néanmoins que cette
plante est une espece constante , en ce qu'elle
fournit de la graine qui sert à sa reproduction.

Le quatrieme exemple que cite Linnæus pour
la transmutation des especes , est un fait dont il
a été témoin plusieurs fois. Il assure que tous
les ans , dans le Jardin d'Upsal , les graines de
chardon à tête velue dégénéré , lui donnent le
chardon des Pyrénées à têtes velues & rassem-
blées ; mais il ignore , à ce qu'il ajoute , si cette
variation provient des semences du disque ou de
la couronne , ou de ces semences fécondées par
la poussiere d'une autre plante.

Une cinquieme espece de transformation est ,
suivant le même Auteur , une verveine nouvelle ,
qu'il nomme espece mulâtre , & qui lui est née
en 1748 , ainsi qu'il l'a écrit à M. Gmelin , de
la grande verveine d'Amérique à feuilles étroites ,
& de la petite verveine d'Amérique aussi à feuilles découpées. Cette nouvelle espece avoit exactement les feuilles de la verveine d'Europe , &

toutes les autres parties de la verveine d'Amérique.

M. Haller a écrit à M. Gmelin, en 1749, & c'est le sixieme fait sur lequel s'appuie M. Linnæus, qu'il s'est trouvé près de Nuremberg une plante pareille à la linaire à feuilles de nummulaire, mais dont la feuille étoit tout-à-fait semblable à celle de la pelore, & qui paroît s'être transformée de même.

Le même M. Gmelin fournit à M. Linnæus le septieme fait, pour appuyer son système de la transformation des especes. Cet Auteur dit n'avoir observé que deux especes de pied d'alouette de Sibérie, & que néanmoins il en comptoit de six especes dans son jardin de Pétersbourg, dont les principales différences consistoient dans les feuilles découpées plus ou moins profondément, plus ou moins fermées, droites ou pendantes, de couleur plus ou moins foncée; les fleurs en étoient aussi plus ou moins grandes. L'Observateur ajoute, que ces différentes especes ne pouvoient provenir que du mélange des deux especes distinctes de pied d'alouette de Sibérie, d'autant plus qu'elles étoient plantées l'une auprès de l'autre.

En 1749 & en 1751, Linnæus avance, & c'est, dit-il, d'après une observation sûre, que la pimprenelle, surnommée *agrimonioïdes*, qui s'est reproduite de graines pendant plusieurs années à Upsal, est une nouvelle espece de plante née de la pimprenelle commune, fécondée par la poussiere de l'aigremoine ; d'où il conclut même qu'il est probable que plusieurs autres plantes ont été pareillement formées. Celles que Tournefort nomme *nymphoïdes*, paroît, selon lui, reconnoître pour pere le ményanthe, &

pour mere le nénuphar. Le chanvre jaune de Crête, connu sous le nom de *datisca*, a eu de même pour pere le chanvre, & pour mere le réséda. Je passe ici sous silence, pour pouvoir me restreindre dans les bornes d'une Lettre, les autres plantes dont Linnæus fait encore mention : je vous observerai seulement avec lui, ainsi qu'il le dit dans sa Dissertation sur le sexe des plantes, qui a paru en 1760, que cette matiere est un nouveau champ ouvert aux Botanistes ; qu'elle peut être pour eux un moyen d'acquérir de nouvelles especes de plantes, en répandant la poussiere génitale de diverses fleurs mâles sur diverses fleurs femelles, ou rendues telles, en châtrant celles qui sont pourvues des deux sexes.

Vous devez conclure, Monsieur, par tous les exemples que je viens de vous rapporter d'après Linnæus, que ce fameux Botaniste, qui en 1740 prétendoit que les especes sont constantes parmi les plantes, pense tout différemment en 1744, & qu'en 1749 & 1760, il admet non-seulement la formation naturelle de nouvelles especes, mais encore la possibilité d'augmenter artificiellement le nombre de ces nouvelles especes. C'est ce dernier sentiment que M. Adanson, dont j'analyse le Mémoire, combat par des expériences plusieurs fois réitérées & des mieux constatées.

Cet Académicien, sur le récit des faits rapportés ci dessus, a été pendant long-temps, à ce qu'il dit, du même sentiment que cet illustre Botaniste Suédois : mais après avoir vu croître & multiplier sous ses yeux la plupart de ces prétendues nouvelles especes ; après avoir élevé lui-même, non-seulement la pelore vivace de la li-

naire commune, mais encore une pelore annuelle qui s'est formée par hasard en 1762 de la
linaire annuelle d'Espagne, autrement de la linaire à feuilles menues & à fleurs couleur de
rouille, semées sur les couches du Jardin Royal
des plantes de cette Ville; après avoir vu naître
par hasard, en 1766, la mercuriale à feuilles découpées & déchirées, que M. Marchand découvrit le premier; enfin, après avoir vu d'autres
plantes nouvelles, telles que le fraisier à une
feuille, qui s'est formé en 1763, & le suction
quarré qui a paru en 1765, il a bien changé de
système à cet égard. La mercuriale, dit-il, dans
son Mémoire, qui avoit été apperçue par M. Marchand en 1715 & 1716, a reparu pour la premiere fois dans les pots de semence de la Chine,
faits en Avril 1766, sous les chassis du Jardin
Royal des plantes. Cette plante me fut confiée le
11 Juin suivant; elle avoit pour lors quatre pouces de hauteur, & étoit en pleine fleur: c'étoit
un individu mâle; ses cotyledons ou feuilles sé-
minales étoient plus longs que dans la mercuriale ordinaire, d'une forme ellyptique, & une
fois & demie plus longues que larges, au lieu que
celles de l'ordinaire sont presque arrondies; ses
feuilles inférieures ressembloient assez à celles du
réséda commun, déchiquetées ou aîlées sur un
rang, & comme rongées par des insectes, sans
néanmoins en avoir reçu la plus légere atteinte;
les feuilles supérieures étoient simples, presque
linéaires, la plupart alternes, longues d'un pouce,
& même d'un pouce & demi, d'un verd noir
comme celles du réséda, mais cependant mou-
chetées de petits points irréguliers semblables à
des boursouflures, d'un verd plus clair, comparable à la jaunisse des feuilles malades; la tige

verte, les ſtipules aux tiges, & les fleurs mâles
en épi axillaire, porté ſur un pédicule aſſez
long, comme dans les mercuriales ordinaires ;
le calice des fleurs a de même trois diviſions,
mais plus petites que dans la mercuriale commune, & ſemblables à une veſſie ſphérique, vuide
de pouſſiere ſéminale.

Pour perpétuer cette mercuriale mâle, le ſeul
moyen étoit de répandre ſur les fleurs de la mercuriale femelle la pouſſiere de ſes étamines : en
conſéquence M. Adanſon planta dans ſon jardin
dix pieds de mercuriale femelle au-deſſous de
cette mercuriale mâle ; il eut même ſoin de ſau-
poudrer deux ou trois fois par jour la mercuriale femelle avec la pouſſiere de la mercuriale
mâle ; & pour mieux conſtater l'obſervation, il
détruiſit exactement toutes les autres mercuriales, ſoit mâles, ſoit femelles, qui pouvoient
paroître dans ſon jardin ; il continua ſon expérience juſqu'au 25 Juillet, temps où les premieres graines des mercuriales femelles parvinrent
à leur maturité. Il ſema ces graines : mais quelle
fut ſa ſurpriſe ! il n'en leva pas une. Il en reſſema de la nouvelle de quinze en quinze jours,
ſans être plus heureux, & ce juſqu'au premier
Novembre, jour où périt par les gelées la mercuriale mâle haute d'environ 12 pouces. Cet Obſervateur exact n'en reſta pas là. Au printemps
de 1767, il reſſema de ces mêmes graines, tant
ſur couche que dans des pots, & en pleine terre :
à peine en leva-t-il la dixieme partie ; encore
les mercuriales qui en provinrent furent, dit-il,
des mercuriales communes.

Comme la mercuriale mâle de la nouvelle eſpece dont il eſt ici queſtion, avoit des feuilles
découpées à-peu-près comme celles du réſéda,

M. Adanſon, pour pouſſer ſes expériences auſſi loin qu'on pouvoit le faire, & même en vue de ſe conformer aux idées de M. Linnæus, fit placer une mercuriale femelle ſous un réſéda, & une autre ſous les pieds du chanvre mâle, avec l'attention de tenir éloignées les plantes employées pour les expériences de plus de vingt toiſes les unes des autres & ſous des cloches, pour éviter les mélanges; & ce qui l'y engagea, c'eſt qu'il paroiſſoit que cette mercuriale mâle auroit pu être reproduite par la fécondation d'un pied de mercurielle femelle, par les étamines d'un réſéda, ou par celles d'un chanvre mâle. Les graines qui provinrent de ces mercuriales ainſi fécondées, ne lui ont néanmoins donné que peu de mercuriales communes.

Le célebre Obſervateur dont il eſt ici queſtion, a répété pendant quatre ans les mêmes expériences, & elles ont toutes été uniformes. On peut inférer de-là que le petit nombre des graines fertiles qu'ont produit ces mercuriales femelles, avoit été fécondé par les pouſſieres des mercuriales mâles des jardins voiſins, tranſportées par le vent; d'ailleurs, ajoute M. Adanſon, la configuration défectueuſe des feuilles de la mercuriale déchiquetée, le vice dans l'organiſtion de leurs vaiſſeaux & de leurs nervures, celui de ſes étamines vuides de pouſſiere ſéminale & ſtériles, ſa longue durée, tout cela annonce une monſtruoſité par défaut. On ne peut donc douter, continue toujours ce vrai Scrutateur de la Nature, que les deux mercuriales qui ſe ſont montrées pour la ſeconde fois en 1716 à M. Marchand, dans un eſpace de ſept à huit pieds de terrein, & dans leſquelles il ne put appercevoir aucune graine, ne fuſſent des individus monſtrueux & des mulets viciés, & non de nouvelles eſpeces.

La pelore, qu'on annonçoit de la part de M. Linnæus ſe produire de graines, & conſerver avec conſtance la régularité de ſes fleurs, ne s'eſt point montrée telle dans le Jardin du Roi. Parmi les pieds qui y ſont provenus de la ſemence de la linaire vivace & de la linaire annuelle, recueillis d'Eſpagne, devenus même pelore, il s'en eſt trouvé, dont quelques fleurs pelores ou régulieres ſe trouverent mêlées avec les fleurs naturelles à la linaire, & d'autres dont toutes les fleurs étoient irrégulieres, c'eſt à-dire, naturelles; pluſieurs même avoient toutes les fleurs régulieres ou pelores : mais dans tous ces cas, toutes les fleurs pelores ſe ſont trouvées ſtériles; il n'y a que les fleurs naturelles qui ont fourni des graines, qui dans la ſuite ont donné naiſſance, tantôt à des linaires naturelles, tantôt à des linaires pelores. Puiſque les fleurs pelores pechent par un vice de conformation dans leurs fleurs pelores, elles ne peuvent donc être conſidérées que comme des demi-mulets ſtériles en partie, & par conſéquent comme des monſtres par excès dans leur corolle, & par défaut dans les organes de la génération.

En vain objecteroit-on que les pelores vivaces ſe reproduiſent de bourgeons : cette voie n'eſt pas naturelle; il n'y en a de telle que celle qui ſe fait par la graine. De pareilles expériences ne ſont-elles pas, Monſieur, plus que ſuffiſantes pour infirmer ces faits ſi authentiquement avancés, auxquels M. Linnæus a recours pour établir la tranſmutation des eſpeces dans les plantes : auſſi M. Adanſon ne s'étend-il pas plus au long pour les combattre. Quant aux autres exemples cités par M. Gmelin, & même par M. Linnæus, fur les plantes qu'il appelle hybrides, c'eft-à-dire, bâtardes, ils ne font pas, dit M. Adanfon, allégués comme des changemens opérés fous leurs yeux, en femant ces plantes avec les précautions néceffaires pour une expérience, mais comme des conjectures fondées fur les faits des deux mercuriales & de la pelore, fuppofés bien appréciés ; & l'expofé fur l'efpece mulâtre, née en 1748 des deux verveines d'Amérique, n'eft ni affez clair, ni affez detaillé, ni affez précis pour qu'on puiffe fagement en rien inférer.

Je vous obferverai, Monfieur, & c'eft par où je finis cette Lettre, que ces différentes expériences contradictoires m'obligent à garder la neutralité fur la tranfmutation des efpeces, tant qu'elles ne feront pas répétées. M. Linnæus, fi diftingué dans la Botanique, & plufieurs favans Botaniftes de l'Europe, apportent des faits pour la tranfmutation. M. Adanfon en donne de diamétralement oppofés, & en fait le narré de la maniere la plus véridique ; il dit même qu'il a pour garant de ce qu'il avance le favant M. de Juffieu. Quel parti prendre dans ce contrafte d'opinions ? Je penfe, Monfieur, que vous vous déciderez, de même que moi, pour la neutralité ; c'eft la voie la plus fûre pour ne déplaire ni aux uns, ni aux autres de chaque parti.

Je fuis, &c.

Paris, ce 15 *Décembre* 1769.

LETTRE L.

Sur le Bouleau noir & les autres especes de Bouleaux étrangers à la France.

EN faisant, Monsieur, mes courses d'herborisation par la France, j'ai remarqué une infinité de terreins incultes, sur-tout dans la Normandie, , sur les montagnes des environs de Rouen. Je n'ai pu voir ces lieux stériles, sans en être réellement affecté. Comment peut-on, me suis-je dit à moi-même, laisser une si longue chaîne de montagnes stériles, sans chercher les moyens d'en tirer parti? On se plaint par tout le Royaume de la disette de bois; qui empêcheroit d'en élever sur ces hauteurs? Mais quelle espece d'arbre pourra y croître? Il faut de la terre, & ces montagnes en sont pour la plupart dépourvues. Ni chanvre, ni charme, ni orme, ni d'autres arbres ne pourront jamais y trouver une nourriture suffisante pour leur végétation.

Comme je réfléchissois sur cet objet intéressant, j'ouvre le premier volume des *Amœnitates Academicæ* de Linnæus; & dans la premiere Dissertation de ce volume, dont je fis pour lors lecture, je trouvai la description d'un arbre, qui certainement convient pour ces montagnes; c'est le bouleau nain. Cet arbre se plaît sur les hauteurs les plus arides des Alpes de la Laponie, & n'exige presque aucun fond de terre; par conséquent il

peut

peut très-bien croître sur les montagnes stériles du Royaume, & même sur les plus escarpées. Vous avez, Monsieur, un de vos amis qui a beaucoup de Domaines sur ces montagnes ; invitez-le, même de ma part, à en faire l'essai : je suis persuadé qu'il n'aura pas lieu de s'en repentir ; du moins risquera-t-il très-peu de choses, au plus les frais de culture , & il aura l'espérance de tirer, peut-être avant peu , même le centuple.

Vous savez très-bien, Monsieur, que le caractere distinctif du bouleau, ainsi que de toutes les plantes , consiste dans les fleurs. Les fleurs dans cet arbre sont mâles & femelles, séparées & attachées à différentes parties. Les fleurs mâles sont disposées en forme de chaton sur un filet commun ; le calice forme des écailles, qui se recouvrent en partie les unes sur les autres ; chaque fleuron n'a qu'un pétale fort ouvert, divisé en quatre parties , dont deux sont plus grandes que les autres. En examinant attentivement ce fleuron, & même avec une loupe, vous y appercevrez , Monsieur , quatre ou cinq petites étamines : mais jamais vous n'y verrez de pistil , & conséquemment point de fruit ; cela est réservé aux fleurs femelles. Ces dernieres sont pareillement rassemblées plusieurs à la fois , & attachées par un court pédicule à un filet commun ; elles se font voir sous la forme d'un cylindre ou cône écailleux formé par des échancrures du calice, qui sont figurées en trefle ; le pistil est ovale à sa base, & se divise en deux par son extrémité. Ce sont sous ces écailles que se forment les semences, qui sont bordées de deux ailes membraneuses. Ces fleurs, tant mâles que femelles , n'ont aucun éclat : vous distinguerez les bouleaux de tout autre arbre par les caracteres suivans.

Le bouleau nain a toutes ses fleurs pareilles à celles que je viens de décrire ; il est conséquemment du genre des bouleaux ; ses feuilles sont arrondies & crénelées sur leurs bords ; sa hauteur ne se porte tout au plus qu'à un ou deux pieds sur les montagnes les plus élevées , mais il parvient souvent à celle d'une toise dans les lieux bas ; ses feuilles y deviennent même très-agréables , & il forme lui-même un assez joli arbrisseau.

La culture du bouleau nain est facile ; il se multiplie par semence & par replant ; il pousse également & sur les hauteurs stériles & dans les fonds marécageux. Cela vous paroîtra peut-être, Monsieur, au premier abord , fort singulier ; mais il est de fait que toute plante originaire des endroits les plus arides des Alpes , pousse très-bien , & même mieux qu'ailleurs dans les endroits humides, principalement dans les terreins où les graminées ne s'élevent pas trop haut. Cette espece de bouleau est peut-être de tous les arbustes celui qui soutient mieux les rigueurs de l'hiver dans les climats froids. Lorsqu'on le cultive dans les jardins, il y fleurit rarement ; mais si on le place dans des lieux escarpés , ou dans des fonds aqueux, il ne manque pas d'y donner du fruit. Un Cultivateur doit donc s'attacher à le placer dans ces terreins par préférence à tout autre endroit.

Si nous cultivions cet arbre dans la France , nous parviendrions sûrement à en tirer grand profit : d'abord nous pourrions nous en servir comme chauffage ; nous pourrions même en extraire un suc, de même que du bouleau ordinaire. Je vous ai expliqué, dans mes Ouvrages de Botanique, la méthode qu'on emploie pour se procurer ce suc, & l'usage auquel on l'emploie.

Les Lapons vous apprendront, Monsieur, mieux qu'aucun autre Peuple, les avantages qu'on peut se procurer avec le bouleau nain; profitez seulement de leurs leçons. Ils s'en servent à tant de choses, que cet arbre devient pour eux d'une nécessité premiere. Ils ont toujours de ce bois allumé dans leurs cabanes, pour en chasser par la fumée les insectes, qui ne cessent de les tourmenter, même très-vivement, pendant qu'ils dorment. Ce bois est pour eux un excellent bois de chauffage, de même que celui d'une espece de saule, qui croît aussi dans les Alpes de la Laponie; ils arrachent cet arbre, même tout entier, pour brûler conjointement avec ses racines. C'est du feu de ce bois dont ils se servent pour chauffer le lait de leurs rennes, afin de le coaguler & d'en préparer ensuite leurs différens mets. Ils font encore usage des jeunes rameaux du bouleau nain, pour leur faire l'office de matelas. Comme ils n'ont point de lit, ils étendent ces rameaux sur des peaux de rennes, & même en grande quantité, & ils se couchent pardessus ; c'est aux femmes Lapones qu'appartient le soin de préparer ces sortes de lits. Ils font aussi avec ces jeunes rameaux des balais, dont ils se servent pour nettoyer leurs tables, bancs & autres ustensiles & vaisseaux ; ils les dépouillent encore souvent de leurs écorces ; ils les emploient pour lors en forme de vergettes, pour ôter la poussiere de leurs vêtemens. Rien n'est plus commun que de les voir nettoyer leurs vases à lait avec

ces rameaux dépouillés , fur-tout lorfqu'une partie du lait coagulé y eft retrée. Certaines gélinotes , dont les Lapons font très-friands , ne vivent prefque que des fleurs de bouleau nain &
de fes fruits, ainfi & de même que notre géli-
note ordinaire ne fe nourrit qu'avec les fleurs &
fruits de notre efpece commune de bouleau. Il
n'eft pas douteux , Monfieur , que vous n'ayiez
entendu parler fouvent de la bonté & de la délicateffe de ces gélinotes du Nord. Sans les bouleaux nains, les Lapons auroient-ils l'avantage
de fe nourrir de la chair d'auffi excellens oifeaux?
Les femences de bouleau nain fervent pareillement de nourriture aux lamings , efpece de
rats de Norwege ; ces rats fervent à leur tour
de nourriture aux renards blancs , fi communs
dans ces Pays, & aux chiens Lapons. Si cet
arbre ne croiffoit donc pas fur les montagnes de la
Laponie , comment les Habitans du Pays pourroient ils élever autant de chiens qu'ils le font,
& trouveroient ils dans leurs chaffes tant de renards , dont ils fe fervent eux-mêmes pour nourriture ?

Les feuilles du bouleau nain ont le goût &
l'odeur de notre bouleau : on les emploie dans
le Nord pour teindre en jaune, ne pourrions-
nous pas auffi nous en fervir pour le même ufage ?
Le bois de cet arbre eft encore très-dur ; fa groffe
écorce fert dans les Pays feptentrionaux à tan-
ner les peaux ; & fi on la fait bouillir , elle devient très-propre à teindre en rouge les filets des
Pêcheurs.

Vous voyez , Monfieur , par tous ces détails,
de quelle utilité pourroit devenir pour vous une
plantation de bouleaux de Laponie. Cependant
ceux de notre pays procurent encore plus d'a-

vantages. Miller, pour en encourager les plantations, repréfente aux Cultivateurs que dans les endroits où on ne peut élever aifément de jeunes plantes, une boulaie ne coûtera qu'environ 40 liv. tournois par arpent à mettre en état, & à-peu-près autant pour les furcharges. Cette dépenfe une fois faite, un terrein prefque inutile rendra tous les ans un profit confidérable, dès qu'une fois on aura commencé à couper ce bois. Il ajoute même avoir fouvent vu des terres que l'on n'auroit pas louées 20 fols l'arpent, qui étant mifes en boulaies, rapportoient tous les dix ou douze ans la valeur de dix à douze louis, même fans aucun frais.

Les bouleaux ordinaires font très-bons pour orner les endroits aquatiques des parcs, ils y font même un très-bel effet; ils font encore plus propres pour garnir les côteaux oppofés au nord, & même les rochers, dont ils cachent la difformité; ils réufliffent également en plants, en avenues, & même en maffifs. Le jeune plant de bouleau pouffe avec vigueur, quand les printemps font un peu humides. Il eft néanmoins de fait que les groffes fouches de ces arbres meurent pour l'ordinaire à deux ou trois recépages. Le fecours de ce bois n'eft donc que paffager: on fera par conféquent très bien, dit M. Duhamel, de femer fous les bouleaux des graines d'arbres de meilleure efpece, comme des glands, des châtaignes, des fouines, fur-tout dans les endroits où la terre paroît paffablement bonne; & fi ces endroits font fablonneux, on y femera des pignons. Les arbres qui proviendront de ces femis profiteront très-bien à l'ombre des bouleaux qu'on abat, dès qu'une fois ils font devenus affez gros & affez touffus pour leur nuire.

Une efpece de bouleau, qu'on pourroit auffi très bien cultiver en France, eft le bouleau de Canada. *Betula julifera, fructu conoïde, viminibus lentis. Gron. Flor. Virg.* Cette efpece porte des feuilles beaucoup plus grandes & beaucoup plus étoffées que celles de notre efpece commune ; elles ont néanmoins à-peu-près la même forme; fa tige eft droite, fon écorce eft unie, & l'arbre en vient très-beau. Cet arbre fe multiplie par femences ; il foutient très-bien le froid de nos climats (fes progrès font même plus rapides que ceux de notre bouleau), & réuffit dans les terreins même les plus ingrats; fes femences levent très-bien dans des terrines & fur couche, même dans une planche de jardin, & pêle-mêle avec d'autres arbres.

Son écorce fert en Canada à faire de grands canots, qui durent même très long-temps ; huit perfonnes peuvent contenir dans ces canots: pour les faire, on cerne l'arbre dans le temps de la féve, & même jufqu'au vif, d'abord au bas du tronc, enfuite au haut de la tige, après quoi on fend l'écorce perpendiculairement d'un cerne à l'autre : on la leve avec des coins de bois, que l'on fait entrer, tantôt d'un côté, tantôt de l'autre, jufqu'à ce qu'elle foit entiérement détachée : on joint les deux coins de chaque bout, pour en faire les pinces, que l'on leve ; puis on les enduit de matieres gluantes: on coud & on enduit même ces courbes, & on bouche bien les trous. Au fond du canot eft un plancher de fortes écorces, qui empêche qu'il ne fe creve, lorfqu'on le charge : il y a un petit mât avec une voile proportionnée pour aller dans les lacs ; mais dans les rivieres, on rame à la pagaïe, en se tenant à genoux & bien en équilibre. Quand on met pied à terre, on décharge tout, & on l'arrange, en sorte que le canot, renversé & porté sur quatre petites fourches, puisse y servir de couverture.

Il y a encore une espece de bouleau, qu'on nomme bouleau noir de Virginie. *Betula nigra Virginiana. Pluk.* Cette espece s'éleve fort haut & bien droit ; son écorce est unie, sa feuille est noirâtre, large, quarrée à sa base, velue & très-douce ; son bois est d'une couleur obscure. La culture de cette espece est la même que celle du bouleau de Canada. Le merisier du Canada est très-improprement nommé ; c'est aussi une espece de bouleau ; ses feuilles sont belles & plus grandes que celles de notre bouleau ordinaire ; elles ressemblent beaucoup à celles du merisier, ce qui le fait confondre mal-à-propos par des Voyageurs peu instruits dans la Botanique ; sa fleur & sa semence ne permettent pas de douter que cette espece ne soit du genre des bouleaux. Le merisier du Canada se nomme chez les Botanistes, *Betula foliis ovatis, oblongis, acuminatis, serratis. Gron. Flor. Virg.*

En Sibérie, on enleve ordinairement le liber de bouleau en grandes pieces, pour en faire des especes de bouteilles : on en couvre aussi les maisons, & ces toits durent fort long-temps. On a observé que les branches du bouleau sont très-solides dans les endroits découverts, mais que celles qui croissent dans les lieux ombragés, se cassent aisément. En Canada, on fait d'excellent amadou & des balles à jouer, avec une excroissance fongueuse de bouleau : on en saupoudre auffi les hémorrhoïdes, pour les empêcher de fluer.

Le bois des bouleaux qui fe trouvent dans les forêts du nord de la Suede eft beaucoup meil·leur que celui de France, par rapport à fa dureté. Les Charrons de ces pays en font des jantes de roues qui font des plus folides. Souvent il arrive que tout le bois d'un bouleau eft pourri, tandis que fon écorce fe trouve encore bien faine, ce qui la fait paffer pour incorruptible. Les gros bouleaux font fort recherchées par les Sabotiers.

On fait communément dans les pays de vignobles, avec notre bouleau commun, des cerceaux qui font très propres pour les futailles & même pour les cuves. Les Fondeurs font fouvent ufage du charbon qu'on fait avec ce bois. On fe fert dans quelques endroits de l'écorce de cet arbre pour faire des cordes à puits. M. Guettard, ce favant Naturalifte, prétend qu'avant le fiecle d'Alexandre le Grand, & même depuis, les Gaulois gravoient leurs penfées fur la fine écorce de cet arbre. Cette écorce leur a tenu lieu de papier pendant fort long-temps. Les Habitans du Nord la tordent en des torches pour s'éclairer. Paul Contant dit que cette écorce eft pleine d'une humeur graffe qui brûle fort bien. Cette même écorce, réduite en poudre, eft très-propre à vernifCer les vafes de terre cuite. Le fuc qu'on tire du bouleau, ainfi que je l'ai déja obfervé, eft une liqueur très agréable à boire. Les Suédois en font leur boiffon. Cette boiffon fe garde pendant un an, & le difpute, felon eux, au vin par fa bonté. En Médecine, on attribue à cette liqueur une vertu vulnéraire & déterfive; elle efface les taches de la peau, & paffe pour fpécifique dans la colique néphrétique, la pierre & les gra-

viers, la jaunisse, la cachexie, la mélancolie, la
gale & le scorbut. Les feuilles de bouleau sont
détersives, apéritives, résolutives & bonnes contre
la gale. Les Jardiniers se servent du bouleau en
décoration; ils l'emploient pour cacher les parties difformes de leurs jardins.

A l'occasion du suc de bouleau, Van-Helmont
a observé une chose bien curieuse. « Si on fait,
dit-il, une incision à cet arbre près de la racine,
la liqueur qui en sort est de l'eau pure & insi-
pide; si au contraire on perce jusqu'au milieu
une branche de la grosseur de trois doigts, il en
découle une liqueur qui a plus de saveur, & qui
est légerement acide & agréable; c'est celle qui
est usitée en Médecine: on recueille cette liqueur
avant que les feuilles paroissent; car lorsqu'elles
sont venues, elle n'est plus si agréable. Les Bergers se désalterent souvent dans les forêts avec
cette liqueur, sortant des mains de la Nature.
Un seul rameau, dit-on, donne quelquefois dans
un jour, plus de huit ou dix livres.

On a donné au bouleau le nom de sceptre
des Maîtres, par l'usage qu'on en fait dans les
Ecoles pour corriger les enfans. Vous savez aussi,
Monsieur, combien ses jeunes rameaux sont usi-
tés pour faire des balais.

Je suis, &c.

Paris, ce 20 Décembre 1769.

LETTRE LI.

Sur la Soude.

PENDANT le féjour que je fis à Caen au mois de Septembre dernier, à mon retour des côtes maritimes de Normandie, j'allai, Monfieur, faire vifite à M. Fouquet, Démonftrateur en Chymie, Vice-Secrétaire de la Société d'Agriculture de cette même Ville ; nous liâmes enfemble converfation fur un objet qui peut fpécialement vous intéreffer. Vous avez beaucoup de terres incultes aux environs de la mer, qui ne vous font d'aucun profit : il s'agit de découvrir quelques plantes qui puiffent s'y multiplier, & qui augmentent en même temps les revenus de votre Domaine. C'eft précifément fur cette matiere que roula notre converfation ; je m'empreffe à vous en faire part.

Après les préludes ordinaires d'une premiere entrevue, je ne pus m'empêcher de témoigner à M. Fouquet ma furprife fur ce qu'on laiffoit incultes la plupart des terres qui avoifinent la mer. Vous avez, lui dis-je, des Bureaux d'Agriculture établis dans toutes les Villes de la Normandie ; comment les divers Membres qui les compofent ne s'appliquent-ils pas à chercher les moyens de tirer profit d'une auffi vafte étendue de terreins ftériles qu'il s'en trouve fur vos côtes? On n'a pas attendu jufqu'à préfent, me répondit-il, pour travailler fur cet objet. La Société d'Agriculture de Rouen s'en est fort occupée ; M. son Secrétaire m'a même écrit à ce sujet en Mars 1763. J'ai lu, dans une Séance de l'Académie de cette Ville, un Mémoire sur le kali, connu plus communément sous le nom de soude ; j'ai démontré dans ce Mémoire que cette plante étoit la seule qui convenoit sur nos côtes, & qu'en l'y cultivant, nous ne manquerions pas d'en tirer de grands avantages. Je connois cette plante, lui repartis-je : il y en a de plusieurs especes ; mais la meilleure est celle qui croît sur les côtes maritimes des Royaumes de Valence, de Murcie, de Grenade, & notamment aux environs d'Alicante & de Carthagene. Ces Pays sont très-chauds, & leurs climats sont bien différens de celui de cette Province. Jamais le kali d'Alicante & de Carthagene ne pourra réussir sur les côtes de Normandie. Il se plaît bien, me repliqua-t'il aussi-tôt, sur les côtes de Marseille & aux environs de Montpellier ; il s'y est même en quelque façon naturalisé : pourquoi ne réussiroit-il pas pareillement sur nos côtes ? Quelle différence, lui dis-je, de vos côtes à celles des Provinces méridionales pour le degré de chaleur ! Soit ; sa semence ne viendra peut-être pas en maturité dans notre pays, j'y consens ; nous en serons quittes pour en faire venir annuellement des Provinces méridionales, mais nous n'en éleverons pas moins une plante utile. Ce n'est pas uniquement sa semence, mais c'est toute la plante entiere qui fournit le sel de soude. Le varech nous donne bien de la soude ; celle qu'on emploie à Cherbourg en provient : pourquoi, m'ajouta-t-il, le kali que nous cultiverions sur nos côtes ne nous en fourniroit-il pas ? Et c'est simplement

F vj

dans la récolte de la foude que réfide l'utilité du kali.

Vous ne difconviendrez pas, continua toujours M. Fouquet, en m'adreffant la parole, que malgré la différence de notre climat à celui de Carthagene, fi le varech de nos côtes & celui des Ifles Silieres en Angleterre fourniffent de la foude, à plus forte raifon le kali qu'on cultiveroit ici en donneroit-il, même de la meilleure, & en plus grande quantité. Qui nous empêche donc de cultiver cette plante? Elle fe plaît dans des terreins maigres, fablonneux & empreints de fel marin; & c'eft-là précifément la nature du fol des environs de nos côtes maritimes..... Je ne puis m'empêcher, lui répondis-je pour lors, d'être de votre fentiment. Et en effet, je penfe que c'eft-là le vrai moyen de tirer avantage de ces terreins incultes. Mais une chofe m'embarraffe; c'eft la culture de cette plante.... Elle eft des plus faciles : on recueille fa graine, lorfqu'elle eft bien mûre, au mois de Mars ou d'Avril de l'année fuivante : on prépare la terre qu'on lui deftine par une légere culture : on n'emploie même pour ce labour qu'une fimple pioche, après quoi on répand la graine. En automne, lorfque la plante commence à mûrir, on la coupe, on la fait fécher, on la ramaffe en tas, & on la brûle. Voilà, Monfieur, toute la façon. Quelques-uns fement du kali dans leurs champs de bled. Cette plante n'empêche point la récolte du froment; elle ne commence même à pouffer qu'au temps de la moiffon, & conféquemment elle ne peut lui nuire.

N'y auroit-il point encore quelqu'autre plante qui pût nous fournir abondamment de la foude,

& qui fe plût fur nos côtes maritimes ? Oui, fans doute, il y en a, me dit cet habile Chymifte. L'abfynthe maritime, que vous nommez en Botanique, *Abfynthium maritimum, tenuifolium, incanum*, & qui croît même naturellement fur nos côtes, pourroit très - bien remplacer le kali. Cette plante fournit, de même que lui, une grande quantité d'alkali fixe minéral, & par conféquent ne mérite pas moins d'être cultivée.

Qu'entendez-vous, lui dis-je, par alkali minéral ? Il me femble que par la dénomination même de cette fubftance, il implique qu'elle fe trouve dans les plantes. L'alkali fixe minéral eft la même chofe que l'alkali marin ; c'eft une fubftance faline, alkaline & fixe, qui fert de bafe à l'acide du fel commun, & qui forme avec lui le fel neutre naturel, diffous en grande quantité dans l'eau de la mer, & connu fous le nom de fel marin ou de fel commun : c'eft-là la définition qu'en donne M.* Macquer, ce grand Chymifte, dans fon Dictionnaire de Chymie. Comme ce fel eft une production de la Nature, & qu'il n'appartient ni au regne végétal, ni au regne animal, on l'a rangé dans la claffe des minéraux : c'eft pour cette raifon qu'on lui a donné le nom d'alkali minéral. On en trouve naturellement en Egypte, à Tranquebar dans les Indes on en rencontre auffi dans les eaux minérales de la Caroline, m'ajouta M. Fouquet, dans celles d'Aix la Chapelle, de Spa, & dans plus de foixante fources au moins de fontaines médicinales. Ce fel n'eft point déliquefcent ; il paffe dans le regne végétal par le moyen de la tranfpiration & des fucs nutritifs des plantes ; & dans le regne animal, par le moyen des alimens. L'humidité de l'air en est ordinairement le véhicule. C'est à ce sel, continua M. Fouquet, que les plantes que l'on cultive sur le bord de la mer, doivent leur principal accroissement; elles s'en nourrissent pour ainsi dire; leur aspect extérieur le démontre assez. Les mêmes plantes qui, dans l'intérieur des terres, ont une couleur verte, si on les transporte, & si on les cultive sur les bords de la mer, acquierent une couleur blanchâtre, & sont enveloppées d'une espece de duvet, qui jusqu'à présent en a imposé, & a fait regarder ces plantes comme une espece distincte & séparée de celles que nous cultivons dans l'intérieur des terres. Il est aisé de se convaincre de ce que j'avance (c'est toujours M. Fouquet qui parle). Que l'on transporte sur le bord de la mer la jacobée, l'*absynthium tenuifolium*, *incanum*; qu'au contraire l'on plante dans l'intérieur des terres le rhamnoïde & ces deux autres plantes, on remarquera pour lors la différence visible qui se trouvera entre les uns & les autres de ces végétaux, placés dans des endroits différens. J'ajouterai encore quelque chose de plus; c'est que le tamarisc, l'absynthe & quelques autres plantes cultivées sur le bord de la mer, donnent de l'alkali fixe minéral, tandis que les mêmes plantes, cultivées dans l'intérieur de nos terres, ne fournissent que l'alkali végétal..... Votre théorie me paroît brillante & même fondée sur des faits, repliquai-je pour lors à mon interlocuteur; mais permettez-moi une petite observation. Vous connoissez la position de Nancy; cette Ville est à plus de 60 lieues de la mer: on cultive dans le jardin de Botanique de cette Ville la jacobée, qu'on dit maritime; elle y conserve néanmoins presque tout son duvet, & y est même d'une cou-

leur blanchâtre. Ce fait paroît contredire en quelque façon votre sentiment. Cependant je ne puis
disconvenir qu'à fur & à mesure qu'on la
multiplie, par la marcotte ou autrement, elle
dégénere & perd même une partie de sa blan-
cheur, ce qui paroît un peu prouver en votre faveur. Quant à ce que vous dites, que les plantes
cultivées sur les bords de la mer, donnent de
l'alkali fixe minéral, tandis que les mêmes plantes cultivées dans l'intérieur des terres ne fournissent que l'alkali végétal, c'est le sentiment
de M. Duhamel. Ce savant Académicien, en
1755, dans son Traité des arbres & arbustes,
annonça précisément la même chose, & en 1766,
il a donné à l'Académie un Mémoire, qui
prouve exactement cette assertion. Il rapporte
dans ce Mémoire, qu'ayant semé dans ses terres, voisines de la Beauce, la même espece de
kali qui, cultivée en même temps près de la
mer, donnoit un sel où se manifestoit sensiblement la base du sel marin, celle-ci n'en
donna néanmoins qu'un, qui étoit presque de la
nature du sel de tartre. Notre conversation sur la
soude & les plantes maritimes, finit, Monsieur,
à cette anecdote ; je vais actuellement vous faire
connoître le kali par ses différens caracteres bo-
taniques, & je finirai cette Lettre par les usages
auxquels il est propre : vous verrez par-là l'avantage qu'il y a de cultiver une plante aussi intéressante.

Le kali ordinaire & celui d'Alicante sont les
deux especes les plus usuelles ; l'ordinaire se nomme
chez les Botanistes, *kali majus cochleato semine.*
Pin. Salsola soda. Linn. Sa racine est ferme,
fibreuse & rameuse ; sa tige est haute de trois
pieds ou environ, sans épines ; ses rameaux sont

droits & rougeâtres ; ses feuilles sont sans piquans, longues, étroites, épaisses, sessiles ; ses fleurs sont placées le long de la tige ; elles sont axillaires, solitaires & rosacées ; elles ont un calice divisé en cinq découpures ovales, obtuses, en rondache, persistantes, sans corolle ; son fruit est une capsule ronde, à une seule loge, entourée du calice, remplie d'une semence longue, noire, luisante, roulée en spirale. La racine du kali d'Alicante est fibrée & rameuse, de même que celle du kali ordinaire : mais sa tige n'a qu'un pied de haut tout au plus ; elle est velue, herbacée, diffuse ; ses feuilles sont alternes, cylindriques, obtuses, cotonneuses, charnues ; sa fleur est la même que celle du kali ordinaire ; la capsule de son fruit est velue. Le kali d'Alicante se nomme chez les Botanistes *kali Hispanicum, supinum, annuum, sedi foliis brevibus. Act. Acad. Reg. Parif. Salsola hirsuta. Linn. Sp.* Les Médecins attribuent au kali une vertu apéritive, diurétique & anti-ulcéreuse. On fait usage en cette qualité de toute la plante ; mais quand il y a inflammation dans la vessie, il faut bien se donner de garde de la prescrire ; l'âcreté de son sel l'augmenteroit infailliblement, & cette plante, bien loin d'être de quelqu'utilité, deviendroit pour lors très-nuisible. Quand on veut s'en servir extérieurement pour les ulceres & autres maladies de la peau, il faut la piler & l'appliquer sur la partie affectée. Le principal usage du kali est d'en obtenir la pierre, qu'on nomme de soude. Pour la préparer, on coupe l'herbe, quand elle est dans sa grandeur parfaite : on la laisse sécher sur le terrein : on la met ensuite brûler & calciner dans de grands trous, faits exprès en terre, qu'on a soin de boucher de façon qu'il n'y entre de l'air que pour entretenir le feu. La matiere se réduit non-seulement en cendre ; mais comme il y en a beaucoup qui contient, selon Lémery, une bonne quantité de sel, & qu'elle est calcinée pendant long temps par un feu de réverbere, qui vient de la plante elle-même, & qui est allumé dans le fourneau souterrein, ses parties s'unissent & s'accrochent tellement les unes aux autres, qu'il s'en forme une espece de pierre fort dure : on est même obligé de la casser avec des marteaux ou avec d'autres instrumens, pour la retirer de dedans les trous, quand elle est refroidie.

C'est de cette pierre dont on se sert pour le savon, pour le verre & pour lessiver. La plupart des Blanchisseuses de Paris en font usage en guise de cendres de bois : mais on doit observer que cette substance élime & détruit bientôt le linge, si on n'a pas l'attention de proportionner une quantité convenable d'eau, pour bien l'étendre ; & si l'on ménage ce sel dans la lessive, il en arrive un autre inconvénient ; le linge se trouve fort mal blanchi, d'autant plus que les Blanchisseuses ont souvent la mauvaise habitude de ne le pas assez laver & frotter entre leurs mains. Quand la soude est mauvaise, elle fait même des taches brunes. La meilleure soude est celle qui se met d'elle-même en pierre dure & sonnante, de couleur grise, tirant sur le bleu, parsemée de petits trous ; la soude d'Alicante est de cette espece ; celle de Carthagene est plus noire & moins estimée. Pour que la soude soit bonne, il faut qu'en en mouillant un morceau avec la salive, elle répande une odeur de violette mêlée de volatil urineux. On tire un sel fixe de la pierre de soude. Ce sel est caustique & sert à

faire des pierres à cautere, & plusieurs autres
préparations chymiques. Le fameux sel de sei-
gnette se prépare avec la cendre de kali.

M. Valmont de Bomare, en parlant de la
soude, observe qu'ayant fait battre dans la rue,
& par un temps couvert, une balle de soude qui
pesoit 850 livres, il la fit peser de nouveau,
après être mise en poudre grossiere ; son poids se
trouva augmenté de 13 livres, & une autre de
19 ; d'où il conclut qu'un Marchand ne se trouve
par-là jamais dupe de la poussiere qui s'exhale,
quand on pulvérise en plein air la pierre de
soude. Aussi, ajoute-t-il, tous les Débitans de
soude ne la font piler qu'au grand air ; un Ouvrier ne tiendroit pas même long-temps à cette
opération, s'il opéroit dans un lieu clos.

En semant sur nos côtes maritimes du kali,
nous nous procurerons de la soude ; & en nous
en procurant, nous nous trouverons en état d'é-
tablir des Manufactures de savon, des Verreries,
ce qui n'est pas d'une petite conséquence pour
un pays ; joignez à cela les remedes salutaires
que cette plante nous fournit. Vous ne pouvez
donc mieux faire, Monsieur, que d'en introduire la culture dans vos Domaines maritimes ;
c'est une branche considérable de commerce que
vous ouvrirez pour le pays. Les Habitans des
Isles de Silieres sont très-pauvres ; ils n'ont pour
vivre d'autres ressources que de faire de la soude ;
ils y travaillent au mois de Juin ou de Juillet au
plus tard : ils emploient pour la faire indistincte-
ment toutes sortes d'algues marines, & principalement le varech ; chacune des Isles a ses limites,
au-delà desquelles les Habitans ne doivent point
étendre leur récolte ; ils en font même fort ja-
loux, & ont grand soin d'empêcher que per-

onne n'empiete fur le territoire de fes voifins.
Comme les rochers voifins du rivage ne fourniffent pas pour l'ordinaire affez de varech, ils vont
en pleine mer, quand le temps eft beau, & placent leurs bateaux entre les pointes des rochers;
lorfque la marée fe retire, & que leurs bateaux
prennent terre, ils en fortent pour couper le varech fur les rochers que la mer a découverts; ils
en chargent leurs bateaux, & lorfque la marée
revient, elle les fouleve; ils y rentrent pour lors,
& chacun porte fa récolte dans fon Ifle : on
étend la plante fur le rivage pour la fécher, &
on a pour lors grand foin de la remuer plufieurs
fois; quand elle eft feche, on en fait des mon-
ceaux pareils à de petites meules de foin.

Le varech ainfi préparé, on fait dans le fable,
de même que pour le kali, un creux circulaire
de fept pieds de diametre fur trois de profondeur : on revêt les côtés de pierre, afin que le
fable ou la terre ne fe mêle point avec la foude,
lorfqu'on eft obligé de remuer le varech; enfuite
on allume un peu de bois qu'on met au fond
de cette foffe : on jette légérement & avec précaution fur le bois allumé le varech le plus fec;
on entretient avec foin ce commencement de
feu qui eft d'abord très-foible, jufqu'à ce qu'il
ait gagné des forces : on comble entiérement le
foffé avec le varech, que des enfans apportent au
Maître Brûleur, à mefure qu'il en a befoin;
bientôt la fumée de cette plante s'éleve, fe mêle
avec le vent fous la forme d'un brouillard épais,
& répand une odeur très-défagréable. Si le temps
eft calme, elle forme un nuage qui refte fufpendu
en l'air, après même que l'opération eft achevée.
Quand on a mis dans le feu une grande quantité de varech, & lorfqu'il eft dans fa force, le

tout reſſemble aſſez à des cendres bien chaudes : on remue pour lors la ſoude avec des rateaux de fer, d'un bout à l'autre de la foſſe, juſqu'à ce qu'il s'enſuive une vitrification imparfaite. Quand toute la maſſe eſt fondue, on la laiſſe repoſer, & lorſqu'elle eſt froide, on l'embarque.

La ſoude eſt ſuſceptible de bien des différences ; & pour brûler le varech, il faut plus d'art qu'on ne ſauroit croire. Le varech, qui eſt le plus ſerré, dont les graines ſont petites, & dans lequel il y a un moindre mêlange de terre & de ſable, doit être préféré. Il y a des Iſles qui ont la vogue ſur les autres pour la ſoude ; celle de l'Iſle Saint-Martin eſt la meilleure de toutes.

Je ſuis, &c.

Paris, ce 25 Décembre 1769.

LETTRE LII.

Sur les Plantes qui conviennent & font nuifibles aux Rennes.

LES rennes font, Monfieur, des animaux aufli néceffaires, pour ne pas dire plus, aux Lapons, que ne font pour nous les vaches. Ils en tirent le lait, qui fait une partie de leur nourriture ; conféquemment il eft aufli intéreffant de connoître les plantes qui déplaifent aux Rennes, que celles qui déplaifent aux vaches. Il eft vrai néanmoins que cette connoiffance eft pour nous plus curieufe qu'utile ; mais il eft quelquefois utile d'entremêler l'une avec l'autre. Les plantes que les rennes ne mangent pas, font en très-grand nombre : on en connoît déja de 47 efpeces, fans y comprendre celles fur lefquelles on n'a encore fait aucune expérience. C'eft à M. Hagftræm, Docteur en Médecine, que nous fommes redevables de cette connoiffance ; je vais, Monfieur, vous en donner une lifte très-détaillée ; la plupart des dénominations font tirées du *Flora fuecica.*

1. *Anthoxanthum.* 2. *Vaccinium foliis ovalibus, integerrimis, deciduis.* 3. *Alfine foliis*

ova.o-cordatis , floribus trigynis. Linn. Flor.
Suec. 4. Aconitum foliis peltatis , multifidis ,
petalo supremo cylindraceo. 5. Pedicularis caule
ramoso , erecto ; calycibus bifidis , crenatis. 6.
Artemisia foliis compositis , multifidis ; floribus
subglobosis , pendulis ; receptaculo papposo. 7.
Calceolus marianus. Tourn. 8. Cynosurus pani-
culâ , secundâ glomeratâ. 9. Vaccinium caule an-
gulato; foliis ovatis, serratis, deciduis. 10. Barba,
capræ, floribus compactis. Pin. 11. Hepatica tri-
folia, flore cæruleo. Cluf. 12. Sceptrum Caroli-
num. Linn. Hort. Cliff. 13. Cacalia tomentosa.
G. Bauh. 14. Petasites scapo paucifloro , foliis subtus tomentosis, albissimis. 15. Cyperoïdes
vesicarium , spicis viridentibus vel subfuscis.
16. Avena spicis erectis, calyce spiculis bre-
viore. Linn. Flor. Lapp. 17. Vaccinium foliis
obversé ovatis, perennantibus. 18. Potentilla foliis
pinnatis, caule repente. 19. Ranunculus pratensis,
erectus, acris. Pin. 20. Linnæa floribus gemina-
tis. 21. Erigeron caule unifloro , calyce tomen-
toso. Hall. Enum. Plant. Helv. 22. Pinus foliis geminis, primordialibus, solitariis , glabris.
23. Convolvulus minor arvensis , flore cæruleo.
Tourn. 24. Paris foliis quaternis. 25. Potentilla foliis radicalibus , quinatis, acuté incisis ,
caulinis ternatis, caule declinato. 26. Caltha pa-
lustris, flore simplici. Pin. 27. Hypochæris caule
subnudo , ramo subsolitario ; foliis ovato-oblon-

gis, integris, dentatis. 28. *Thlaspi siliculis orbiculatis; foliis oblongis, dentatis, glabris.* 29. *Satyrium bulbis palmatis; foliis oblongis, obtusis; nectarii labio trifido, lineari, intermedio obsoleto.* 30. *Abies tenuiore folio, fructu deorsùm inflexo. Tourn.* 31. *Chenopodium folio triangulo. Tourn.* 32. *Andromeda foliis linearibus, obtusis, sparsis.* 33. *Tormentilla sylvestris. Pin.* 34. *Helleborus flore clauso, erecto, petiolato; caule simplicissimo.* 35. *Orchis palmata, angustifolia, Alpina, nigro flore. Pin.* 36. *Myrica Brabantia.* 37. *Gramen Parnassi, albo simplici flore. Pin.* 38. *Andromeda foliis aciformibus, confertis. Drias.* 39. *Stachys verticillis sexfloris, foliis cordatis, petiolatis.* 40. *Serratula foliis dentatis, spinosis.* 41. *Orchis palmata, Alpina, spicâ, densâ, albâ viridi. Hall.* 42. *Epilobium foliis ovalibus, superioribus attenuatis.* 43. *Vitis idæa, repens; fructu racemoso, magno, nigerrimo. Rudb. It. Lapp.* 44. *Aconitum racemosum. Pin.* 45. *Antirrhinum foliis linearibus, sparsis.* 46. *Tanacetum vulgare, luteum. Tourn.* 47. *Helleborine latifolia, montana. Pin.*

Telles sont, Monsieur, les 47 plantes sur lesquelles M. Hagstræm a fait différens essais. Il a toujours remarqué que les rennes refusoient constamment d'en manger; d'où il conclut que ces plantes doivent être totalement rejettées du

nombre de celles qui fervent d'alimens à ces animaux. Une nourriture des plus exquifes pour
eux eft la mouffe, qui eft fi commune dans les
endroits où ils habitent, qu'à peine peut-on
faire un pas fans en trouver, tant il eft vrai
que la Providence a fourni chaque contrée des
plantes qui peuvent fervir de nourriture & même
de médicamens aux différens animaux qui les habitent.

Je fuis, &c.

Paris, ce 30 Décembre 1769.

LETTRES

PÉRIODIQUES,

CURIEUSES, UTILES ET INTÉRESSANTES;

Sur les avantages que la Société Economique peut tirer de la connoissance des Animaux.

SECONDE ÉDITION.

SECONDE PARTIE.

Année 1769.

Tome III. Premiere Epoque.　　G

LETTRES

PÉRIODIQUES,

CURIEUSES, UTILES ET INTÉRESSANTES.

LETTRE PREMIERE.

*Sur l'utilité de la Science Economique,
démontrée dans l'Histoire Naturelle.*

Tout ce que renferme le Globe terrestre que nous habitons, est, Monsieur, connu ou sous le nom d'élémens, ou sous celui de choses naturelles. Les Physiciens appellent élémens les substances simples, & les Naturalistes ont donné le nom de choses naturelles aux corps, qui ont reçu leur configuration de la main même du Créateur. La Science qui traite des élémens est la vraie physique, & celle qui nous apprend la connoissance des corps figurés, est ce qu'on nomme communément Histoire Naturelle.

L'Histoire Naturelle comprend trois regnes, le minéral, le végétal & l'animal: aussi diviset-on communément cette Science en trois parties ; en Minéralogie, qui traite des corps métalliques & des fossiles ; en Botanique, qui a pour objet les plantes ; & en Zoologie, dont la connoissance s'étend sur les quadrupedes, les oiseaux, les poissons & les reptiles. Jugez, Monsieur, par cette division, de quelle étendue est l'Histoire Naturelle. C'est parmi les substances qui la composent, que nous trouvons tout ce qui peut nous devenir utile pour nos alimens, nos médicamens, notre vêtement, nos habits & notre chauffage. Il est vrai que quelquefois ces substances sont brûtes en sortant des mains de la Nature, & peu utiles à nos besoins : mais par les méthodes particulieres que l'esprit humain a découvertes pour en préparer la plus grande partie, nous en pouvons tirer de grands profits pour l'usage civil. La science qui a pour objet les moyens de nous servir des corps qui nous environnent pour les différens besoins de la vie, est la Science économique ; & pour parler plus strictement, est la seule & unique Science humaine qui soit nécessaire. Je ne parle pas ici de la Science Théologique, qui tend à nous faire connoître l'Etre Suprême, auquel nous devons notre existence, & qui nous apprend le culte qu'il faut lui rendre pour de si grands bienfaits. Sans contredit, Monsieur, cette Science est la premiere ; elle nous éleve tout à Dieu : il ne faut pas la confondre avec les Sciences humaines. Mais parmi celles-ci, s'il y en a quelques-unes qui méritent d'être cultivées, c'est la Science économique ; & en s'y appliquant, il est indispensable de connoître l'Histoire Naturelle, qui en est la base.

Par la division que j'ai faite de l'Histoire Naturelle en trois parties, je dois conséquemment

divifer la Science économique en trois branches ,
en Science économique, minérale, qui comprend
les métaux, les mines, les terres, les fables, les
pierres, les foffiles ; en Science économique végé-
tale, qui renferme l'Agriculture dans toute fon
étendue ; & en Science économique animale, qui
s'étend fur tous les animaux, & principalement
fur les animaux domeftiques, la chaffe, la pêche, & autres chofes de ce genre.

Quoique, par fa fituation, le regne minéral
paroiffe le céder aux deux autres, cependant il
ne leur cede en aucune façon, par l'utilité qu'on
en tire. Si je voulois entrer ici dans le détail des
avantages qu'il nous procure, il me feroit facile
de démontrer que , fans lui, la Nature humaine
ne pourroit peut-être pas même fubfifter ; vous
aurez fouvent occafion de le remarquer dans les
Lettres que je me propofe, Monfieur, de vous
adreffer fur les minéraux. Je ne peux néanmoins
m'empêcher de vous avouer que le regne végétal paroît plus utile pour la confervation de notre individu que les fubftances métalliques les
plus précieufes, telles que l'or & l'argent. Les
animaux ne fe nourriffent que de plantes, & leur
chair eft pour ainfi dire un légume préparé par
le méchanifme le plus merveilleux.

Uue partie de l'Europe n'eft femée que de
graines & de légumes, propres pour la nourriture de l'homme, & le refte eft couvert d'herbes
deftinées aux alimens des brutes. Si par malheur
ces plantes & ces graines ne réuffiffent pas, quelle
défolation dans le pays même le plus beau ! La
famine furvient, & en peu de temps, une vafte
étendue de terrein fe trouve dévaftée d'Habitans.
Nous trouvons réuni dans le regne végétal tout
ce qui peut contenter nos befoins & flatter nos

defirs : auffi ne peut-on jamais affez donner de foin & d'attention à la connoiffance de ce regne ; c'eft du moins la conclufion que vous avez dû tirer en lifant mes Lettres fur les végétaux. Je paffe actuellement dans ce nouveau commerce épiftolaire au regne animal, qui, loin d'être moins précieux que le végétal, eft le plus parfait des trois regnes.

L'homme exerce fon empire, qu'il a reçu immédiatement du fouverain Etre, fur tous les animaux de la terre, les oifeaux & les poiffons ; nul de ces animaux qui ne lui foit utile. Les Chinois mangent indiftinctement de toutes fortes de quadrupedes. Les vers les plus vils fervent de nourriture aux Américains. Quel fujet d'admiration de voir que pour nous fournir des alimens, & garnir abondamment nos tables, les oifeaux paffent d'une partie du monde à l'autre ; les poiffons approchent des bords de nos mers, & les huîtres & coquillages couvrent nos rivages ! Pour qui, fi ce n'eft pour l'homme, l'abeille prépare-t-elle fon miel ? & pour quel autre que lui le vers à foie file-t-il ? Le caftoreum, le mufc & le befoard font des médicamens fort vantés dans les Pharmacies ; le caftor, la civette & la gazelle nous les fourniffent ; nous tirons pareillement des animaux l'ivoire, les côtes de baleine, les cornes de licorne ou de narwal. Ce font encore les animaux qui nous habillent, & même le plus chaudement. Quelles belles parures les oifeaux ne fourniffent-ils pas aux Indiens ! Les Turcs fe fervent auffi de plumes pour leurs aigrettes. Qu'y a-t-il de comparable à l'éléphant pout la grandeur, au cheval pour le courage, au taureau pour la force, au paon pour la beauté, & au roffignol pour le chant?

On ne fait pas un feul pas fur ce globe qu'on n'apperçoive des animaux traverfer les campagnes, des oifeaux fendre les airs, des poiffons fe promener dans les eaux, & des infectes éblouir par la belle nuance de leurs couleurs les yeux des fpectateurs. Tout eft deftiné à notre ufage ici bas ; tout concourt & fe réunit pour ainfi dire pour notre utilité & notre agrément.

La vie paftorale a été le premier état de l'homme ; elle eft en même temps la vie la plus innocente & la plus heureufe. Si on confidere pour un moment les avantages que nous tirons de nos animaux domeftiques, quel fentiment de reconnoiffance ne devons-nous pas avoir pour celui qui les a créés uniquement pour nous, & qui les a rendus fi dociles à nos ordres, que nous pouvons en former des troupeaux ? La vache nous donne le lait, le beurre, le fromage ; nous tirons des différens beftiaux la viande, le fuif, les peaux ; les brebis nous habillent & les chevaux nous tranfportent nous & nos meubles d'un endroit à l'autre. Les Lapons, qui n'ont ni pain, ni vin, ont en revanche des animaux qui fuffifent pour leur nourriture, & qui peuvent feuls les faire vivre long-temps.

Plus font confidérables les avantages que nous fournit le regne animal, plus devons-nous nous appliquer à les découvrir. Plufieurs Nations de l'Amérique ne vivent que par la chaffe. C'eft à la pêche que plufieurs Peuples doivent leur fubfiftance. La feule nourriture du Lapon eft, comme je vous l'ai déja, Monfieur, obfervé, le regne animal.

L'homme a été obligé d'étudier les différens inftincts & allures des animaux, pour pouvoir s'en rendre le maître : il a examiné la maniere

de fauter du lievre , & auffi-tôt il a trouvé le
moyen de le tirer facilement, lorfqu'il fort de
fon gîte. Rien ne lui a été plus aifé que de
prendre l'ours, dès l'inftant qu'il a eu une fois
connu les endroits où cet animal fait fa taniere
d'hiver. On tire commodément le loup-cervier,
dès qu'on a obfervé que cet animal fe trouvant
fur un arbre, regarde & entend avec étonne‑
ment les chiens. On eft parvenu à prendre les
foles fans peine, lorfqu'on s'eft apperçu que ces
poiffons montent de l'eau fur la glace , &
qu'y étant une fois, ils n'en peuvent plus def‑
cendre. Nous favons l'avidité qu'ont les animaux
carnaffiers de manger de la chair , c'eft de ce
moyen, en forme d'appât, que nous nous fer‑
vons pour les attirer dans les trappes, dans des
pieges & dans des foffes. Cependant , comme
chaque efpece de ces animaux carnaffiers ne fe
laiffe pas furprendre avec la même facilité ,
l'homme a été obligé , pour s'en emparer , de
recourir fouvent à d'autres moyens ; nous avons
même profité de l'avidité que nous avons re‑
marquée dans le chien pour la chair ; nous nous
en fommes fervis pour la chaffe du gibier; par
la même raifon, nous avons dreffé les oifeaux
de proie pour la chaffe des oifeaux , & nous
avons profité du caméléon pour chaffer les
mouches.

On a obfervé que les grives , après s'être
baignées , volent au même inftant fur les ar‑
bres pour y chercher leur nourriture ; l'homme
induftrieux a pris de-là occafion d'inventer des
lacets pour leur en tendre. On s'eft apperçu qu'en
automne, lorfque les baies font dans leur matu‑
rité , les coqs de bois & de bruyere cherchent
dans les bois les fentiers étroits , & qu'ils aiment

à fe percher dans les endroits où ils font à couvert ; on a profité de cette connoiffance pour
découvrir le moyen de les furprendre plus facilement. Le goût qu'on a remarqué dans les her-
mines pour les champignons, fait qu'on s'en
fert comme d'appât pour leur tendre des pieges.
Les Hollandois profitent du paffage automnal
des pinçons pour les attraper par millier. La
peur que l'allouette a de l'autour, & fa coutume
de fe tapir fur terre fi-tôt qu'elle l'apperçoit, a
fait imaginer la façon de la prendre par le moyen
des autours de papier. La grande curiofité qu'on
a obfervée dans le roffignol, n'a pas peu contribué à nous fournir des méthodes faciles à le
furprendre. Sans l'étourderie dont on s'eft apperçu dans le coq de bruyere lorfqu'il eft en
chaleur, on ne fauroit peut-être pas encore le
temps ni la maniere de le tirer.

L'homme a appris, par le langage des bêtes,
à imiter la voix des canards, des poules de bois,
des coucous, des méfanges, & le cri des che-
vreuils. Les lamproies s'attachent aux pierres
du rivage en les fuçant ; on a inventé en conféquence des filets propres à rafer les pierres & à
en arracher le poiffon. La brême côtoie les rivages dans les temps du frai ; on a fait de-là
des naffes pour l'y attraper. Le brochet monte
le courant de l'eau au printemps ; c'eft ce qui
a donné lieu à la pêche à la ligne. La perche
fraye fur des fonds pierreux ; on fait en conféquence des filets à bourfe pour la prendre. Voyez,
Monfieur, par-là, où n'a pas été l'induftrie
humaine pour profiter de la moindre inclination
d'un animal, afin de le furprendre plus facilement ? Ces obfervations ne font pas des minu-
ties, puifque des Provinces entieres ne fubfiftent

G v

que par la chasse ou la pêche de quelque espece d'animaux.

Un Econome qui connoît la maniere de multiplier les abeilles & leurs différens sexes, tire beaucoup plus de parti de ses ruches, que ceux qui ignorent cette connoissance. Il en est de même du ver à soie ; il faut en connoître les différentes métamorphoses. Si on ne sait pas de quelle maniere se forment les cochenilles ordinaires, de même que celles de la renouée & le kermès, comment fera-t-on pour les multiplier ? En examinant les insectes & les couleurs qu'ils contiennent, un Naturaliste doit être surpris qu'on en ait essayé & employé si peu. Un Pêcheur instruit distingue, par les marques extérieures, les moules qui contiennent des perles, tandis qu'un ignorant est obligé quelquefois de tuer plus d'un millier de meres pour avoir ces productions.

Si vous voulez, Monsieur, élever, chasser, prendre ou employer utilement des animaux domestiques, des bêtes sauvages, des oiseaux, des poissons, &c, commencez par vous instruire sur leur nourriture, leurs caracteres & leurs mœurs, si on peut se servir de ce terme. Vous n'y parviendrez jamais mieux qu'en élevant un ou deux de ces animaux auprès de vous, afin de pouvoir les observer continuellement. Vous pourriez aussi vous y prendre de la même maniere pour les poissons & les oiseaux, & même pour les insectes. Il est souvent aussi nécessaire, & même quelquefois plus, de détruire certains animaux, qu'il est utile d'en élever & d'en entretenir d'autres. Rien n'est donc plus utile à un Econome, que de savoir prévenir les dommages que peuvent lui causer les insectes.

Si vous fondez, Monsieur, votre maison sur

les principes de la science naturelle, vous ne pouvez manquer de lui donner une grande solidité ; & si vous y ajoutez les lumieres de la Physique, vous la rendrez inébranlable. Je ne vous parle ici qu'après le savant Chevalier de Linné ; c'est sa doctrine que je vous ai rapportée dans cette Lettre. Je tâcherai de vous la développer de plus en plus dans les suivantes. Je ferai passer en revue, dans ce commerce épistolaire, les différens animaux connus qui habitent la terre, l'air & les eaux : je vous entretiendrai de leurs différens instincts ; je parlerai de leur anatomie : je vous donnerai la maniere de les nourrir, élever, quand ils seront de la famille des animaux domestiques. Je vous rapporterai en outre les différentes especes de chasse & de pêche ; je détaillerai tous les avantages qu'on en peut tirer pour la société civile ; en un mot, je n'oublierai rien de ce qui pourra rendre ces Lettres utiles, curieuses & intéressantes : j'y traiterai de l'Histoire Naturelle des animaux, avec toute la précision & la clarté possible. Je parlerai encore de la physique de l'homme, comme étant le chef des animaux, & de ses différentes maladies. Je ne suivrai aucun ordre pour le choix des matieres ; je les traiterai à fur & à mesure qu'elles se présenteront. Je vous ferai part en outre de toutes les nouvelles découvertes & productions qu'on fera sur ce regne. Je tâcherai que ces nouvelles Lettres deviennent les fastes des animaux, ainsi & de même que mes précédentes le sont des végétaux. Je ferai en sorte d'y pouvoir rassembler tout ce qui a été dit & découvert de plus intéressant sur ce regne. Tels sont les objets dont je me propose, Monsieur, de vous entretenir dans ce nouveau commerce épistolaire. Je fouhaite très-fort, tant pour le ftyle, que pour la matiere qui s'y trouvera traitée, qu'il puifse vous être agréable, ainfi & de même que notre commerce fur les Végétaux.

Je fuis, &c.

Paris, ce 1ᵉʳ Janvier 1769.

LETTRE II.

Sur les avantages que la Médecine peut tirer de l'Homme, même pour fa propre gué-rifon.

DE tous les animaux qui vivent fur la terre, le premier eft, fans contredit, l'homme; il eft le chef-d'œuvre du Créateur; il a reçu immédiatement de Dieu un empire fur tout ce qui refpire. Il varie en couleur fuivant les parties du monde dans lefquelles il eft né; il eft blanc en Europe, rougeâtre en Amérique, brun en Afie, & noir en Afrique. Il y auroit des volumes immenfes à faire fur cet être organifé; mais je me contenterai aujourd'hui de vous le faire connoître, autant qu'il peut être utile à la Médecine. Cette Science, qui met en quelque façon toute la Nature en contribution pour le foulagement de notre individu, exerce fpécialement fon empire fur nous; elle fait, M., tirer profit des propres parties de notre corps, pour en conftituer des médicamens, & pour enfuite les tourner à notre avantage.

Le corps de l'homme, en égard aux médicamens, peut être examiné fous deux différens points de vue, ou comme vivant, ou comme mort; & dans l'un ou l'autre de ces états, il n'eft pas moins utile. Les parties qui le conftituent, lorfqu'il eft encore vivant, fourniffent à la Matiere Médicale les cheveux, les ongles, la cire ou baume des oreilles, la falive, le fang, l'urine & les excrémens groffiers. Nous tirons de la femme, pour la Médecine, le lait & l'arriere-faix. J'entre à préfent dans le détail de ces objets les uns après les autres.

Les cheveux font des filamens très-fins & très-déliés plus ou moins longs, plus ou moins forts, plus ou moins nombreux, relativement à l'âge, au fexe & aux tempéramens des perfonnes. Quelques-uns ont dit que le corps de tous les cheveux étoit creux, & que les fucs nourriciers les parcouroient dans toute leur étendue; & d'autres ont prétendu que leurs racines, connues fous le nom d'oignons, fourniffoient fimplement la nourriture, & que les cheveux ne croiffoient que par le moyen de la liqueur qui fe filtre continuellement dans ces oignons. Quoi qu'il en foit, je ne m'étendrai pas ici fur ces opinions, pour en venir plutôt à leurs propriétés.

Les cheveux font anti-hyftériques; ils calment les vapeurs: on les brûle & on en fait fentir l'odeur aux malades: on en tire, par le moyen de la diftillation, un fel volatil & très-pénétrant, qui convient dans l'épilepfie, l'apoplexie, la léthargie & les autres affections foporeufes. On prefcrit ce fel depuis la dofe de fix grains jufqu'à seize dans quelques liqueurs appropriées. On obtient encore des cheveux, en les distillant par la retorte au bain de sable, une huile qui est excellente pour faire croître & revenir d'autres cheveux, pourvu qu'on la mêle avec du miel; on s'en sert en liniment sur la tête. Un remede très-vanté contre la jauniffe, est une infusion de leurs cendres, depuis un demi-gros jusqu'à un gros. Cette infusion se prend le matin à jeun, après l'avoir passée par un linge, ce qu'on continue plusieurs jours de suite.

Les ongles sont, comme vous n'ignorez pas, Monsieur, des corps assez semblables à de la corne, compacts, durs, formés par la continuation des papilles de la peau. Ces papilles, en grossissant, se réunissent, & constituent cette espece de corne; ils croissent par la racine & non par l'extrémité extérieure. Plus une partie est éloignée de la racine, plus elle durcit, & moins elle est sensible. On attribue aux ongles des pieds & des mains une vertu cathartico-émétique; c'est un remede violent, qui ne convient qu'à des personnes robustes: on prétend qu'il est bon contre l'épilepsie; sa dose est pour lors d'un scrupule en substance, ou de deux infusés pendant la nuit dans un verre de vin. Parmi les gens du commun, on a coutume de donner de ce vin aux personnes adonnées à la crapule; il les fait vomir, & leur donne, à ce qu'on prétend, de l'aversion pour la boiffon.

Dans les dissections anatomiques, on remarque, Monsieur, des glandes jaunes presque rondes ou ovales, qui percent de petits trous la peau du conduit auditif dans la partie de ce conduit collé aux tempes & dans les fiffures, & depuis

la partie qui est couverte d'un cartilage jusqu'à
la moitié du canal, sur la convexité supérieure
de la membrane où rampe un réseau recticu-
laire, colluleux, fort, fait d'arcades qui les renferment : c'est par ces orifices que sort une espece de cire jaune, huileuse, amere, & qui
prend feu, lorsqu'elle est pure & fort épaisse ;
elle se nomme humeur cérumineuse ou cire des
oreilles. Cette cire est un baume naturel, que
nous portons toujours avec nous ; elle possede
une qualité savonneuse, astringente & détersive ;
elle paroît être un composé de cire & d'huile ;
c'est une espece de vulnéraire qu'on recommande
dans les piquures des nerfs & des tendons : on
l'applique seule ou mêlée avec le baume de soufre, quelquefois même avec celui du Pérou.
Ettmuller la mêloit avec l'huile de noix tirée
par expression, pour déterger les plaies ; mais
les cas dans lesquels elle convient le mieux,
sont lorsqu'on a quelques petits écorchemens
autour de la racine des ongles.

La salive, qui est une des excrétions du corps
humain en usage dans la Médecine, est une
humeur claire, transparente, un peu visqueuse,
savonneuse & détersive, qui est dirigée vers la
bouche par les conduits salivaires & incisifs, par
le moyen des tuyaux excrétoires de plusieurs
glandes ; elle est sans odeur ni saveur. On se
sert avec succès de cette liqueur contre les dartres, les démangeaisons & les écorchures ; il y
a eu même des personnes attaquées d'hémorrhoïdes, qui n'ont pu s'en guérir qu'en se frottant à diverses reprises avec du papier mouillé de
salive. Rien n'est si commun que de voir les Nourrices le matin à jeun, frotter le visage de leurs
enfans avec leur salive, pour les décrasser, ce

qu'elles préferent même à l'eau pure. L'expérience nous apprend que la falive d'un homme fain à jeun eft très-bonne contre les morfures des bêtes venimeufes. Vous voyez fouvent, Monfieur, les plaies fe guérir en les fuçant. La vertu mondifiante de la falive y a pour lors plus de part que la fuccion même. C'eft donc dans la falive feule que confifte la prétendue guérifon par le fecret. Le Docteur Hunerwolff rapporte, dans les Fphémérides d'Allemagne, qu'un jour un de fes freres, en difféquant, fe fit, avec fon fcalpel, une bleffure à la cornée, d'où fortit une grande quantiré d'humeur aqueufe. Le feul remede qu'on employa contre cet accident, fut de faire lécher doucement, le matin à jeun, pendant quelques jours, l'endroit de la plaie par la mere même du malade; cela le guérit en très-peu de temps. On prétend encore que la falive eft fébrifuge, emménagogue; mais comme ces vertus ne font pas affez conftatées, je ne m'attacherai pas ici à vous les démontrer.

Si la falive d'un homme fain a tant de bonnes qualités, *vice verfâ*, celle d'un homme infirme & valétudinaire doit produire de mauvais effets. On ne peut affez blâmer la mauvaife méthode de certaines Nourrices, parmi lefquelles il s'en trouve même plufieurs d'incommodées, qui mettent dans leurs bouches la bouillie, la panade & d'autres alimens, avant de les donner à leurs enfans; cela corrompt leur digeftion, & par conféquent donne lieu à un mauvais chyle, qui s'introduifant dans la maffe du fang, eft fouvent pour les enfans la fource de plufieurs maladies qui les font périr de langueur, & dont on ne peut détruire la caufe.

On donne le nom de fang à une liqueur qui

circule dans les arteres & les veines. Cette liqueur paroît, à la premiere infpection, homo-
gene, rouge & fufceptible de coagulation dans
toutes les parties : mais par différentes expériences, on a été convaincu du contraire.

On dit que le fang humain, bu récent & chaud,
guérit l'épilepfie, pourvu que le malade faffe,
incontinent après l'avoir pris, quelqu'exercice
violent qui le mette en fueur. On eft actuellement affuré de l'inefficacité de ce remede pour
cette maladie, par conféquent il doit être rejetté de cette claffe des médicamens ; il produit
même fouvent de mauvais effets ; il a rendu
ceux qui en ont pris maniaques & frénétiques. Il
y a environ vingt ans qu'on en fit boire à une
jeune Demoifelle épileptique, fans la moindre
apparence de fuccès; l'humanité même réclame
contre un pareil remede. Ainfi, Monfieur, je
crois qu'une perfonne prudente ne doit jamais
prefcrire le fang humain intérieurement. Il n'en
eft pas de même à l'extérieur ; mille & mille expériences prouvent qu'il eft excellent pour arrêter
les hémorrhagies, fur tout celles du nez. On trempe
pour cet effet des linges dans le fang; on les applique fur le front, & on les y laiffe fécher, ou
bien on fait fécher le fang fur le feu, & on le
réduit en une poudre, qu'on fouffle dans les
narines ; le fang agit dans l'une ou l'autre méthode, par fa glutinofité, qui le rend adhérent
aux vaiffeaux ouverts, comme une efpece de
bouchon, & qui, en fe féchant fur le front,
refferre le calibre de ceux qui s'ouvrent dans
les narines.

L'urine eft une férofité excrémentielle qui fe
fépare dans les reins, & qui, après être def-
cendue dans la veffie, par le moyen des ure-

teres, s'écoule hors du corps dans les temps convenables. Cette sérofité, loin d'être fimplement aqueufe, eft chargée d'un peu d'huile & de beaucoup de fel volatil, qu'elle a diffous en circulant dans le fang. C'eft en raifon de l'activité de ces principes que l'urine peut s'employer très-utilement, tant pour l'intérieur que pour l'extérieur du corps. Prife intérieurement, on lui attribue une vertu apéritive, atténuante, réfolutive & déterfive; elle a la vertu de lever les obftructions, de guérir la jauniffe, de diffiper les vapeurs, & de procurer les fecours ordinaires au fexe. Rien n'eft fi commun en Italie, au rapport de Ramazzini, que de voir les jeunes filles attaquées de pâles couleurs, s'en guérir, en buvant pendant quelque temps, le matin à jeun, un verre de leur propre urine.

J'ai vu en Lorraine un vieillard, âgé de cent ans, ne s'être jamais, à ce qu'il m'a dit, reffenti d'aucune incommodité, pour avoir bu tous les matins un gobelet de fon urine. On vante encore l'urine comme très-utile dans l'hydropifie, la paralyfie, la goutte, & même dans toutes les maladies d'hypocondriacie : on la boit à la dofe de cinq ou fix onces le matin à jeun : il faut qu'elle foit tiede & récente. On préférera toujours à toute autre celle d'un jeune homme fain & à jeun. Pour la colique & les conftipations, on peut fe fervir de ce liquide dans les lavemens, pour les rendre un peu purgatifs, & les aiguillonner par le fel qu'il contient. Cependant comme il y a, Monfieur, d'autres remedes connus pour les maladies dans lefquelles l'urine eft propre, je n'oferois jamais prefcrire intérieurement à aucun malade fon urine, encore moins celle d'un autre. Je penfe que fon uſage intérieur, de même que celui du ſang, de la ſalive, des ongles, de la cire des oreilles & des cheveux, ne doivent jamais être propoſés par un habile Médecin : on ne doit les preſcrire que dans les cas urgens, à défaut d'autres médicamens qu'on n'a pas pour lors à ſa portée. La Médecine doit ſe faire décemment; & ſi un galant homme doit éviter toute ſorte de remedes pompeux, qui ne reſſentent que le charlataniſme, il doit, par réciprocité, n'ordonner qu'avec peine ceux qui ſont trop vils & trop abjects ; ſinon il inſpireroit ſouvent au malade du mépris & du dégoût, qui ne pourroient rejaillir que ſur lui-même.

De l'uſage intérieur de l'urine, je paſſe à l'extérieur ; elle eſt très-bien indiquée pour adoucir & calmer les douleurs de la goutte, ſoit qu'on l'emploie en fomentation, ſoit qu'on la mêle avec de l'abſynthe pilée en forme de cataplaſme. Les lotions faites avec l'urine, conviennent auſſi très-bien contre la teigne, la gale, la gratelle & contre les rhumatiſmes, qui reconnciſſent pour cauſe le froid & l'épaiſſiſſement des humeurs ; elle agit pour lors en raiſon de l'huile & du ſel volatil qu'elle contient.

Si l'urine, priſe en elle même, a tant de propriétés, elle n'en a pas moins, lorſqu'on la décompoſe. Par le moyen de la Chymie, on en tire tous les jours de nouveaux remedes, dont l'efficacité & le ſuccès prouvent la bonté. De la claſſe de ces remedes ſont l'eſprit d'urine, ſon ſel volatil & ſon huile. On remarque les mêmes propriétés, tant dans l'eſprit d'urine que dans ſon ſel volatil ; ils ſont l'un & l'autre très-efficaces dans les fievres quartes & malignes ; ils

font défobftructifs & en même temps diurétiques & fudorifiques. Ce fel fe prefcrit depuis
la dofe de 6 jufqu'à 16 grains ; & l'efprit, depuis 8 jufqu'à 20 gouttes dans quelque liqueur
appropriée. En mêlant 2 gros de cet efprit rectifié avec 2 onces d'eau-de-vie, on obtient une
mixture très-vantée pour frotter les membres
dans la paralyfie & la goutte fciatique. L'huile
qu'on retire de l'urine, après en avoir féparé
l'efprit, eft très-fétide ; elle n'eft d'ufage qu'à
l'extérieur : on s'en fert pour réfoudre les tumeurs froides, pour la paralyfie & pour faire
fentir aux femmes hyftériques. Le fel fixe qui
refte dans la terre morte, après la diftillation
de cette liqueur, n'eft pas d'ufage ; c'eft un vrai
fel commun, peu différent de celui qu'on a pris
avec les alimens. On a découvert dans l'urine
la matiere d'un phofphore. Avant de finir ce
qui concerne ce liquide, je vous obferverai,
Monfieur, qu'une perfonne digne de foi m'a dit
avoir été guérie des hémorrhoïdes, pour y avoir
appliqué tous les matins une éponge imbibée de
fon urine.

L'excrément de l'homme, connu communément fous le nom de foufre occidental, parce
qu'il contient réellement du foufre & une huile
anodine, peut encore s'employer en Médecine;
il eft émollient, adouciffant, digeftif & matu-
ratif: on l'emploie pour faire mûrir les charbons
& autres tumeurs peftilentielles. Ettmuller affure
que dans un temps de pefte, le cataplafme de
matiere fécale eft celui qui réuffit le mieux pour
conduire les tumeurs à une fuppuration bénigne ;
il dit en avoir été lui-même témoin. J'ai connu
à Metz un jeune homme, qui ayant un dépôt

considérable aux genoux , & dont la plupart des os voisins étoient cariés , en fut guéri par la simple application de matieres fécales. Ni onguent , ni emplâtre , ni baume , ni cataplasme n'y avoient pu rien opérer. Une consultation de Médecins & de Chirurgiens avoit décidé pour l'amputation du membre affecté ; mais par le moyen de ce remede, ce jeune homme en fut quitte uniquement pour la peur , & conserve encore actuellement les deux jambes. On fait encore dessécher l'excrément humain : on le pulvérise, & on incorpore cette poudre avec du miel ; on l'applique autour de la gorge pour la squinancie: il y a même des Médecins qui prescrivent intérieurement cette poudre pour cette maladie , depuis la dose d'un demi-gros jusqu'à un gros. Mais je ne peux assez vous le répéter, ne recourons à de pareils moyens qu'à défaut d'autres ; il est toujours indécent & même révoltant de se servir de tels remedes.

On appelle arriere-faix la membrane ou tunique dans laquelle étoit enveloppé l'enfant dans l'utérus. On lui a donné ce nom, parce que ce corps ne sort qu'après l'enfant, comme par un second accouchement ; il contient le placenta & les vaisseaux ombilicaux; il a plusieurs usages connus en Médecine; mais il faut qu'il soit nouvellement sorti d'une femme saine & vigoureuse. On préfere celui qui vient à la naissance d'un garçon à celui d'une fille. Si on l'applique tout chaud sur le visage en sortant de la matrice, on prétend qu'il efface les lentilles qui peuvent s'y trouver. On en frotte aussi les taches que les enfans apportent en naissant; il les dissipe pour l'ordinaire. L'arriere-faix , desséché & pulvérisé , se prescrit encore intérieure-

ment, depuis 1 fcrupule jufqu'à 2 dans un bouillon pour l'épilepfie, l'accouchement difficile : il
eft propre à ce qu'on prétend pour faire fortir
le fœtus mort & pour appaifer les tranchées.

On tire, par la diftillation de l'arriere-faix,
un efprit volatil qu'on dit être très efficace dans
plufieurs maladies des femmes, pour poufler les
urines, faciliter l'accouchement & provoquer
le flux menftruel : la dofe eft d'une ou deux
cuillerées. Si on en croit Ettmullèr, une femme,
dont les regles étoient fupprimées depuis près
de fix ans, eft parvenue à les rétablir par le
moyen de ce remede. Un Roi de Pologne, attaqué
de l'épilepfie, a aufli été guéri par cet efprit volatil.
Quant à moi, je ne vous aflure pas, Monfieur,
l'efficacité de ce remede ; je n'en ai jamais ordonné en pareil cas, & jamais peut-être ne
pourrai-je me réfoudre à le faire, connoiflant
pour ces maladies des autres remedes, des effets
defquels je fuis plus fûr.

Le lait des femmes, qui eft la derniere chofe
qui me refte à examiner dans l'homme vivant,
renferme une quantité médiocre de parties buty-
reufes & caféeufes, & beaucoup de férofités. Ce
lait eft tempérant, reftaurant & très-propre dans
la phthifie, dans le marafme, & pour adoucir
l'âcreté du fang. C'eft notre premiere nourriture,
par conféquent ce lait convient mieux à notre
conftitution particuliere qu'aucun autre lait : il
doit produire par la même raifon chez nous de
meilleurs effets. Je n'annonce là-deffus rien qui
ne foit confirmé par l'expérience ; mais il faut
être affez heureux pour trouver un lait condi-
tionné comme il faut. Ce n'eft pas, Monfieur,
une petite difficulté de trouver de bonnes Nourrices ; il faut qu'elles ne foient ni emportées, ni

capricieuses, ni sujettes au vin, ni déréglées dans leurs mœurs; tous ces vices influent sur la qualité du lait. Cette difficulté, jointe à la peine qu'ont les adultes à tetter, & à la forte succion que souvent ils emploient, & qui, outre la fatigue qu'elle leur cause, attire souvent des fluxions sur les mamelles des Nourrices; cette difficulté, dis je, réunie avec toutes ces causes, forme des inconvéniens qui rendent l'usage du lait de femme assez rare, quoique ce soit sans contredit celui qui est le plus profitable à ceux qui peuvent en user commodément.

« Le lait de femme, dit un grand Praticien, est certainement le plus analogue & le plus naturel à nos corps : on en ressent des effets salutaires à tout âge, dans l'enfance, dans la jeunesse, & même dans les infirmités de la vieillesse. Il n'y a presque point d'abattement dont cette liqueur ne puisse relever le corps; elle produiroit bien d'autres effets, si elle n'étoit point dépravée par les mauvais alimens dont les Nourrices font usage, sans compter leur malpropreté ordinaire. Si les Nourrices ne vivoient que de bons alimens, si elles ne buvoient que de l'eau ou du vin bien trempé, si elles avoient soin de leur corps, & si elles se tenoient proprement, leur lait passant par des couloirs infiniment plus déliés & plus délicats, seroit un vrai nectar dans les atrophies, les paralysies & les affections des nerfs; mais dans l'état où les choses sont actuellement, où l'on ne veille point sur leur régime de vivre, ni sur leur conduite, il vaut mieux avoir recours aux laits d'anesse & de chevre, ou à la nourriture d'eau de gruau, de lait de vache, qu'au lait rance d'une Nourrice sale, méchante & corrompue.

Le lait de femme est quelquefois employé à l'extérieur comme médicament adoucissant, & on s'en sert assez souvent pour calmer les douleurs aux dents & aux oreilles.

A examiner les choses de près, je pense que parmi les médicamens que la Médecine tire de l'homme vivant, le meilleur est le lait; je crois même que c'est le seul qu'on puisse valablement ordonner.

En parlant du lait de femme, je crois, Monsieur, ne pouvoir mieux faire que de vous entretenir ici de quelques généralités sur l'usage & les propriétés du lait; c'est un des médicamens les plus efficaces que nous ayions; il convient pour adoucir les humeurs âcres & irritantes; il donne aux parties organiques le ton qu'elles devroient avoir pour être dans leur état naturel. Quand il est administré avec prudence, il fait merveille dans la comsomption, les maux de poitrine, des reins & de la vessie, dans les affections goutteuses & spasmodiques, les hémorrhagies chroniques & les flux de ventre opiniâtres; il est excellent pour envelopper les particules âcres & corrodantes des poisons, cependant il exige beaucoup d'attention de la part du Médecin, lorsqu'il le prescrit.

Rien n'est plus commun, Monsieur, que d'entendre parler de diete laiteuse, sans savoir néanmoins comment il faut se conduire. La maniere de vivre inconsidérée est souvent cause que la diete blanche n'est nullement utile à ceux qui se mettent à ce régime. 1°. Il est d'usage de prendre du lait trois ou quatre fois par jour & même plus : on n'empêche pas de prendre à dîner ou à souper du pain pour aliment; & même, quand le malade a appétit, on lui permet les
œufs

œufs à la coque. On ne doit prescrire en commençant qu'une petite dose de lait, sur-tout quand on ne connoît pas bien les forces de l'estomac, & quand on ignore par conséquent combien ce viscere peut en supporter sans inconvénient : on n'en fera prendre d'abord au malade qu'une ou deux fois par jour, jusqu'à ce qu'il soit habitué à cette nourriture; il en prendra à la suite autant qu'il jugera à propos Il faut suspendre l'usage du lait dans les cas de fievre, à moins que ce ne soit une fievre lente. On a observé que le lait profitoit rarement aux personnes très-grasses ou replettes, & daus la cachexie : il ne réussit pas aussi toujours aux vieillards, aux bilieux & aux mélancoliques. L'usage du corail, des yeux d'écrevisse, & d'autres médicamens de cette classe, font très-bien pour empêcher le lait de s'aigrir. On prescrit aussi pour le même objet deux ou trois cuillerées d'eau de chaux, ou quelques gouttes d'huile de tartre par défaillance, qu'on ajoute sur chaque livre de lait. La rhubarbe, le quinquina, la petite centaurée, produisent aussi le même effet. Si, malgré, ou à défaut de ces précautions, le lait vient à s'aigrir dans l'estomac, il faut pour lors avoir recours à quelque boisson délayante, telle que l'eau pure, l'infusion de thé, la décoction ou tisane de chiendent. On pourroit même se servir de médicamens émético-cathartiques, pourvu qu'il ne se trouve pas dans le malade une contr'indication.

On préfere le lait qu'on vient de traire à tout autre ; & en cas qu'on ne puisse pas en donner au malade de pareil, il faut y suppléer par le moyen du bain-marie, pour lui conserver le même degré de chaleur qu'il a en sortant de l'animal. Souvent on le boit froid : on prévient par-là la conftipation. On peut encore boire à cette fin un grand verre d'eau avant de le prendre. Si le ventre eft trop relâché, il faut éteindre dans le lait un morceau de fer ou de brique rougi au feu ; ce qu'on répétera même jufqu'à réduction d'un quart du lait. Si on tient le lait fur le feu pendant quelque temps, & qu'on y ajoute de l'écorce de grenade, on le rendra auffi aftringent : on y réuffira pareillement, fi on le coupe avec de l'eau, en le laiffant bouillir à plufieurs reprifes. Lorfque le lait fe trouve trop pefant fur l'eftomac, il faut le couper avec de l'eau.

Quand il y a plufieurs indications à remplir dans le malade, on peut affocier avec le lait les infufions de thé, de café, les décoctions d'orge, de bois & de racines fudorifiques, les fucs des végétaux, des eaux de Cauteret, de Seltz, de Spa & de Buffang. On peut encore délayer dans le lait chaud un jaune d'œuf avec le fucre ; il ne faut purger le malade qu'autant qu'il eft néceffaire. Ces détails conviennent, Monfieur, pour toutes les différentes efpeces de lait : & le lait en général, de quelqu'animal qu'il foit, eft encore à l'extérieur un bon remede anodin, calmant, adouciffant & émollient : on l'emploie en injection, gargarifme, lavement, fomentation, cataplafme, ou fous toute autre formule. Pour que le lait conferve plus long-temps la chaleur, & qu'il humecte davantage, on l'enferme dans une veffie de cochon, après l'avoir échauffé au degré convenable, & on applique cette veffie fur la partie malade.

Les parties du crâne humain ufitées en Médecine, font la momie, la graiffe, le crâne & l'ufnée. La momie eft un cadavre humain, qui

a été embaumé & desséché. Les premieres momies ont été tirées des sépultures des anciens
Egyptiens, sous les pyramides, dont on voit
encore de beaux restes à quelques lieues du grand
Caire. On trouve quelquefois sur les côtes de la
Lybie des cadavres humains, qui y ayant été
jettés par les vagues de la mer, ont été péné-
trés de sable & desséchés par l'extrême chaleur
qui regne dans ce pays: on en voit aussi dans
les déserts de Zara. On appelle momies blanches les cadavres desséchés. (A Toulouse, il se
trouve certains caveaux où les corps morts se
conservent & se dessechent sans aucun embau-
mement jusqu'à 200 ans). Les momies embau-
mées sont bien différentes. M. Rouelle, de l'A-
cadémie Royale des Sciences, dit, dans un Mémoire qu'il a communiqué à sa savante Compagnie, que l'extrême vénération des anciens
Egyptiens pour les corps morts dè leurs parens,
leur avoit fait chercher divers moyens de préser-
ver leurs cadavres de la corruption. Il paroît,
continue M. Rouelle, tant par les Ecrits de Clau-
derus, que par ce qu'on peut deviner du procédé
secret de Debils, que ces deux hommes em-
ployoient spécialement la desiccation opérée par
les sels alkalis, pour préparer leurs cadavres. Héro-
dote, qui nous a transmis une courte description de
l'art des embaumemens, rapporte qu'il y avoit
trois différentes manieres d'embaumer, usitées
parmi les Egyptiens, & qu'on se servoit des uns
& des autres selon la dépense qu'on vouloit
faire. Suivant la premiere, qui étoit aussi la
plus chere, on ouvroit par les narines, avec un
fer, la base du crâne, & on tiroit le cerveau
& le cervelet par cette ouverture, partie avec le
fer même, & partie par le moyen des injec-

tions : on tiroit les entrailles par une incision faite au côté : on les nettoyoit : on les paſſoit au vin de palmier & dans des aromates broyés : on rempliſſoit le ventre de myrrhe en poudre, & de toute ſorte d'autres parfums, excepté l'ananas : on fermoit l'ouverture, & on couvroit le corps de natron pendant ſoixante-dix jours ; enſuite on le lavoit, & après l'avoir enveloppé de bandes de toiles de lin enduites de gomme, on le rendoit aux parens.

Lorſqu'on ne vouloit pas faire une ſi grande dépenſe, & c'eſt la ſeconde méthode, on ne faiſoit aucune injection au cadavre : on ſe contentoit d'injecter par le fondement une quantité ſuffiſante d'une liqueur onctueuſe qui ſe tire du cedre ; enſuite ayant bouché l'ouverture pour retenir l'injection, on mettoit le corps dans le natron pendant ſoixante-dix jours, comme dans la premiere méthode. Au dernier jour, on tiroit du ventre la liqueur, qui entraînoit avec elle les entrailles conſumées ou diſſoutes, & le corps ſe trouvoit ainſi embaumé.

La troiſieme méthode étoit la moins diſpendieuſe & la plus ſimple. Après les injections par le fondement, on mettoit le corps dans le natron pendant ſoixante-dix jours, & on le rendoit ſans y rien faire autre choſe. M. Rouelle penſe que cette deſcription de l'Art des embaumemens eſt fautive ; il prétend que l'objet principal d'un tel travail ſe réduiſoit à deux parties eſſentielles. La premiere étoit d'enlever du corps les liqueurs & les graiſſes qu'il contenoit, & qui en auroient occaſionné la deſtruction ; la ſeconde étoit de défendre les corps de l'humidité extérieure & du contact de l'air. Les Embaumeurs ſaloient donc le corps, ſuivant M. Rouelle, avec l'alkali fixe, & opéroient par ce moyen sur les cadavres ce que les Tanneurs operent sur les cuirs par le moyen de la chaux. Le corps ainsi macéré pendant soixante-dix jours, on appliquoit dessus des matieres résineuses & balsamiques, qu'on y retenoit par des bandes de linge, dont on les enveloppoit. Cependant M. Rouelle croit qu'on ne mettoit les parties balsamiques dans le corps, qu'après l'avoir fait macérer dans le natron. Les matieres résineuses & balsamiques qu'on employoit, étoient la résine de cedre, le bitume de Judée, la myrrhe, l'aloës, & autres ingrédiens aromatiques de cette espece.

La momie que nous trouvons chez les Droguistes, n'est pas la véritable momie d'Egypte ; elle nous vient des diverses personnes que les Juifs ou même les Chrétiens embaument avec les résines ci-dessus, après les avoir vuidées de leurs entrailles & de leurs cervelles. Ils mettent sécher au four ces corps embaumés, pour les priver de toute leur humidité phlegmatique, & pour y faire pénétrer les gommes, afin qu'ils puissent se conserver. Pour que la momie soit bonne, il faut la choisir nette, belle, noire, luisante, d'une odeur assez forte, & qui ne soit point désagréable : elle fournit par la distillation beaucoup d'huile & de sel volatil.

On attribue, Monsieur, à cette espece de momie, une vertu détersive, vulnéraire & résolutive. On l'employoit autrefois, lorsqu'il s'agissoit de déterger, de résoudre & de résister à la gangrene. On prétendoit qu'elle agissoit, non-seulement par ses parties bitumineuses & balsamiques, mais encore par les sels volatils des cadavres dont elle est tirée ; actuellement elle n'est plus d'usage que dans les emplâtres.

La graisse humaine s'emploie à présent en Médecine ; elle est anodine, émolliente & résolutive : on s'en sert plus communément à l'extérieur qu'à l'intérieur ; elle est très-efficace dans les rhumatismes, le tremblement des membres & les affections paralytiques ; elle est aussi très-vantée dans les fractures, les luxations, les entorses & les contusions des nerfs & des tendons ; elle calme les douleurs de la goutte : on en frotte l'épine du dos dans l'atrophie & le rachitis des enfans : on l'associe souvent avec le baume du Pérou & l'huile d'aspic, pour la rendre plus pénétrante. Schroder & Ettmuller vantent beaucoup contre la sécheresse & l'aridité des membres, un liniment composé de graisse humaine & d'esprit de vitriol. Une chose à observer dans les graisses ou axonges, c'est qu'en général elles sont chaudes, émollientes, détersives, maturatives, digestives, & plus ou moins anodines. Chaque graisse en particulier tient en outre de la nature de l'animal d'où elle est tirée. Plus les graisses & axonges sont d'une nature liquide, plus elles sont pénétrantes ; les récentes ont une vertu plus émolliente, & les rances sont plus résolutives. La graisse humaine est un aussi bon remede à l'extérieur que le lait à l'intérieur ; l'une & l'autre méritent une place distinguée parmi les médicamens.

Il n'en est pas de même du crâne humain, quoique les Anciens lui aient attribué de grandes propriétés ; ils le regardoient comme un spécifique dans l'épilepsie, l'apoplexie & les autres maladies du cerveau. On doit, disoient-ils, le choisir d'un homme vigoureux, sain, nouvellement éteint de mort violente, & qui n'ait point été inhumé. Celui qui seroit pris d'un homme mort de maladie, n'auroit, selon eux, aucune qualité ; & même, dans le premier cas, ajoutoient-ils, il faut bien prendre garde que le crâne ne soit celui d'une personne infectée de virus vénérien, qui attaque assez fréquemment cette partie, ce qui se peut connoître aux exostoses qui s'y seroient formées, & qui le feroient rejetter. On fait sécher le crâne : on le pulvérise ; & on le prescrit depuis douze grains jusqu'à deux scrupules, ou seul, ou mêlé avec les opiates ou potions appropriés. On lui attribue, ainsi que je viens de le dire, une vertu anti-épileptique, qui, malgré ce que disent les anciens Médecins, n'est pas encore bien constatée ; il n'a pour toute vertu que celle d'être un bon absorbant, ainsi que tous les os du crâne humain.

L'usnée est la derniere partie du cadavre qui est en usage, ou, pour parler plus correctement, elle n'en fait nullement partie ; c'est plutôt une petite plante ou espece de mousse qui se forme sur les crânes qui ont été exposés à l'air pendant plusieurs années. On attribue à cette mousse une propriété astringente.

Vous avez pu voir, Monsieur, par l'exposé de cette Lettre, combien de ressources l'homme ne trouve-t-il pas en lui-même, même pour ses propres maladies. Ses cheveux conviennent dans les affections soporeuses ; ses ongles sont vomitifs ; la cire de ses oreilles est un baume qui lui est naturel ; sa salive est un grand détersif ; son sang est astringent, appliqué extérieurement ; son urine est apéritive, atténuante & résolutive ; ses excrémens sont de grands digestifs & en même temps des maturatifs. Le lait de femme est un anti-phthisique, & le meilleur de tous les restaurans ; l'arriere-faix nettoie la peau & enleve les taches du visage ; la momie, qui est son corps desséché, est détersive, vulnéraire & résolutive ; la graisse humaine est anodine & émolliente ; le crâne est anti épileptique, & enfin la mousse qui y croît, autrement l'usnée, est astringente. Ceux de ces remedes qui sont reçus le plus communément, & dont les vertus sont généralement approuvées, sont, ainsi que je l'ai déja observé, le lait & la graisse : cette derniere est sur tout un excellent remede extérieur, anodin, émollient & résolutif.

Je suis, &c.

Paris, ce 8 Janvier 1769.

LETTRE III.

Sur les Animaux vénéneux.

M. Sauvage, célebre Professeur de Montpellier, dans une dissertation qu'il a donnée sur les animaux vénéneux de la France, définit, Monsieur, les poisons du corps, ceux qui, à petite dose & par leurs qualités physiques, sont capables de produire en nous des changemens considérables. Cette définition leur est commune avec les médicamens trop actifs : les uns & les autres agissent par leurs principes physiques ; tous les deux causent de grandes variations dans la machine. Il est également dangereux de les employer, si on ignore les regles de l'art, & si l'on ne fait choix des sujets auxquels on les adminiſtre ; ils nuiſent principalement aux perſonnes qui ſont en bonne ſanté. Par animaux vénéneux, nous déſignerons ici ceux dont les humeurs portent un caractere de poiſon : on diſtingue les poiſons en poiſons naturels & en poiſons accidentels. Les poiſons ou venins naturels ont été donnés , à l'inſtant de la création , à certains animaux , comme leur étant abſolument néceſſaires pour exercer leurs fonctions. Les accidentels ſont occaſionnés par des maladies : on leur donne le nom de virus , d'humeurs virulentes. De cette claſſe ſont les virus vérolique , vénérien , peſtilentiel.

M. Spielmann a fait ſoutenir une theſe dans les Ecoles de Médecine ſur les animaux vénéneux d'Alſace. Il prétend avec raiſon, dans cette theſe , qu'il n'y a pas autant d'animaux nuiſibles qu'on l'a imaginé anciennement. Il y expoſe clairement les ſources qui ont donné lieu à ces erreurs. Tantôt, dit il , les expériences auxquelles on a aſſujetti les animaux ont été mal faites, ou avec trop de précipitation , ou par des perſonnes prévenues : tantôt on a négligé de remarquer qu'il exiſtoit déja une cauſe qui diſpoſoit les corps à un dérangement prochain & prêt à éclater , auſſi-tôt qu'une occaſion quelconque ſurviendroit : tantôt l'idioſyncraſie ſeule a produit tout le mal ; d'autres fois on a fait un uſage exceſſif des choſes qu'on avoit ſoumiſes à l'expérience ; enfin ſouvent le mal n'a été qu'en idée , & l'on a décidé qu'un animal , dont la conformation ou la couleur de la peau nous faiſoit horreur , devoit néceſſairement nuire. Cependant beaucoup d'animaux , continue-t-il, exempts de venin , peuvent , dans certaines circonſtances , acquérir des qualités nuiſibles pour

H v

l'homme, qui eſt lui même à craindre, lorſqu'il ſe livre à la colere, ainſi que pluſieurs autres animaux ; & c'eſt-là, proprement dit, ce que j'ai nommé, d'après M. Sauvage, poiſon acci-dentel. Le temps de chaleur anime ſouvent les bêtes, & les rend formidables à l'homme : la faim fait ſortir le loup des forêts, & lui donne le courage de faire ſa proie de l'animal, qu'il fuit en tout autre temps ; la ſoif ne le rend pas moins redoutable. Il y a encore des animaux qu'un mêlange immédiat de liquides étrangers rend nuiſibles ; d'autres deviennent tels, lorſqu'ils prennent une nourriture contraire à leur conſti-tution. M. Spielmann met dans la claſſe des animaux nuiſibles l'homme lui-même, comme ſuſceptible de rage & de différens virus : mais, comme mon objet eſt de traiter ſeulement des animaux, ſans parler de l'homme auquel ils ſont ſoumis, je me réſerve à en parler ailleurs.

Le Chevalier de Linné diviſe le regne animal en ſix familles ; en quadrupedes, en oiſeaux, en poiſſons, en amphibies, en inſectes & en vers. Nous allons examiner, dans chacune de ces familles, quels ſont les animaux qui peuvent nous être nuiſibles. Dans le nombre des qua-drupedes qu'on voit communément en France, tant parmi ceux qui lui ſont indigenes, que parmi les exotiques, il s'en trouve quelques-uns qui ont une eſpece de malignité, tels que le chat, l'ours, le ſinge, le tigre & le lynx. Ce-pendant ces animaux, ainſi qu'on l'a obſervé, n'ont aucun venin qui leur ſoit naturel, à moins que leurs humeurs ne ſe trouvent infectées de quelques maladies contagieuſes ; mais pour lors leur venin devient accidentel, & ce n'eſt que des venins naturels dont je veux parler ici.

Les préjugés populaires ont attribué à l'haleine du chat une qualité vénéneuse ; ce qui est démenti par l'expérience. On n'en peut pas dire autant de ses dents & de ses ongles ; il y a tout lieu de les craindre : mais ce n'est pas comme poisons, suivant la définition même de M. Sauvage. Les poisons agissent par leurs qualités physiques, & produisent dans l'homme des changemens considérables. L'action des dents & des ongles du chat est purement méchanique ; ils ne doivent donc pas être mis au nombre des poisons : par la même raison on ne peut pas attribuer une qualité vénéneuse aux piquures du porc-épic, quoiqu'elles soient dangereuses. Les piquures de cet animal percent la peau d'une maniere presque imperceptible, & pénetrent insensiblement si avant, que dans l'espace de quelques années, ceux qui en ont été atteints, tombent dans des maladies de langueur dont souvent on a peine de deviner la cause : mais, en partant de la définition donnée des poisons, peut-on appeller vénéneux un instrument dont la façon d'agir est purement méchanique ; ces piquures sont très-déliées, dentelées, courbées en spirale, dont l'extrémité regarde la base des petites dents. Dès qu'une fois les pointes de ces piquures sont introduites, elles ne peuvent plus rétrograder : d'ailleurs, le mouvement des muscles & des vaisseaux collatétaux les pousse toujours en avant ; ce qui est favorisé par leur configuration. L'action du coin de la vis se trouvant combinée dans les piquures du porc-épic, il ne faut pas être surpris qu'avec peu de force il puisse vaincre de grandes résistances. Ce méchanisme ne tend qu'à prouver qu'il n'y a point de venin dans les piquures du porc-épic : car si on leur en accordoit, il faudroit par la même raifon en accorder à tout inftrument tranchant & pointu, puifqu'il n'y a aucun de ces inftruments qui, par le moyen de fa dentelure, ne déchire les mufcles, ou ne perce les tendons, ou ne bleffe les arteres, & ne caufe des accidens auffi fâcheux que des piquures du porc-épic. On peut expliquer, par un méchanifme à-peu-près pareil, les accidens qui peuvent réfulter des ongles du tigre, du lynx & d'autres animaux de pareille nature; leurs ongles, qui font recourbés & très-aigus, ne font pas à la vérité d'une forme dentelée ni fpirale; mais ils ne laiffent pas néanmoins de piquer & de déchirer bien profondément. On trouve dans l'Amérique, à Madagafcar, dans le Bréfil, aux Maldives, des chauve-fouris auffi groffes que des corbeaux. Si elles trouvent la nuit quelques hommes endormis, elles s'attachent à un de leurs membres, & le fucent. Vers la riviere des Amazones, il y en a de monftrueufes, qui font pour les habitans un des plus grands fléaux : elles fucent le fang des chevaux & des mulets; elles y ont détruit le gros bétail que les Miffionnaires y avoient apporté, & qui commençoit à s'y multiplier. On a foupçonné ces chauvefouris de vénéneufes; mais fans aucune raifon, puifque l'effet de leurs morfures ne differe que peu de celui que produiroient des faignees réitérées. Il eft vrai que leurs morfures entraînent la foibleffe & l'épuifement : mais cela ne provient que de ce que ces animaux, après avoir fucé du fang fuffifamment, quittent la plaie, & le fang continue toujours d'en couler. Il eft évident que l'homme qui en eft mordu, & qui dort fouvent profondément, doit néceffairement en être épuifé. Tout ce qu'il y a de furprenant dans cette piquure, c'eft la bleffure graduée & prefque

infenfible que font ces animaux ; bleffure d'ailleurs affez femblable à la piquure de quelques-
uns de nos ferpens, qui ne fauroient éveiller un
payfan dans fon premier fommeil.

Les rats ne font pas non plus vénéneux ; ce
font les fentimens de MM. Sauvage & Spielmann, & en effet on ne remarque en eux aucune
partie qui puiffe occafionner des accidens fâcheux. Les chats fe contentent de les étrangler
fans les manger, non parce que les rats ont une
qualité vénéneufe, mais plutôt parce que leur
peau eft trop dure & leur chair trop coriace.
S'il arrive quelquefois que les chats en mangent,
ce n'eft qu'autant qu'ils fe trouvent preffés par
la faim. C'eft auffi par la même raifon que des
chats bien nourris ne mangent pas de certaines
efpeces de fouris. M. Spielmann obferve néanmoins que les rats pourroient devenir nuifibles,
lorfqu'ils ont mangé de l'arfénic : mais, dans
ce cas, ce n'eft plus par la nature propre de
la bête ; c'eft par le poifon étranger qui lui a
été communiqué. Il n'en eft pas de même de
l'urine des rats ; on prétend qu'elle eft nuifible,
lorfqu'ils font en chaleur : c'eft même par cette
voie qu'on explique les enflures & les gerfures
des levres auxquelles on eft fujet lorfqu'on a
mangé des fruits fur lefquels ces animaux ont
uriné. Les levres & la langue, dont la texture
eft fi délicate, doivent abfolument être irritées
par l'âcreté de ce fluide, qui communique fon
acrimonie à l'épiderme du fruit. On a obfervé
que l'urine des chats, lorfqu'ils font pareillement en chaleur, devient âcre, fétide, & imprime par-tout où elle tombe des taches ineffaça-
bles. M. Sauvage prétend que cette urine n'eft
pas venimeufe ; il le prouve, par la comparai-
fon qu'il en fait avec l'huile rance. Si on re-

garde, dit il, cette urine comme venimeuse, à cause de son âcreté, il faudra aussi accorder cette qualité à l'huile rance, puisque pour peu qu'on s'en frotte les yeux, elle fait sur ces parties une impression de chaleur bien plus grande, & produit même des cardialgies & des nausées, si on en avale. Cependant cette huile n'a jamais été qualifiée de venin : ceux-là sont véritablement des venins, qui par des principes physiques, sont capables de produire en nous des effets dangereux. Or cette application ne peut convenir au cas présent.

De tout ce que nous venons d'exposer touchant les quadrupedes, on peut conclure que parmi ces animaux, nous n'en avons aucun que nous puissions qualifier essentiellement de venimeux.

La classe des oiseaux ne nous en fournit pas plus. Ils ne sont donc pas nuisibles ; ils peuvent même tous nous servir d'alimens, si on en excepte néanmoins les carnivores. Ces derniers ne sont dangereux que par leur bec & leurs ongles, & par conséquent n'agissent sur nous que méchaniquement. On ne peut donc pas les qualifier de véneneux. Nous avons expliqué, en parlant du tigre, du lynx & du chat, l'action purement méchanique de leurs ongles. Cette explication convient aux oiseaux de proie, principalement à l'aigle. Il y a certains oiseaux, tels que les pigeons, les hirondelles, dont la fiente, par son âcreté, peut attirer sur les yeux une inflammation ; mais il n'est pas possible d'accorder à ces oiseaux une qualité venimeuse, uniquement par rapport à la fiente. Cependant M. Spielmann a mis la caille parmi les animaux véneneux : il a fondé sans doute son sentiment sur les Anciens. Galien, Pline, Avicenne assurent

que la caille est un aliment fort dangereux.
Galien dit même avoir vu dans la Phocide, dans
la Béotie & dans la Doride, plusieurs personnes attaquées de convulsions & de mouvemens
épileptiques pour en avoir mangé. Il prétend que
cela vient de ce que les cailles se nourrissent dans
ce pays-là d'ellébore. Cette plante étant, dit-il,
d'une nature âcre, irritante & ennemie du genre
nerveux, leur communiquoit une qualité nuisible, qui produisoit ces mauvais effets. Dans les
Ephémérides d'Allemagne, le Docteur Nebe-
lius rapporte qu'un Particulier & sa femme ayant
mangé à leur souper chacun une caille, furent
attaqués une heure après de mouvemens spasmodiques, de palpitations de cœur & d'autres
symptômes convulsifs, qui les obligerent de faire
appeller, même pendant la nuit, un Médecin.
Ce Médecin, par le moyen de quelques remedes nervins & fortifians qu'il leur administra, fit
cesser les symptômes ; mais il leur resta pendant
quelques jours une grande débilité. On n'a pu
attribuer cet accident qu'aux cailles, puisque
trois enfans qui étoient à la même table, qui
n'en mangerent point, mais qui souperent avec
d'autres mets, ne furent point incommodés. Après
un long examen de cet accident, on conjectura
que l'année ayant été très-humide, il y avoit
beaucoup d'ivraie dans les bleds ; que par conséquent les cailles qui aiment ce grain, & dont
elles s'engraissent par préférence, en avoient
beaucoup mangé ; qu'il n'étoit donc pas douteux que cette graine, dont l'effet est de troubler le cerveau & de donner des convulsions,
leur eût pu occasionner cette qualité dangereuse.
Les cailles n'ont conséquemment rien en elles de
vénéneux ; ce n'est qu'accidentellement & par

rapport à la nourriture dont elles se sont nourries. Ces oiseaux ne doivent donc pas être placés dans la classe des animaux vénéneux.

Examinons actuellement les poissons. Parmi les animaux de cette classe, plusieurs passent pour être nuisibles, les uns en les prenant intérieurement, les autres en les appliquant extérieurement. Ces derniers ne sont pas, à strictement parler, vénéneux; ils ne nuisent que méchaniquement, & de la même façon que le font les griffes & les ongles des especes d'animaux dont nous venons de parler; ils se trouvent toujours munis d'arêtes, de piquans, de dents aiguës & d'autres especes semblables; & c'est à raison des piquures plus ou moins grandes, plus ou moins profondes que font ces sortes d'instrumens piquans & tranchans, que ces poissons sont plus ou moins nuisibles.

Un poisson qu'on pourroit encore mettre dans la classe de ceux qui nuisent, appliqués extérieurement, est la torpede, quoique le méchanisme n'en soit pas le même. Ce poisson se nomme en Languedoc *galine*; & suivant les Naturalistes, *torpedo Plinii, raja tota lævis. Arted.* Il est cartilagineux, & a à-peu-près la figure d'une raie; ses yeux & sa bouche sont fort petits. Cette derniere est garnie de dents, & forme comme une demi-lune jusqu'à la moitié du corps, dont elle n'est pas même distinguée; audessus de la bouche on remarque deux petites ouvertures, qui servent de narines. Le dos de la torpede est tout-à-fait blanc; sa queue est courte, charnue, à-peu-près comme celle du turbot; sa peau est très-mince, & n'a aucune écaille sensible. Le plus grand poisson de cette espece n'a que deux pieds de long. On trouve communément ce poisson sur les côtes de Poitou, d'Aunis, de Gascogne & de Provence. Le nom de torpede qu'on lui a donné, de même que ceux de torpille ou de tremble, lui viennent de la propriété singuliere qu'a cet animal. Lorsqu'on le touche avec les doigts, on s'apperçoit presque toujours d'un engourdissement douloureux dans le bras & la main jusqu'au coude, & quelquefois même jusqu'à l'épaule ; la plus grande force de cet engourdissement est dans l'instant qu'il commence ; il dure peu, & se dissipe entiérement ; il est d'une espece particuliere ; quant au sentiment de douleur, il imprime à-peu-près la même que celle qu'on ressent quand on s'est frappé rudement le coude contre quelque chose de dur. Si l'on ne touche point la torpede, quelque près qu'on en approche la main, on ne s'apperçoit d'aucune sensation douloureuse ; mais si on la touche avec un bâton, on éprouve aussi-tôt quelque sentiment de douleur, quoiqu'à la vérité fort léger. L'engourdissement devient plus considérable, si on la touche par l'interposition de quelque corps peu épais. Si on la presse en appuyant avec force, l'engourdissement est moindre, mais toujours néanmoins assez fort pour obliger de lâcher prise.

Au moment que ce poisson se venge en quelque façon d'être touché, il ne paroît pas, au premier abord, qu'il fasse aucun mouvement, & qu'il se donne même aucune agitation : mais M. de Réaumur, meilleur Observateur, s'en est néanmoins un peu apperçu, & il explique ainsi la cause de la singularité de l'engourdissement qu'occasionne ce poisson. La torpede, dit-il, ainsi que tous les autres poissons plats, a le

dos un peu convexe. Quand on touche la torpede, cette partie s'applanit infenfiblement,
& même quelquefois jufqu'à devenir concave,
& c'eft précifément dans l'inftant fuivant qu'on
fe fent frappé de l'engourdiffement : on voit la
furface convexe devenir plate ou concave par
degrés ; mais on ne la voit point redevenir convexe : on s'apperçoit feulement qu'elle l'eft rede-
venue, lorfqu'on en eft frappé : c'eft uniquement
en cela que confifte tout le myftere de cette
fingularité. Le dos de l'animal, continue ce célebre Naturalifte, reprend fa convexité avec une
extrême vîteffe , & donne à celui qui le touche
un coup violent & très-brufque. Ce coup, peut-
on donc conclure, imprime au bras un mouvement directement contraire à celui que les efprits animaux y ont ; il arrête & fufpend leur
cours ; il les fait même refluer. Ce que M. de
Réaumur a avancé fur la caufe qui occafionne
cet engourdiffement, n'eft pas une hyperbole ;
il eft même fondé fur l'anatomie de l'animal.
Qu'on partage une torpede en deux, depuis la
tête jufqu'à la queue, on remarquera que la plus
grande partie de fon corps eft occupée par deux
grands mufcles égaux & pareils, qui ont une figure de faulx, l'un à droite & l'autre à gauche,
qui prennent leur naiffance à l'endroit où finit
la tête, & qui fe terminent où la queue commence. Les fibres de ces deux grands mufcles font
elles-mêmes de petits mufcles ; ce font des tuyaux
cylindriques , gros comme des plumes d'oie,
difpofés parallelement entr'eux , tous perpendiculaires au dos & au ventre , & à-peu-près placés comme deux furfaces paralleles ; elles font
divifées en outre en vingt-cinq ou trente cellules,
qui font elles-mêmes des tuyaux cylindriques,

de même bafe & de même hauteur que les autres, pleins d'une matiere molle & blanche. Quand
l'animal s'applatit, toutes les fibres entrent en
contraction ; la hauteur de tous ces cylindres diminue & la bafe augmente : mais lorfque la torpede
veut frapper fon coup, elle laiffe agir le reffort
naturel de toutes les parties, qui fe débandent
toutes enfemble ; & en leur rendant leur premiere hauteur, elle les releve promptement.

Ces coups prompts & réitérés, donnés par
une matiere molle, ébranlent les nerfs ; ils fuf-
pendent & changent le cours des efprits animaux,
ou plutôt ces coups produifent dans les nerfs un
mouvement d'ondulation, qui ne s'accorde pas
avec celui que nous leur donnons pour mouvoir
le bras : de-là viennent l'impuiffance où l'on fe
trouve d'en faire ufage, & le fentiment douloureux.

M. de Réaumur a encore obfervé que les en-
gourdiffemens font plus confidérables, lorfqu'on
touche cet animal vis-à-vis fes deux grands
mufcles. Plus les endroits où on touche font
éloignés, moins la force du poiffon eft à craindre : on peut, fans rien appréhender, le prendre
par la queue, & c'eft ce que les Pêcheurs favent
très-bien ; ils ne manquent pas de le faifir
par-là.

L'action de ce poiffon fur le bras eft donc purement méchanique ; par conféquent il ne s'y
trouve rien de vénéneux. Il eft démontré en
Phyfique qu'une puiffance a d'autant moins d'effets, que la maffe à laquelle elle eft appliquée
eft plus grande. D'après ce principe, fi la com-
motion excitée par la torpede, loin de fe borner
au bras & à la main, pouvoit fe communiquer
à tout le corps, il n'eft pas douteux que l'effet

en foit moindre pour chaque partie. Or , pour
que cela foit ainfi , il fuffit uniquement que lorfque l'on touche la torpede , les mufcles du bras
foient en contraction , & qu'on retienne fon
haleine. Dans cette fuppofition , le bras & le
tronc ne forment qu'un corps folide & contigu ,
dont les parties reçoivent en commun les vibrations excitées par l'animal. C'eft en effet de
cette façon qu'on peut manier impunément la
torpede , ainfi que l'affure Kæmpfer , & comme
l'expérience le démontre chaque jour.

De tout ce que nous venons de dire , on peut
conclure que l'engourdiffement qu'occafionne
cet animal ne doit pas s'expliquer , ainfi que
quelques Auteurs l'ont prétendu , par une émiffion de certains corpufcules particuliers ; car ce
poiffon ne pourroit les pouffer hors de lui que
quand il les exprimeroit de fa propre fubftance
en contractant fes mufcles. Mais ce n'eft pas
l'inftant où l'engourdiffement fe fait fentir ; c'eft
au contraire celui où l'animal reprend fa dilatation ou fa figure naturelle : d'ailleurs , fi cette
émiffion avoit lieu , on recevroit l'impreffion de
ces corpufcules à quelque diftance de la torpede :
on n'auroit pas befoin pour ce de la toucher ;
l'engourdiffement iroit même en augmentant d'un
moment à l'autre. Ainfi , à tout égard , il n'y a
rien de venimeux dans cet animal.

Il y a des raies qui ont des piquans , à ce
qu'on dit , vénéneux ; de ce nombre eft la raie
bouclée , la ronce , *raia clavata* , 1 *& 2 Rondel.*
raia aculeata , dentibus tuberculofis , cartilagine
tranfverfâ in ventre. Artedi. La raie , connue en
Languedoc fous le nom de *paftanague* , eft encore plus dangereufe par fes piquans que la bouclée. Gefner la nomme *paftinaca marina* , & Ar-

tedi *raja corpore glabro, aculeo longo, ferrato in caudâ pinnatâ.* Ce poiſſon eſt très-redoutable aux Pêcheurs & aux Poiſſardes. Ce n'eſt pas par un venin qui lui ſoit eſſentiel, mais plutôt par ſes piquans, qui agiſſent d'une façon purement méchanique & bien différente des poiſſons, par la définition que nous en avons donnée. M. Sauvage a examiné attentivement l'aiguillon qu'on trouve à la racine de la queue de cet animal, & il a remarqué que cet aiguillon étoit long de cinq pouces & épais de trois lignes vers ſa baſe, oſſeux, pointu, recourbé dans ſa partie ſupérieure, applati inférieurement, crénelé par ſes bords, armé de petites pointes très-dures tournées vers la baſe. Ces aiguillons une fois enfoncés, cauſent néceſſairement des douleurs horribles, lorſqu'on les retire, par les déchiquetures que font les petits crochets. Si les tendons de la main, le périoſte, les racines des ongles viennent à être léſés, comme cela ne manque pas d'arriver lorſqu'on ſaiſit l'animal par la queue, il ſurvient des panaris, des inflammations au poignet & à l'avant-bras, des convulſions & d'autres ſymptômes funeſtes. Mais tous ces ſymptômes ne prouvent pas pour cela que ce poiſſon eſt vénéneux, puiſqu'ils ſont les mêmes qu'on éprouve lorſqu'on eſt piqué par une aiguille. Or, perſonne ne s'eſt aviſé juſqu'à préſent de dire que l'aiguille étoit venimeuſe.

L'eſpadon, l'empereur, *Xiphias, Linn.*, qui paſſe pour être de tous les poiſſons celui qui eſt le plus à craindre, n'eſt pas non plus vénéneux; il eſt de la famille des baleines: on le nomme encore *poiſſon à ſcie, épée de mer* & *heron de mer.* Il a neuf à dix pieds de longueur; ſon corps eſt rond & ſon muſeau eſt fait en forme d'épée ou de fcie. Cette fcie eft longue d'une aune, très-dure & très-forte, recouverte d'une peau dure, & armée des deux côtés de piquans en forme de dents, plats, forts & tranchans. L'efpadon eft très-connu dans l'Archipel & dans la mer d'Afrique. Tous les Pêcheurs le redoutent fort, foit qu'il déchire les filets dans lefquels il fe trouve pris, foit auffi parce qu'en enfonçant fon glaive dans les flancs du vaiffeau, il le fait quelquefois couler à fond.

Par la ftructure de l'efpece de fcie de cet animal, il eft évident que quand il bleffe quelqu'un avec cette arme, la bleffure n'eft vénéneufe qu'autant que le pourroit être celle qui eft faite par tout inftrument piquant ou tranchant. Or, ces inftrumens n'agiffent que méchaniquement; il n'en eft pas par conféquent de même de la fcie de l'efpadon.

La vive, autre poiffon de mer, connu auffi fous le nom d'*Araignée*, de *dragon de mer*, *Araneus Plinii, Arachnus maxillâ inferiore, longiore cirrhis deftitutâ, Arted.*, n'a encore une réputation auffi mauvaife que celle qu'on lui attribue, que par rapport à fes nageoires épineufes, qui font pointues comme des alênes, & rudes & rameufes depuis le milieu jufqu'au bout. Ce poiffon porte de plus de petits aiguillons aux orbites des yeux, & fur la tête un autre aiguillon fort & pointu. C'eft de ces aiguillons dont il fe fert pour fe défendre, & avec lefquels il pique tout ce qu'il rencontre, principalement les Pêcheurs. On prétend que lorfqu'on eft piqué de cet animal, la partie s'enfle auffi-tôt, la tumeur eft accompagnée d'inflammation, de douleur & de fievre. Les mêmes fymptômes fur-

viennent encore ordinairement après de violentes piquures : ils ne font donc pas occafionnés
par aucun venin. Cela eft d'autant plus vrai, que
ces mêmes aiguillons font le même effet encore
après la mort de l'animal ; auffi ne fert-on ordinairement la vive fur nos tables, qu'après lui
avoir coupé la tête. Les Réglemens de Police
l'ordonnent même expreffément aux Pêcheurs
& aux Marchands de Poiffons. Lémery donne
pour remedes à cette piquure les fubftances âcres
& volatiles, tels que l'efprit-de-vin, un mêlange
d'oignons & de fel, de la chair même de la
vive. M. Andry affure que rien n'eft meilleur
pour cette bleffure que le foie macéré de l'a-
nimal.

Le lézard ou le dragonneau de Gefner, *Cot-
tus pinnâ fecundâ dorfi, albâ, Art.* ; le fcorpion
de Rondelet, *fcorpena pinnulis ad oculos & na-
ves, Art.*, ne font pareillement à craindre que par
leurs piquans, de même que le lyra de Rondelet, & toutes les autres efpeces de mulots, dont
on fe ragoûte tous les jours avec un plaifir nouveau.

Un poiffon très-à craindre eft encore l'hu-
mantin ceftoinne de Rondelet, *fqualus pinnâ
ani, carens ambitu corporis triangulato. Art.* Ce
poiffon porte un aiguillon caché entre les membranes de la premiere nageoire dorfale. Cependant, on n'a jamais regardé ce poiffon comme
venimeux.

Les dents des brochets font très-fines, très-
pointues, & tellement difpofées, que ces animaux ont la facilité de faifir leur proie, de la
retenir fortement. Ces poiffons paffent encore
avec raifon pour être très-malins & très voraces,
ce qui a fait qu'on a cru que leurs dents étoient

pareillement venimeufes. Jugez par-là, Monfieur, où nous conduit le préjugé, tandis qu'on n'attribue pas ces mauvaifes qualités aux dents du *Lamia*, qui font vermiculaires, dentelées fur les bords, & que néanmoins ce poiffon dévore un homme tout entier.

De tout ce que je viens de vous rapporter, Monfieur, vous devez néceffairement conclure qu'on ne peut pas qualifier de vénéneux les piquans des poiffons qui ne font point tubulés, & qui conféquemment ne peuvent point fe remplir d'une liqueur âcre dans leur action, puifqu'ils n'agiffent purement que par méchanique. Il n'en eft pas néanmoins de même de l'ufage intérieur de certains poiffons ; il y en a qui ont, en les mangeant, une qualité venimeufe. Ce n'eft pas fans fondement qu'on craint quelquefois même le brochet & le barbeau, le petit chien de mer & quelques autres. Les ovaires de brochet, *lucius*, excitent très-fouvent le *cholera*, maladie, comme vous favez , très-mauvaife. C'eft pour cette raifon que dans la Poiffonnerie de Strafbourg, & dans bien d'autres endroits, on a grand foin de rejetter les œufs. Cependant comme le menu Peuple fait que ces œufs excitent des naufées & purgent quelquefois affez violemment, il s'en fert fouvent pour fe purger. Gefner rapporte néanmoins plufieurs exemples des mauvais effets qu'ils produifent. Quant aux œufs de barbeau, M. Sauvage dit avoir des preuves de leurs mauvaifes qualités. Un feul fait fuffira., Monfieur , pour vous en convaincre ; c'eft d'après ce grand Médecin que je vais vous en faire part. De cinq perfonnes, dit-il, auxquelles on avoit fervi un barbeau frit, deux en mangerent les œufs ; fix heures

environ

environ après le repas, ils furent attaqués de cardialgie & d'un débordement considérable de bile par haut & par bas.

Ce ne fut pas sans peine qu'on parvint à émousser l'activité de ce cruel poison; il fallut avoir recours à l'eau de poulet, tant en bouillon qu'en lavement, & les réitérer très-souvent.

Trois autres personnes qui vinrent voir les malades, leur racontèrent qu'elles avoient éprouvé aussi les mêmes accidens, avec risque d'en perdre la vie, pour avoir pareillement mangé les œufs de ce poisson.

Un fait bien singulier à l'occasion du danger de certains poissons, se trouve encore consigné dans la Dissertation que M. Sauvage nous a donnée sur les animaux vénéneux.

Le nommé Gervais, dit M. Sauvage, Cordonnier de profession à Biais, Village situé près d'Agde, sa femme & deux de ses enfans, âgés de 10 à 12 ans, mangèrent à souper du chat marin, *catulus minor*, *Salv*. Les pauvres gens se nourrissent ordinairement de la chair de cet animal, après néanmoins en avoir rejetté le foie. Environ cinq quarts-d'heure après le repas, le pere, la mere & les enfans tombèrent dans un profond assoupissement; ils restèrent dans cet état couchés sur la paille pendant trois jours, au bout desquels ils revinrent de leur léthargie. Les voisins qui s'étoient apperçus que le plus jeune de ces enfans couroit les rues, criant la faim (*c'étoit le seul qui n'avoit pas mangé de foie*), entrèrent dans la maison de ce Cordonnier, où ils trouverent la femme très-assoupie; le pere ne l'étoit pas tant, aussi la femme en avoit-elle mangé davantage; nonobstant cela, elle fut la premiere délivrée des mauvais effets du poison; son visage devint fort rouge. Le jour suivant, ayant voulu se gratter, pour se soulager d'une démangeaison universelle qui la tourmentoit, elle fut fort étonnée de voir tout son corps se dépouiller de l'épiderme, qui tomboit par lames de l'épaisseur d'une feuille de papier, & sa démangeaison cessa. Elle fut trois jours occupée à détacher cet épiderme. Celui qui couvroit les pieds & les mains tenoit plus fort ; la peau de la tête tomba par écailles, sans néanmoins entraîner la chûte des cheveux. Quelques jours après que j'eus occasion, dit M. Sauvage, de passer dans ce Village, je fus curieux de voir de mes propres yeux un fait aussi surprenant. L'on me dit que la femme n'avoit été malade que pendant cinq ou six jours ; sa surpeau s'étoit déja renouvellée. Gervais n'étoit pas encore entiérement dépouillé de la sienne ; il lui en restoit aux pieds, ce qui lui causoit des douleurs toutes les fois qu'il vouloit marcher : cependant il l'arracha sans difficulté, & m'en fit présent. Comme les enfans n'avoient mangé qu'une petite quantité de ce foie, ils ne perdirent point l'épiderme de leurs mains. Je questionnai & le Pêcheur qui avoit fait la prise de ce poisson, & la Poissarde qui l'avoit vendu : j'écrivis là-dessus à quelques-uns de mes amis, qui habitoient dans des ports de mer, pour m'informer d'eux s'ils n'avoient pas quelques exemples de cette espece : personne ne put m'en donner aucun. Bien plus, depuis un an, ajoute M. Sauvage, il ne me fut pas possible de me procurer du chat marin, pour pouvoir confirmer ce fait par de nouvelles expériences.

Il n'y a, comme vous voyez, Monsieur, que très-peu de poissons vénéneux : on auroit même de la peine, si on vouloit parler stricte-

ment, d'en trouver. M. Spielmann, dans sa
Thèse sur les animaux nuisibles de l'Alsace, justifie le barbeau.

Après avoir parlé des quadrupedes, des oiseaux & des poissons, passons aux insectes, & voyons actuellement s'il se trouve quelques-uns parmi eux qu'on puisse qualifier de ce nom. Dans le nombre des insectes, ceux qui passent pour dangereux sont les cantharides, les guêpes, les frélons, les bourdons, les ichneumons, les afiles, les scorpions d'eau, les araignées & les scolopendres. Faisons ici un examen de ces insectes.

Les cantharides sont les premieres que nous y soumettons ; elles passent pour pénétrantes & corrofives ; appliquées sur la peau, elles y excitent des veffies, dont il sort beaucoup de férofité. Plufieurs Médecins les regardent comme un dangereux poifon, prifes intérieurement, & en interdifent abfolument l'ufage. Ils font fondés fur une infinité d'obfervations, qui conftatent les mauvais effets de ces infectes. Lanzoni rapporte, d'après Paré, qu'une Courtifanne ayant invité un jeune homme à fouper, lui préfenta des ragouts qu'on avoit faupoudrés avec de la poudre des cantharides; mais dès le jour fuivant, ce malheureux fut attaqué d'un priapifme & d'une hémorrhagie par l'anus, qui lui caufa la mort. M. Lyonnet dit, dans fa Théologie des infectes, avoir connu une perfonne qui, ayant pris par abus une portion de cantharides qui lui avoit été ordonnée pour emplâtre, en fut empoifonnée; tout ce qu'on put faire, à force de remedes, fut de lui fauver la vie, mais au détriment de fa raifon. Nicandre expofe dans fes Œuvres plufieurs cas des déplorables effets des cantharides prifes intérieurement. Boyle, d'après des Auteurs dignes de foi, raconte que quelques perfonnes, pour avoir fimplement tenu des cantharides feches dans leurs mains, ont fenti une douleur confidérable autour du col de la veffie, & ont eu offenfées quelques-unes des parties qui fervent à la fecrétion de l'urine. Les Apothicaires n'ignorent pas ces mauvais effets, Combien ne s'y en eft-il pas trouvé qui ont été attaqués d'ardeur d'urine, uniquement pour avoir pilé des cantharides, & en avoir refpiré & avalé la pouffiere! Ramazzini leur recommande de boire de fréquens verres d'émulfion dans le temps de ce travail, afin, dit-il, d'envelopper & d'émouffer le fel cauftique de ces infectes; il a été même défendu anciennement aux Pharmaciens de vendre des cantharides à qui que ce fût, fans être perfuadés de la probité de l'acheteur, & de l'ufage extérieur qu'il en veut fimplement faire. Ce qui paroît fingulier dans l'effet des cantharides, c'eft que la veffie & les conduits urinaires font plus fufceptibles de l'action fâcheufe de ces infectes que les autres vifceres. La raifon qu'on peut néanmoins en donner, eft que ces parties font très-nerveufes, & douées en même temps d'un fentiment des plus exquis. Le fel cauftique qui fe trouve dans les cantharides, venant à fe diffoudre dans les parties les plus aqueufes du fang, paffe promptement jufqu'à la veffie, fans avoir éprouvé aucune modification par des circulations réitérées, & fait fur elles des impreffions douloureufes & corrofives. Ce fel agiroit de même fur les inteftins, fi le canal inteftinal n'étoit pas enduit & couvert d'une matiere muqueufe qui émouffe l'action & la force de ce fel âcre, qui ne manqueroit pas néanmoins de le corroder, s'il étoit donné en grande dose. L'exemple que je vous rapporte, Monsieur, d'après Lanzoni, en est une preuve. En conséquence des mauvais effets de ces cantharides, les Praticiens prescrivent des remedes pour y obvier, quand on a eu le malheur d'en user mal-à-propos. L'huile d'olives, celle d'amandes douces, ou le lait pris en grande abondance, sont très-bien conseillés dans ces cas. Les émulsions faites avec les amandes douces, les semences froides, & le syrop de diacode ou de guimauve, peuvent aussi très-bien convenir pour lors, de même qu'une tisane avec la racine de guimauve & la graine de lin; les demi bains d'eau tiede, les injections mucilagineuses dans la vessie, sont peut-être les meilleurs remedes qu'on puisse employer pour émousser l'action caustique des cantharides. Suivant le Docteur Jean Grœnwelt, le camphre est un puissant correctif de ces insectes; il appaise, dit ce Médecin, d'une maniere surprenante, les ardeurs d'urine qui viennent de l'usage interne qu'on en fait. Cependant si on prescrit intérieurement des cantharides avec prudence, ainsi que tous les remedes, elles ne sont rien moins que salutaires en plusieurs maladies; l'expérience le vérifie quelquefois. Le célebre Worthesius ayant à traiter un malade qui avoit une suppression totale d'urine, & n'ayant pu en obtenir la guérison par aucun remede ordinaire, eut recours aux cantharides. Il en fit donner aux malades toutes les quatre heures un grain dans une émulsion; à la troisieme dose, le malade rendit une urine un peu grumeleuse & sanglante, qui devint à la suite pituiteuse, & ensuite tout-à fait limpide, mais avec dysurie. La

I iij

diminution des symptômes engagea ce Praticien à continuer le même remede jusqu'à la neuvieme dose ; l'urine en devint encore plus abondante & plus limpide ; le malade en rendit même plusieurs pintes par jour ; & après les symptômes de la maladie dissipés par ce remede, il recouvra peu-à-peu la santé. Il y a mille observations qui prouvent l'efficacité de l'usage interne des cantharides dans plusieurs circonstances. Peut-on donc qualifier de vénéneux des insectes qui ne nous sont pas moins utiles intérieurement qu'extérieurement, ou si on les qualifie comme tels, ne seroit-on pas en droit de qualifier de même tous les médicamens? Combien parmi eux ne s'en trouve-t-il pas qui deviennent mortels, lorsqu'on les prend à trop forte dose, quoiqu'ils ne passent pas pour des poisons ? Il est néanmoins vrai de dire, que comme les cantharides, quoique prises en petite quantité, attaquent sur le champ les parties nerveuses internes & externes, & y causent une altération dangereuse par leur principe actif & pénétrant, elles paroissent avoir toutes les qualités d'un poison, du moins quant à notre tempérament, quoiqu'à la rigueur ce n'en soit point. Lorsque les Praticiens prescrivent intérieurement les cantharides, ils ne font pas entr'eux d'accord sur la maniere ; les uns les ordonnent en entier, d'autres disent qu'il en faut retrancher la tête, les pattes & les aîles. Il y en a encore qui pensent que leur usage est beaucoup plus sûr, lorsqu'on les associe à quelques correctifs ; & d'autres prétendent tout le contraire, ils disent qu'on en ôte par-là toute l'efficacité. Cependant il paroît que l'usage le plus sûr est d'employer conjointement avec elles des correctifs, tels que des substances acides ou huileuses. Au reste, l'usage intérieur de ces insectes est suffisamment abandonné.

Après les cantharides, les abeilles occupent le second rang; les Naturalistes les divisent en trois classes, d'après les observations de Walisnier & de Réaumur. La plus grande partie des abeilles, qui forment la premiere classe, ne font ni mâles, ni femelles, mais elles font neutres; ce font les Ouvrieres: elles font occupées à aller chercher les matériaux & à construire les cellules. La femelle s'appelle Reine; elle est presque toujours unique dans une ruche, & forme seule la seconde classe. La troisieme classe comprend les mâles; ce font, proprement dit, les Rois; mais ils ne le font qu'autant qu'ils font nécessaires à la propagation: quand une fois ils ont rempli cet office, & que par conséquent la Reine n'a plus besoin d'eux, ils font condamnés à mort fans miséricorde; les abeilles neutres exécutent leur arrêt: c'est pour cette exécution qu'elles font armées d'un aiguillon que souvent elles laissent même dans la blessure qu'elles font. Cet aiguillon est un petit tuyau implanté par fa base dans le réservoir du venin que l'insecte y fait couler par gouttelettes, en comprimant son anus. Les mâles n'ont point d'aiguillon pour fe défendre, mais la femelle en est pourvue; cependant elle s'en fert rarement. Les piquures d'abeilles ne font nullement dangereuses, quoiqu'elles occasionnent souvent l'enflûre dans la partie piquée: on peut néanmoins encore l'empêcher; il suffit d'avoir, à l'instant même qu'on fe trouve piqué par ces mouches, des pavots blancs; ils ne font pas pour l'ordinaire rares à la campague : on en prend une tête, on l'incise, & on en fait couler fur la piquure quelques gouttes du fuc laiteux qui en fort. La douleur fe calme auffi tôt, & il ne furvient pour lors aucune enflûre. Un remede auffi facile que le précédent, pour obvier à l'enflûre qui furvient après la piquure des abeilles, eft de frotter la partie affectée avec de la chaux vive pulvérifée, & de la laver enfuite avec de l'eau froide. Quand bien même l'enflûre commenceroit à paroître, elle n'augmenteroit pas davantage.

Les frêlons paffent dans le vulgaire pour des infectes plus à craindre que les abeilles ; cependant M. Sauvage affure qu'il en a fouvent manié fans précaution, & fans même jamais en avoir été bleffé. Il n'en eft pas de même du bourdon ; il pique très-fouvent, & fa piquure eft très-douloureufe ; mais elle fe diffipe bientôt, fans même caufer d'enflûre à la peau. La piquure de la guêpe eft encore infiniment plus douloureufe que celle du bourdon, & elle perfifte plus long-temps, fans néanmoins porter avec elle le moindre danger. Perfonne, dit M. Sauvage, ne fe croit à l'abri de fon aiguillon, même vingt-quatre heures après que la tête eft féparée de cet infecte. La guêpe a cela de commun avec la vipere ; fa tête, quoique retranchée du crâne, eft encore capable de mordre. Lémery affure même, d'après fon expérience, qu'une piquure de cette efpece eft très-dangereufe. Un excellent remede contre cette piquure, c'eft de prendre des feuilles de plantain, d'en exprimer le jus, d'imbiber une compreffe de ce jus, & de l'appliquer fur la partie affectée. On la renouvellera fouvent.

M. le Docteur Cook a publié une Obfervation fur la piquure intérieure du gofier, faite par une guêpe avalée inconfidérément. Il rapporte en même temps la méthode qu'il a employée pour fa guérifon. Comme cette obfervation eft des plus fingulieres, & même très-rare, permettez-moi, Monfieur, de vous en faire part ici.

Le 21 Septembre 1764, je fus appellé le matin, dit l'Obfervateur, pour porter promptement du fecours au nommé Samuel Stond, Ouvrier du chantier de Burnham; il travailloit ce jour-là fur un Vaiffeau: on lui avoit apporté de la biere dans un pot de terre. Comme il y avoit beaucoup d'écume, cet homme ne s'étoit point apperçu d'une guêpe qui s'y étoit cachée: il avala par conféquent cette guêpe avec la biere; mais l'animal appliqua pour lors fon aiguillon à fon gofier.

Malgré cela, Samuel Stond continua encore fon ouvrage pendant quelques minutes; mais il ne s'écoula pas un grand laps de temps, fans qu'il ne lui furvînt un étranglement, & cet étranglement étoit fi violent, qu'il fut obligé de courir bien vîte à ma maifon. A peine fautois-je de mon lit pour le fecourir, qu'un fecond Meffager vint auffi-tôt me dire, que fi je n'accourois promptement, 'cet homme feroit mort avant mon arrivée; qu'il ne pouvoit plus parler, & que fon vifage étoit totalement noir; qu'il agitoit continuellement fes membres, pour pouvoir recevoir de l'air, & qu'en un mot il étoit agonifant.

A mon arrivée, je lui dis d'indiquer avec le doigt la place où la guêpe le piquoit; le malade porta fon doigt à la partie inférieure de la gorge vers l'extrémité supérieure du *sternum*, du côté droit. Malgré la promptitude qu'il falloit y apporter, je sentois bien que tout moyen chirurgical, propre à tirer des corps de cette partie, ne feroient qu'augmenter l'étranglement. Je résolus donc d'employer le secours suivant : je pris un peu de miel & d'huile d'olive avec autant de vinaigre ; je battis bien le tout ensemble, & je lui en fis prendre une cuillerée toutes les minutes : on vit à sa mine que les trois premieres cuillerées lui causoient bien du mal en passant ; mais à la quatrieme, il marquoit moins de douleur ; elle diminua de plus en plus, & tout-à-coup il commença à parler. Je lui dis pour lors de prendre le remede avec lui, de retourner dans sa maison, de se mettre au lit, de continuer de faire usage de ce mélange, mais moins souvent, & de ne parler à qui que ce fût de la journée. Le malade ayant exécuté à la lettre ce que je lui avois ordonné, retourna le lendemain à son travail.

Cependant, vous ne devez pas conclure, Monsieur, de cette observation, que la piquure de la guêpe est dangereuse ; le danger, dans le cas présent, ne provient que du local.

Le scorpion d'eau (*nepa*, *Linn.*), la punaise à avirons (*notonecta*, *Linn.*), portent dans leur bouche l'aiguillon avec lequel ils piquent. M. Sauvage dit avoir souffert la piquure de ces insectes, ainsi que celle du *canthene aquatique*. Il la trouva, ajoute-t-il, moins venimeuse que celle qu'auroit pu faire un cousin, quoique la sensation ne fût pas à la vérité sans douleur. Plusieurs personnes, qui se trouvent piquées par les cousins, sont dans l'usage d'appliquer sur la partie attaquée un peu de thériaque de Venise, qu'elles mélangent avec l'huile d'amandes douces ; &, en moins de six heures, elles ne s'en ressentent plus : d'autres prennent des feuilles de sureau verd ou de rhue à pareille quantité ; elles les pilent dans un mortier ; & sur chaque tasse du suc de ces plantes, elles ajoutent moitié autant de vinaigre, & deux gros de sel commun.

L'araignée noire, qui habite les lieux bas, a des pattes tubulées : c'est pour cette raison, dit M. Sauvage, qu'on l'a regardée comme venimeuse. Cependant nous n'avons, ajoute-t-il, aucune preuve qui justifie ce soupçon ; mais pour ce qui est des araignées communes, il est certain qu'elles n'ont aucun venin. Combien ne s'est-il pas trouvé de personnes qui en ont écrasé avec leurs doigts, sans avoir néanmoins essuyé aucun accident ! Plusieurs même en ont mangé avec délices. M. Bon, qui a fait une infinité d'expériences sur la toile des araignées, ne fait mention d'aucun accident de leur part, dit M. Sauvage, quoique néanmoins les recherches qu'il a faites sur ces insectes pour faire de la soie, aient mis ce célebre Observateur dans la nécessité de les manier souvent pendant plusieurs années. Cependant M. Marquet, Médecin Lorrain, rapporte dans ses Mémoires deux observations, qui pourroient laisser quelques doutes sur le prétendu venin des araignées.

M. Sauvage, qui paroît incertain sur le poison des araignées, qui l'a même révoqué en doute, ne pense pas ainsi de la tarentule, espece d'araignée de la Pouille. On ne peut, dit-il, douter des effets surprenans attribués à sa morsure, qui cause cette maladie singuliere dont Baglivi nous a donné une ample description. M. Laurenti,

premier Médecin du Pape, prétend néanmoins
que le tarentifme n'a d'autres garans que des
gens ruftiques, dont on doit toujours fe défier.

De tous les infectes, le fcorpion paffe pour
le plus dangereux. Walifnieri eft l'Auteur qui
a donné la defcription la plus exacte des deux
trous qu'on remarque à l'extrémité de la queue
de cet animal, par lefquels il darde une liqueur
qu'on croit venimeufe. M. Sauvage dit avoir répété les expériences qui conftatent ce foupçon.
La premiere de ces expériences confifte à entourer le fcorpion de feu, & la feconde à le
renfermer dans une bouteille avec un rat. Dans
la premiere obfervation de M. Sauvage, on voit
le fcorpion (*c'eft du vulgaire dont il veut parler*, c'eft-à-dire, *de celui qui eft d'une couleur
rouffâtre*) faire plufieurs tours dans ce cercle de
feu, cherchant à s'efquiver & redreffant fa
queue, mais fe trouvant incommodé par la chaleur; il s'agite; il brûle fouvent fes pattes, &
enfonce trois ou quatre fois la pointe de fa
queue dans fon dos. Cependant cela ne l'empêche pas de courir çà & là, jufqu'à ce qu'enfin
il fuccombe à la violence du feu, & on n'obferve jamais dans cette expérience qu'il périffe immédiatement après les bleffures qu'il s'eft données.
Dans la feconde expérience faite avec le rat &
le fcorpion, ces deux animaux ne fe pourfuivent
pas d'abord; il faut les animer au combat. Le
rat reçoit pour l'ordinaire une piquure fur le
mufeau, qu'il tourne vers le fcorpion; la partie
fe gonfle un peu, il la gratte fouvent avec fes
pieds (Je parle toujours ici d'après M. Sauvage). Il ne ceffe pas pour cela de combattre;
il attaque le fcorpion par intervalles, jufqu'à ce
qu'enfin il l'ait réduit en pieces avec fes dents,

fans toutefois les avaler. Le rat continue à fe
bien trouver, & l'enflûre de fon mufeau fe diffipe dans l'efpace de vingt-quatre heures ; ce qui
prouve que la morfure du fcorpion n'eft pas
venimeufe. Plufieurs perfonnes ont été piquées
par ces animaux, fans qu'il leur foit furvenu
aucun accident. Les Languedociens en trouvent
même dans leur lit, lorfque le temps eft humide,
& jamais on n'a oui-dire dans ce pays que ces
animaux y aient fait du mal avec leur pointe.

Il fe trouve dans les terres des Villages de
Sauvignargues, près de Sommievre & de Manou-
biet, dans le Diocefe d'Aleth, beaucoup de fcorpions blancs. Ces fcorpions font une fois plus
gros que les domeftiques. M. Maupertuis a fait
fur ces animaux une infinité d'expériences,
pour découvrir s'ils étoient venimeux, & cependant il n'a jamais remarqué aucun accident qui
foit furvenu à la fuite de leur piquure. Une fois
feulement, il s'eft apperçu qu'un chien avoit
été affecté de leur venin. Walifnieri croit que les
fcorpions font venimeux dans l'Italie, uniquement pendant la chaleur de la canicule, & Baglivi rapporte que l'efpece de tarentifme auquel
font expofés les Habitans de la Pouille, ne provient que de la piquure du fcorpion ; mais jamais en France on n'a rien obfervé de dangereux de la part de ces animaux, d'où M. Sauvage conclut qu'il n'y a dans le Royaume aucun infecte, à proprement parler, qui foit venimeux, puifque la piquure d'aucun d'eux n'eft
capable de procurer la mort, & fi elle occafionne quelque léger accident, ce n'eft au plus
qu'une petite enflûre, qui fe diffipe à l'inftant.

La fcolopendre n'eft pas non plus venimeufe ;

les curieux peuvent la prendre impunément dans leurs mains. M. Sauvage rapporte encore qu'il a manié à Agde des fcolopendres de mer, fans avoir couru aucun rifque; il dit même les avoir retirées de leurs gaînes cartilagineufes. Nos Pêcheurs, ajoute-t-il, n'ont reconnu aucune efpece de venin dans cet animal, du genre des polypes. L'efpece terreftre, que M. Linnæus appelle électrique, ne pique pas plus: il n'y a donc aucun infecte venimeux.

La claffe des vers ne renferme pas des animaux plus venimeux que les précédens. Le ver le plus dangereux de tous eft la furie infernale, *furia infernalis. Linn.* Ce ver eft filiforme, hériffé de poils de toutes parts; il a des aiguillons repliés fous fon corps, & il eft de la longueur de deux lignes. Il eft très-commun en Flandres & en Suiffe; il tombe, dit-on, du Ciel, & il pénetre en un inftant le corps des hommes & des animaux, qu'il fait périr dans un quart-d'heure, mais avec les douleurs les plus violentes. L'antidote de ce vers eft le fromage; fi on l'applique fur la partie affectée, il attire auffi-tôt l'animal, qui fe dégage pour en venir manger. En Afrique, en Afie & même en Amérique, on rencontre un ver qui fe nomme dragonneau, *gordius medinenfis, Linn.*; il eft affez long, filiforme, blanc; il s'infinue dans les différentes parties du corps, & y excite de violentes douleurs, qui fouvent fe terminent par la mort, à moins qu'on n'ait l'adreffe & la précaution de lui préfenter un bâton où il fe roule, & de le retirer peu-à-peu. Tout le monde fait le ravage que nous occafionnent les vers qui habitent fouvent nos inteftins; mais en peut-on conclure que ces animaux ont en eux-mêmes quelque chose de venimeux ? La plupart des accidens qu'ils occasionnent sont uniquement dûs à des principes méchaniques, ou à des sucs viciés & amassés dans les premieres voies, & qui les ont fait éclore; mais on n'en peut pas dire autant de plusieurs testacées, des motusques & des amphibies. Parmi les animaux des deux premieres familles, la moule, l'ortie de mer & le lievre marin sont réellement venimeux. Mibonius, Meutzban, Meutzel & Grimini rapportent, que plusieurs personnes, pour avoir mangé des moules à-peu-près semblables à celles qu'on sert communément sur nos tables, pour ne pas dire les mêmes, en ont ressenti des symptômes très dangereux ; Ammon & Valentin assurent même que quelques-uns en sont morts. Et en effet, Brehens cite deux personnes à Berwick , auxquelles il coûta la vie, pour avoir mangé de ces animaux. Quelques heures après qu'on les a avalés , tantôt plutôt, tantôt plus tard, suivant la disposition du sujet, il survient des anxiétés , des douleurs dans le bas-ventre, des nausées. des diarrhées , des sueurs froides , des lypothimies, & principalement des érésipeles, avec fievre & sans fievre. Quand la fievre se manifeste, elle est simple & presque toujours accompagnée de pustules. A tous ces accidens se joignent encore quelquefois des convulsions & des démangeaisons insupportables aux pieds dans les hommes, & à la matrice dans les femmes, démangeaisons qui font souvent devancer leurs regles. Cette crise dure tout au plus trois jours , & finit même quelquefois dans l'espace de vingt-quatre heures.

Il seroit bien à desirer qu'on pût, Monsieur, expliquer les marques caractéristiques pour distinguer les moules vénéneuses d'avec celles qui font bonnes à manger. Selon M. Sauvage, cela est très-difficile : on ne peut pas même dire que les unes & les autres foient une efpece différente. Il n'eft pas plus aifé d'expliquer les fymptômes que les moules occafionnent ; car où en cherchera-t-on les caufes ? fera-ce aux faifons de l'année, aux variations de la lune qu'on aura recours ? Mais de pareilles caufes paroiffent être bien problématiques ; la corruption de la moule y pourra peut-être donner lieu ; la maigreur & la conftitution particuliere du fujet qui les mange y pourront auffi contribuer : mais cette explication n'eft pas, Monfieur, à ce que je penfe, bien fatisfaifante pour vous. Brehens prétend qu'on doit attribuer les mauvais effets qui furviennent, après avoir mangé des moules, à quelque maladie particuliere qui affecte ces teftacées, de même qu'à quelques alimens dangereux que mangent ces animaux, & qui fe feront arrêtés dans leur eftomac, ou dans les replis de leurs inteftins, ou enfin à quelques infectes venimeux, qui fe feront nichés dans leur coquille, capables de produire fur le corps humain un effet pareil à celui du venin. Ce même Auteur penfe, & avec quelque vraifemblance de raifon, qu'un ou deux de ces infectes venimeux peuvent produire les effets qu'on obferve ordinairement ; mais fi on en prend plufieurs, ces effets doivent être néceffairement plus dangereux, & même tels, que la mort s'enfuive. Les remedes qui conviennent le mieux dans ces fortes de cas, font les émétiques & les cathartiques, pourvu qu'on les prenne incontinent, & qu'on les faffe fuivre de l'ufage des délayans, des adouciffans, des huileux, des diaphorétiques & des narcotiques. Rien n'eft fi commun dans cette Capitale que de voir des éruptions, des érésipeles, un gonflement de peau, avec fievre, après avoir mangé des moules, & souvent mêmes des nausées.

L'ortie de mer, connue dans le *Systema Naturæ*, sous le nom de *Medusa*, est mise au rang des animaux vénéneux : elle est très-commune au port de Cette ; son corps est gélatineux, transparent, & couleur de chair : on la voit souvent flotter au gré des eaux sur la surface de la mer. M. Sauvage, en parlant de cet animal, dit, qu'après l'avoir examiné pendant long-temps, & avoir observé les mouvemens de dilatation & de constriction de son corps, il s'est apperçu qu'il s'en exhaloit une vapeur subtile, qui produisoit sur les yeux un effet pareil à celui qu'occasionne l'oignon. Le même Auteur ajoute, que si ensuite on porte les mains sur les yeux, sans préalablement les laver, la sensation de chaleur & de démangeaison est bien plus vive ; d'où il conclut qu'il pourroit bien en être de l'ortie comme de la plante du même nom, dont le venin est renfermé dans les poils, qui, selon la remarque de Hookius, sont fistuleux.

Le lievre de mer n'est pas moins vénéneux que les précédens. Dioscoride, Paul d'Egine, Œlius & plusieurs autres Auteurs, assurent que cet animal laisse dans la bouche un goût marécageux comme celui des poissons ; il cause des coliques, rend d'abord la peau livide, ensuite plombée, supprime les urines ; & quand il ne les supprime pas, il change leur couleur, qui devient purpurine : il excite encore des nausées, des vomissemens bilieux, quelquefois sanguinolens, & des sueurs froides. Ne confondez pas, Monsieur, ce lievre de mer avec l'animal qui porte le même nom. Dans le Languedoc, celui-ci eſt le ſcorpion de Rondelet, on a beau le manier, le flairer & le gratter, on n'y reconnoît aucun caractere venimeux. Le lievre de mer dont je parle ici, eſt nommé par Linnæus *thetis leporina.*

La derniere claſſe à examiner dans les animaux, pour ſavoir ceux qui ſont venimeux, eſt, Monſieur, celle de amphibies; cette claſſe en fournit plus qu'aucune autre. Tout le monde a les ſerpens en horreur, & eſt perſuadé de l'exiſtence de leur venin. Malgré le préjugé univerſel, on peut néanmoins dire que de tous les amphibies qui habitent la France, même les ſerpens, il n'y a de venimeux que la vipere. Les ſerpens du Royaume ſe rapportent aux genres ou des ſerpens proprement dits, ou des couleuvres indiquées par Linnæus. Le premier genre eſt caractériſé par des écailles ſous le ventre & ſous la queue, & l'autre par des cartilages ſous le ventre, & des écailles ſous la queue. L'ornay, connu en Languedocien ſous le nom de *naduel* ou *nadiol*, c'eſt-à-dire, ſans yeux, *anguis fragilis, Linn.*, eſt le premier genre. Cet animal a cent trente-cinq cartilages ſous le ventre, & autant de paires d'écailles depuis l'anus juſqu'à l'extrémité de la queue; ſa longueur eſt d'environ neuf pouces, ſa figure eſt à-peu-près cylindrique; il habite communément les prairies, & eſt tranſporté avec le foin dans les maiſons. Il paſſe pour ſi dangereux, qu'on dit en proverbe commun, que s'il n'étoit pas aveugle, il feroit en état de renverſer le Cavalier de deſſus un cheval. M. Sauvage a obſervé qu'effectivement l'ornay ne peut voir; il ajoute encore qu'il a donné ſouvent à cet animal l'occaſion de le mordre, mais que ſa morſure ne l'a jamais bleſſé; il dit

même n'avoir jamais ouï-dire que personne l'eût
été; il lui manque des dents canines qu'on remarque dans la vipere, ce qui fait sans doute que
fa morfure n'est nullement venimeufe.

Les couleuvres qu'on voit en France, & qu'on
peut reconnoître d'après les defcriptions des
Auteurs, font le *natrix* & le nacré. Les Eco-
liers du College d'Aleth, dit M. Sauvage, jouent
avec ces animaux, les manient fans rien craindre, & leur donnent à chacun un nom. Le fer-
pent, qu'on nomme *fiffleur*, a cent cinquante-
cinq cartilages fur le ventre, & fur le dos des
taches anguleufes & ondoyantes; il répand une
mauvaife odeur; il recule, lorfqu'on le pince,
& rend un fifflement. On remarque fous la queue
du nacré deux cents vingt paires d'écailles; le
natrix a cent foixante-fept cartilages fous le
ventre, & foixante paires d'écailles fous la
queue; l'afpic a deux cents dix-fept cartilages
fous le ventre, & foixante paires d'écailles fous
la queue; il eft d'une couleur blanche fous le
ventre, noirâtre fur le dos, tacheté d'un jaune
clair vers la partie inférieure de fa tête. Ce fer-
pent eft fin; il fe jette la gueule béante fur ceux
qui l'approchent, il les mord prefque toujours,
& cependant il n'en réfulte aucun danger.

Les Naturaliftes diftinguent deux efpeces d'afpic. La premiere efpece fe nomme *tunia*; elle
a fur fon dos deux bandes noirâtres; la feconde
eft connue fous le nom de mufique, & en effet
on découvre fur fon dos, & fur-tout fur fes flancs,
des notes de mufique. Les couleuvres qu'on appelle rouges & blanches, habitent les eaux, &
ne fe montrent que très-rarement. En général,
Monfieur, les couleuvres ne font pas dangereufes, pourvu qu'on ne les irrite pas; elles mor-

dent pour lors fortement, mais elles s'appaisent aussi-tôt; elles se roulent ensuite dans la main, & s'entortillent autour du bras & du cou, sans oser mordre davantage. L'aspic n'est pas si aisé à manier; il mordit un jour, dit M. Sauvage, un jeune homme; la partie mordue se tuméfia: mais cet exemple, ajoute-t-il, est unique: sans doute qu'il y avoit quelque vice dans les humeurs, ou que la morsure fut faite sur une partie extrêmement affligée.

Il y a quelques années, c'est toujours M. Sauvage qui parle, que passant par un Village nommé Saint-Michel-des-Serpens, dans le Diocese de Lodeve, je m'informai du Curé & d'autres personnes de l'étymologie de ce nom; on me répondit qu'elle venoit de ce que chaque année, au mois de Juin, ni plutôt, ni plus tard, il sortoit de la montagne sur lequel le Village est situé, une quantité prodigieuse de serpens, qui, comme apprivoisés, entroient dans les maisons pour chercher le feu & l'eau. Ces serpens n'ont jamais fait la chasse aux rats, ni aux insectes; & on est si persuadé dans ce pays qu'ils ne sont pas dangereux, qu'il n'y a que les étrangers qui s'en trouvent effrayés; les petits enfans de ce pays jouent avec eux, les prennent par la queue, les attachent deux à deux, & les font marcher ainsi. Le corps de ces serpens a environ trois pieds de longueur; il est d'un verd foncé, tacheté de blanc, jaune sur la tête. Plusieurs personnes en ont été mordues aux pieds & aux mains, sans en éprouver aucune douleur, loin d'en ressentir de fâcheux accidens. Comme les serpens ont les dents très-petites, il suffit, pour les leur arracher, de leur présenter le chapeau, & de le retirer incontinent brusquement.

Quoique la plupart des serpens qui habitent la France ne soient pas venimeux, la vipere ne peut pas néanmoins être de ce nombre ; elle est commune dans le Poitou, dans le haut-Languedoc, sur les hautes montagnes des Cévennes, aux environs de Chaumont-en-Bassigny. Les Moissonneurs & les Botanistes, quand ils veulent s'en garantir, se munissent de bottes pour entrer dans les prairies. Cette espece de couleuvre se reconnoît par ses deux dents canines, qui quelquefois, selon que le remarquent Mead & Walisnieri, sont au nombre de quatre sur la mâchoire supérieure du mâle & de la femelle. Ces dents, plus longues que les autres, sont fistuleuses, recourbées au dedans, roulant sur une espece de pivot : il y a quatre trous dans chacune ; deux se trouvent à la base, & deux vers la pointe, qui néanmoins est solide. Quand la vipere se dispose à mordre, elle redresse ses dents, comprime les petites follicules qui se trouvent dessous, & darde dans la petite rainure des dents une liqueur qui a la couleur & le goût d'huile d'amandes douces, ainsi que l'ont observé Rhedi & Walisnieri. Cette liqueur est le venin de la vipere ; elle s'insinue dans les vaisseaux, coagule peu-à-peu le sang, & en interrompt la circulation, d'où s'ensuit nécessairement la mort, si on n'est pas promptement secouru. Le remede le plus puissant & le plus prompt contre ce venin, est le sel volatil. Vous savez, Monsieur, l'histoire qui est arrivée à un Etudiant en Botanique. Le 23 Juillet 1747, M. Bernard de Jussieu herborisant sur les buttes de Montmorenci avec ses Eleves, un d'eux saisit avec la main un serpent qu'il prenoit pour une couleuvre, & qui étoit réellement une vipere. L'animal irrité le mordit en trois endroits, au pouce,

au doigt index de la main-droite, & au pouce
de la main gauche. Ce jeune homme sentit prefqu'aussi-tôt un engourdissement dans les doigts,
qui s'enflerent. L'enflûre gagna bien vîte les
mains, & devint si considérable, que le malade ne pouvoit plus fléchir les doigts. Il fut
mené dans cet état à M. de Jussieu, qui se trouvoit pour lors éloigné de quelques centaines de
pas. Ce grand Naturaliste reconnut dès-lors l'a-
nimal qui avoit fait la morsure pour une vipere,
& rassura le malade par la guérison prompte
qu'il lui promit ; & en effet, M. de Jussieu avoit
eu plusieurs preuves de l'efficacité de l'alkali volatil pour cette morsure. Il avoit heureusement
sur lui un flacon rempli d'eau de luce, qui n'est
autre chose qu'une préparation de l'alkali volatil uni à l'huile de succin ; il en fit prendre au
malade six gouttes, & en versa sur toutes les blef-
sures assez pour servir à les bassiner & à les frotter. Il étoit pour lors une heure après-midi, & il
faisoit fort chaud. Sur les deux heures, le malade se plaignit de maux de tête, & tomba en
défaillance. On voulut faire une ligature au bras
droit, qui étoit très-enflé ; mais M. de Jussieu
la fit défaire, & une seconde dose du même remede, prise dans du vin, fit disparoître la défaillance. Le malade demanda pour lors d'être
mené à l'endroit où il devoit passer la nuit ; il
y fut conduit par deux de ses camarades, qui
se chargerent d'en avoir soin, & de lui faire
prendre le même remede, s'il lui survenoit quelque foiblesse. Il en eut effectivement deux dans
la route. Etant au lit, il se trouva très-mal,
donna même quelques marques de délire, & vo-
mit tout son dîner ; mais tous les accidens cé-
derent à quelques nouvelles doses d'alkali vola-

til. Après le vomissement, le malade resta tranquille, & dormit assez bien. M. de Jussieu, qui arriva sur les huit heures, le trouva beaucoup mieux, & uniquement incommodé de l'abondante transpiration que le remede avoit causée. La nuit fut très-bonne ; le lendemain les mains ne se trouverent pas désenflées : on y fit une embrocation avec l'huile d'olive, dans laquelle on méla un peu d'alkali volatil. L'effet de ce remede fut prompt ; une demi-heure après, le malade pouvoit fléchir librement les doigts ; il s'habilla, & revint à Paris après avoir bien déjeûné. Il alla toujours de mieux en mieux, & se trouva parfaitement guéri au bout de huit jours ; l'enflûre, l'engourdissement des mains, & une jaunisse qui s'étoit montrée dès le troisieme jour sur les deux avant-bras, furent dissipés par le même remede, dont il prenoit trois fois par jour deux gouttes dans un verre de sa boisson.

Cet exemple doit, Monsieur, vous convaincre de l'efficacité de l'alkali volatil pour la morsure des viperes.

Les grenouilles & les lézards sont encore des animaux amphibies, mais qui ne sont nullement venimeux. Le crapaud est du genre des grenouilles. Plusieurs Auteurs prétendent que l'infusion, le tact, l'haleine de cet animal sont venimeux. Cependant M. Sauvage dit en avoir manié sans le moindre inconvénient, quoiqu'en le touchant, l'animal ait fait rejaillir de son urine sur son visage & sur ses mains. Il ajoute même avoir vu un Charlatan qui mettoit un crapaud dans sa bouche, l'écrasoit avec ses dents, pour accréditer la vertu de ses antidotes. Cet animal, quoiqu'extrêmement redouté, n'a jamais été nuisible à qui que ce soit. La reinette ou grenouille verte, pour laquelle certaines perfonnes ont encore de l'averfion, n'a pareillement aucune qualité nuifible ; elle manque même de dents ; le feul inconvénient qu'on y remarque, c'eft fa grande amertume. Quant aux lézards, ils font, Monfieur, abfolument exempts de venin ; rien n'empêche de les toucher ; il n'y a nul danger à craindre. Ils mordent, il eft vrai, quelquefois, quand ils font irrités ; mais leur morfure n'eft fuivie d'aucun accident fâcheux. Il n'y a pas plus à craindre des falamandres : on peut les manier de différentes façons, même les irriter ; elles ne mordent jamais. Le caméléon n'eft pas plus farouche qu'elles ; il fe laiffe toucher également pendant fort long-temps, fans aucun accident. M. Sauvage dit encore avoir bu de l'eau d'un ruiffeau qui étoit plein de falamandres, fans avoir pu découvrir aucune marque de venin, quoi qu'en aient dit les Auteurs. Les falamandres, tant prifes intérieurement qu'appliquées extérieurement, font abfolument innocentes.

Le feps, *lacerta chalcidis*, *Linn.*, a encore été regardé par les Anciens comme venimeux, mais fans avoir preuve certaine, puifque cet animal n'a pas fait mal à qui que ce foit.

Vous devez, Monfieur, néceffairement conclure, par tout ce que je vous ai rapporté fur les animaux venimeux, qu'il n'y en a que très-peu en France qu'on puiffe qualifier de tels.

Je fuis, &c.

Paris, ce 16 Janvier 1769.

LETTRE IV.

LETTRE IV.

Sur les avantages que la Médecine tire des Insectes & des Vermisseaux.

LES insectes ne sont pas aussi communément employés dans la Médecine que les autres animaux ; cependant ils n'y sont pas moins utiles. Si on s'appliquoit à en connoître les vertus, il n'est pas douteux que la matiere médicale ne trouveroit dans une famille aussi nombreuse une infinité de bons remedes, capables de guérir même les maladies les plus désespérées. Peut-être qu'un jour, quand on aura appris à connoître méthodiquement tous ces différens insectes, on s'attachera à en examiner les vertus. Le temps ne paroît pas éloigné ; l'étude spéciale qu'on fait de cette partie d'Histoire Naturelle, ne peut nécessairement que conduire à des recherches intéressantes & utiles.

La Botanique, cette partie de la Médecine si nécessaire à tout Praticien, est la premiere qui a tiré avantage de la connoissance des insectes ; c'est par ceux-ci qu'on a pu parvenir à avoir le squelette d'une feuille dans sa derniere perfection. Ces animaux rongent, avec un art & une délicatesse infinie, tout ce qui s'y trouve de charnu, & n'y laissent que les fibres & les nervures, par où coule le suc qui les nourrit. Ce travail est si bien exécuté, que les hommes n'ont pu parvenir à l'imiter qu'à force de soin &

d'art. Malpighi eſt le premier qui a fait l'anatomie des plantes. Aurel Severinus, à l'imitation des inſectes, a fait le ſquelette d'une feuille de figuier des Indes. Alb. Seba, Muſſchenbroëck, Kundmann & Hoffmann ont très-bien réuſſi à faire le ſquelette de toute ſorte de feuilles, en prenant pour modele le ſquelette de feuilles fait par les inſectes.

Pour avoir les ſquelettes des fœtus & des petits animaux, il faut encore recourir aux inſectes, ſi on veut avoir de ces ſquelettes faits avec toute la propreté poſſible; les inſectes ſont par conſéquent utiles dans l'oſtéologie. Pour ſe procurer ces ſquelettes, on commence à enlever aux fœtus ou petits animaux leur peau : on les oint enſuite avec du miel, & on les enterre dans une fourmilliere, ou on les expoſe à la voracité de quelques autres inſectes. Ces inſectes mangent peu à-peu la chair & les entrailles de ces petits cadavres : ils ôtent des os juſqu'aux plus petites parties des chairs qui les environnent; mais ils ne peuvent pénétrer dans les nerfs, à cauſe de leur dureté; ces nerfs reſtent dans leur entier, & continuent à lier tous les os les uns aux autres. Par un pareil moyen, on ſe procure, ſans beaucoup de peine, des ſquelettes, même des plus petits animaux.

Les inſectes n'ont pas peu auſſi contribué à enrichir l'anatomie. C'eſt par le moyen d'un inſecte des Indes, nommé *nigua*, que les Anatomiſtes, dit Leſſer, ont eu occaſion de revenir d'une erreur générale. On croyoit autrefois que le ſang prenoit ſon cours par les extrémités des arteres, pour paſſer dans les veines. Mais cet inſecte, continue Leſſer, nous a appris le contraire; il s'inſinue dans la peau des hommes,

& leur caufe des accidens fâcheux , fi l'on n'a pas foin de l'en rerirer. Les Indiens paffent pour cet effet, avec de grandes précautions, une aiguille pointue & très-fine par les pores de la peau, à l'endroit où fe tient caché leur ennemi; alors ils la tournent en tout fens autour de la tumeur, au milieu de laquelle l'infecte demeure, afin de la détacher du refte du corps & de l'arracher avec l'animal lui-même. Quand on regarde cette tumeur à l'aide d'une loupe , on diftingue de quelle façon l'infecte y eft renfermé , comme dans une efpece de perle tranfparente : on apperçoit encore à la tumeur deux ou trois petits points rouges, qui font les extrémités des arteres. Or , fi le fang paffoit dans les veines par les extrémités des arteres , il en réfulteroit cette conféquence, que ces points rouges fi diftinctement féparés , devroient fe joindre , ou du moins avoir quelque communication enfemble. On doit conclure de là que la communication que quelques Médecins croient fe faire par anaftomofe entre les veines & les arteres , n'a pas lieu. En rejettant l'anaftomofe , on ne doit pas néanmoins , malgré l'obfervation , s'empêcher d'admettre la communication des arteres & des veines par leurs ramifications.

Si les infectes ont quelqu'utilité dans la Médecine-théorique , ils ne font pas moins néceffaires dans la Médecine-pratique, ou, pour mieux dire, dans la Matiere Médicale. L'expérience démontre leur vertu, tant pour les bleffures que pour les maladies intérieures. Les Pharmaciens font fécher à l'air ces petits animaux , ou quelques-unes de leurs parties les plus ufitées, & les réduifent en poudre. C'eft cette poudre qu'on prefcrit aux malades , qu'on délaie dans des

K ij

liqueurs appropriées, & qu'on prépare en forme de confection ou de conferve : on les met encore en digeftion dans l'huile, & on en fait pour lors du baume, ou bien on emploie fimplement l'huile d'olive dans laquelle on les a fait mourir. Quelques Auteurs difent qu'il faut les diftiller lorfqu'ils font frais : on en tire pour lors une eau, & on réduit le refte en cendre, dont on obtient, par le moyen de cette premiere eau, un fel fixe.

Les fang-fues, appliquées extérieurement, produifent le même effet que les ventoufes. On préfere pour cet ufage les petites qui ont le dos marqué de diverfes lignes : on prétend que celles-ci font moins nuifibles que les autres. Avant de les appliquer, on les tient ordinairement pendant quelque temps dans de l'eau claire, afin de les bien purger. On frotte de falpêtre, de fang ou d'argile la partie fur laquelle on veut qu'elles agiffent. Pour les enlever, on les couvre d'un peu de fel ou de cendre. L'unique ufage qu'on fait extérieurement de ces infectes, eft pour fucer le fang ; on les applique fur les tempes pour les grands maux de tête : on en met aux bras & aux pieds pour procurer des évacuations fanguines & modérées, & le plus communément on les applique aux hémorrhoïdes, pour ouvrir celles qui font bouchées : on s'en fert encore quelquefois dans les fuppreffions menftruelles ; on les applique pour lors à l'orifice interne de la matrice. On affure auffi que rien n'eft meilleur dans les fluxions violentes fur les dents que leur application fur les gencives. Le Docteur Langelot rapporte, dans les Ephémérides d'Allemagne, avoir connu deux perfonnes attaquées de fi violens maux de tête,

qu'elles en perdoient même la raison. Tous les
remedes qu'on put prescrire à ces malades leur
furent inutiles ; elles ne trouverent leur guérison
que dans les sang-sues qu'on leur appliqua aux
arteres temporales. Une de ces mêmes personnes
ayant eu dans la suite une fluxion sur la langue,
qui la lui avoit grossie de moitié, eut recours
encore aux sang-sues ; elle en fit appliquer à sa
langue, & elle s'en trouva promptement guérie.

Les sang-sues s'appliquent ordinairement, en
les tenant entre les doigts ; mais comme elles
sont de leur nature fort glissantes, & qu'il est
fort à craindre qu'elles ne s'échappent des doigts,
pour s'introduire, soit dans l'anus, lorsqu'on
les applique aux vaisseaux hémorrhoïdeux, soit
dans l'œsophage, lorsqu'on les applique aux
gencives ou à la langue, on agira prudemment, si on les engage dans un petit tuyau de
bois ou de roseau ouvert par les deux bouts, afin
de les assujettir. On obvie par ce moyen à tous
les accidens qui pourroient résulter de leur in-
vasion dans l'estomac ou l'intestin *rectum*.
Quand on a enlevé les sang-sues, si l'effusion
du sang continue, & qu'elle devienne trop abondante, il est facile de l'arrêter, soit par la com-
pression, soit par quelque styptique ; mais si le
sang ne vient pas en aussi grande abondance
qu'on a desiré en appliquant les sang-sues, il
faut pour lors laver avec de l'eau chaude la
partie piquée, le sang en sort plus librement.
Themison est le premier Médecin qui ait parlé
des sang-sues ; ses Disciples s'en servoient en
plusieurs occasions ; ils appliquoient même quelquefois des ventouses à la partie d'où les sang-

fucs s'étoient détachées, pour en tirer une plus grande quantité de fang. Il eft probable que c'eft aux gens de campagne que nous fommes redevables de ce fecours médical. Ce qui démontre la vérité de cette propofition, c'eft que les chevaux, lorfqu'ils font attirés au printemps par l'herbe dans les étangs & les rivieres, s'y trouvent auffi-tôt piquées dans quelques veines de leurs jambes & de leurs flancs par des fang-fues. Cette piquure leur occafionne une hémorrhagie abondante. Ces animaux fortent pour lors des étangs plus fains & plus vigoureux, par le moyen de cette piquure, que quand ils y font entrés. Cette remarque a été probablement faite par quelques Villageois, & a fûrement donné lieu à l'ufage extérieur des fang-fues.

Parmi les infectes qui ont des pieds fans ailes, l'araignée eft un de ceux dont on vante le plus l'ufage pour la Médecine. On exalte fpécialement la propriété de la grande araignée à croix, qu'on dit être bonne contre la fievre intermittente ; pour cet effet, on la met dans une noifette qu'on porte au cou, ou bien on l'applique uniquement fur le pouls, ce qui doit auffi faire paffer, à ce qu'on affure, la fievre quarte. La premiere maniere d'appliquer l'araignée comme remede, eft ce qu'on appelle en Médecine *amulette*. Si un pareil remede a pu guérir quelquefois, cela a dû fe faire plutôt par l'effet du remede fur l'imagination que fur le corps. On en peut dire autant d'un prétendu remede ufité contre la crampe, qui eft de porter dans fa poche certaines gales qui viennent aux chardons.

On fe fert encore de la toile d'araignée dans les fievres intermittentes : on en prend de la groſſeur d'un œuf de poule ; on la mêle avec parties égales de ſuie de cheminée : on y ajoute un peu de ſel commun & du vinaigre autant qu'il en faut pour faire un cataplaſme, qu'on applique ſur les deux poignets du malade. On prétend auſſi qu'on guérit de la fievre intermittente, en prenant intérieurement au commencement de l'accès, de la toile d'araignée la groſſeur d'un pois dans du vin blanc. Cette toile d'araignée eſt extérieurement vulnéraire, aſtringente & conſolidante ; elle arrête le ſang, appliquée ſur les plaies récentes : auſſi s'en ſert-on communément pour les coupures ; on en met auſſi-tôt dans la plaie, & par ce moyen elle ne ſe tuméfie pas. La toile d'araignée eſt encore en uſage dans la colique venteuſe & les pertes utérines. On en fricaſſe pour cet effet de la groſſeur d'un œuf avec un peu de vinaigre : on applique chaudement ce cataplaſme ſur le nombril : il procure la ſortie des vents & calme la perte.

Liſter, en parlant des araignées, dit que parmi les remedes uſités par ſon aïeul, un des plus précieux étoit l'eau diſtillée des araignées noires, pour guérir parfaitement toute ſorte de plaie. Cette eau eſt le ſecret de Gualtar Rawloy.

Vous ſavez, Monſieur, quels excellens effets produiſent journellement les vers terreſtres dans la Médecine ; ils excitent la ſueur, provoquent les urines, adouciſſent les douleurs, amolliſſent, réſolvent & diſſipent les conſtipations, augmentent le lait & guériſſent les plaies & les nerfs coupés. On les emploie communément dans l'apoplexie ; les contractions des membres & autres accidens des nerfs & des muſcles : on en

fait encore ufage dans la jauniffe, dans l'hydropifie & la colique, particuliérement dans le
rhumatifme : on s'en fert intérieurement & extérieurement. Quand on les prefcrit à l'intérieur,
on les fait piler tout frais : on les mêle avec du
vin, & on les fait paffer par une toile, ou bien
on les fait fécher, & on les réduit en poudre.
Quand on les confeille à l'extérieur, on les fait
appliquer ou vivans ou morts. On recommande
l'application des vivans fur la partie affectée dans
la crampe. Ces vers vivans, appliqués fur les
plaies, deviennent un très bon fpécifique, pour
en faire ceffer les plus dangereufes inflammations. M. Lyonnet rapporte, qu'une perfonne
digne de foi lui a affuré avoir fauvé, par cette
application, le doigt à quelqu'un. L'inflammation y étoit mife à un tel point, qu'on avoit
réfolu, s'il n'arrivoit point de changement favorable dans les vingt quatre heures, de le lui
couper. La perfonne dont M. Lyonnet tient ce
fait, furvint dans cet intervalle ; elle confeilla
l'application du ver au patient; il y confentit : on
en enveloppa la partie affligée ; le lendemain
toute l'inflammation difparut, & fut fuivie d'une
guérifon prompte.

On fait ufage des vers morts contre les douleurs caufées par une dent cariée & contre la
goutte. Dans le premier cas, on remplit de vers
pulverifés le creux de la dent gâtée ; & dans le
fecond cas, on applique chaudement un mélange
de cette poudre & de farine fur la partie qui
fouffre.

Parmi les infectes ufités dans la Médecine,
on peut placer la limace. Dans quelques Provinces de France, on emploie la poudre de li-

maces rouges féchées au four contre la dyſſenterie; ſa doſe eſt pour lors d'un à deux ſcrupules
dans un verre de vin, de tiſane ou de bouillon.
Ce remede calme les épreintes & arrête les dé-
jeċtions ſanguinolentes; il guérit conféquemment
la dyſſenterie en peu de jours. Ambroiſe Paré
donne comme un excellent remede contre les
hernies les limaces rouges calcinées au four dans
un pot de terre, & enſuite pulvériſées: on en
mele la poudre dans la bouillie pour les enfans,
& dans le potage pour les adultes. On prétend
que les limaces enlevent les taches de la peau
& les dartres légeres, pourvu qu'elles parcourent
pluſieurs fois la partie affeċtée, & qu'elles y répandent leur bave. Hippocrate conſeille dans la
chûte de l'anus, après avoir fait rentrer l'inteſ-
tin, de frotter le ſiege avec l'écume des limaces
rougés. Ces limaces conviennent auſſi dans la
phthiſie, & ont preſque les mêmes vertus que
les limaçons.

Les cloportes font ,, Monſieur, trop uſités en
Médecine, pour ne pas vous en parler ici; ils
abondent en ſel volatil nitreux: on les emploie
avec ſuccès dans tous les cas où il s'agit de
déſobſtruer & de réſoudre, tels que dans la jauniſſe, l'aſthme, les écrouelles, les maladies des
yeux occaſionnées par une lymphe épaiſſie, &
dans les obſtruċtions des viſceres; ils agiſſent
encore comme diurétiques dans les embarras des
reins & de la veſſie; ils pénetrent par leur qualité ſaline & déterſive dans les vaiſſeaux les plus
fins & dans les paſſages les plus déliés du corps;
ils débarraſſent les nerfs des viſcoſités & autres
matieres capables de les obſtruer: c'eſt pourquoi
on les conſeille dans la paralyſie, l'épilepſie &
toutes les maladies nerveuſes; ils conviennent

aussi , par la même raison , dans toutes sortes
d'obstructions , dans les tumeurs scrophuleuses &
dans les ulceres invétérés. On les prescrit pour
l'ordinaire ou en substance , seuls ou pilés dans
du vin blanc , dans lequel on les a laissé un peu
macérer. On commence d'abord par six , ce qu'on
continue en augmentant jusqu'à dix à douze.
Quelques Praticiens conseillent uniquement le
vin , dans lequel ils ont macéré , d'autres les font
piler , & c'est la méthode la plus usitée ; ensuite
ils les font exprimer , & en ordonnent la colature à l'instant , pour ne pas donner le temps à
la liqueur de déposer la matiere saline qui se
précipite au fond , & qui en fait toute la vertu :
on en met aussi dans les bouillons apéritifs
pour les maladies ci-dessus. Les Pharmaciens
préparent avec les cloportes , après les avoir la-
vés dans du vin blanc & séchés , une poudre ,
dont la dose est depuis douze grains jusqu'à deux
scrupules. On associe cette poudre dans les bols
ou opiats appropriés à la maladie. Les Anglois
se servent comme d'un préservatif contre la pierre,
de l'infusion de cloportes dans de la biere . avant
sa fermentation. Si on ajoute foi à ce que dit
Lindanus , il assure avoir guéri plusieurs personnes attaquées de la gravelle , avec la
poudre de cloportes dans une décoction de
pois rouges. Mynsicht recommande cette poudre
alliée avec le nitre purifié , comme un remede
très-efficace pour pousser les urines. On retire
des cloportes , par la distillation , un sel volatil
& un esprit comme très-propre pour appaiser les
douleurs de la goutte & des rhumatismes , qui ne
sont pas accompagnées de fievre ni de chaleur.
La dose du sel est depuis huit jusqu'à seize grains,
celle de l'esprit depuis quinze jusqu'à trente gouttes,

dans quelques liqueurs appropriées. Les cloportes en substance sont préférables à leurs résultats chymiques : on ne doit même les prescrire qu'avec beaucoup de circonspection aux personnes qui ont la poitrine délicate, & qui sont menacées de phthisie. Quant à leur usage extérieur, on les recommande pour la squinancie : on les écrase, & on s'en sert en cataplasme ; quelques-uns y ajoutent du miel. On les applique encore vivans pour la guérison de l'espece d'ulcere nommé *phadagœna*, qui ronge comme un cancer.

Le ver à soie, dont l'usage médical paroît borné au premier coup-d'œil, mérite néanmoins une place dans la matiere médicale animale : on le fait sécher & on le réduit en poudre, après quoi on en met sur la tête, après l'avoir fait raser. Cette poudre garantit, dit-on, des vertiges & des convulsions La soie produit aussi le même effet ; car si l'on réduit du velours en poudre, & qu'on en donne à ceux qui sont sujers au mal caduc, on prétend qu'aussi-tôt ils se trouvent soulagés. La fumée d'une étoffe de soie qu'on brûle, procure du soulagement aux femmes hystériques. On tire de la soie crue un esprit volatil anciennement fort en usage sous le nom de *gouttes d'Angleterre*. Voici la maniere dont se font ces gouttes.

Prenez de la soie crue, remplissez-en une cornue luttée, puis donnez-y un feu doux, il en sortira un phlegme, un sel volatil, & une huile qui se fige comme du beurre. Prenez quatre onces de ce sel volatil, un gros d'huile essentielle de lavande, & deux onces d'esprit de vin rectifié ; mettez le tout dans une petite cornue de verre ; adaptez-y un récipient, luttez les jointures , & laissez digérer pendant vingt-quatre heures ; placez-la ensuite sur le feu de sable, le sel passera d'abord en forme seche ; il viendra l'esprit éthéré de lavande & de vin, imprégné de sel volatil : c'est ce qu'on appelle vraies gouttes d'Angleterre.

Le Docteur Goddar est l'inventeur de ce remede ; il le vendit fort cher à Charles II, Roi d'Angleterre. C'est à la générosité de ce Prince que nous sommes redevables de ce secret. Tournefort l'a publié dans les Mémoires de l'Académie des Sciences de 1700. Ces gouttes, ainsi que le sel volatil de la soie, rectifié & parfumé avec quelques huiles essentielles , passent pour être très-bonnes dans les affections soporeuses, dans les vapeurs , les fievres malignes & autres maladies qui reconnoissent pour cause l'épaississement du sang & le relâchement des solides. On les fait flairer par le nez, & on les donne à la dose de dix à vingt gouttes dans les eaux céphaliques, ou anti-hystériques ; on les mêle aussi dans les potions & juleps convenables contre ces maladies. Ces gouttes ne doivent se prescrire que lorsqu'il n'y a aucune apparence d'inflammation.

La soie crue, teinte en cramoisi, est très-vantée dans les pertes de sang & contre l'avortement. On en fait prendre matin & soir à la malade à la dose de quinze à vingt grains, coupée par petits morceaux dans un œuf mollet, ou dans un gobelet de tisane astringente ; ce qu'on réitere pendant quelques jours. On a plusieurs exemples d'hémorrhagies utérines guéries par ce remede, & qui avoient résisté à tous les autres.

On donne comme un remede très-bon dans

la jauniſſe & la rétention d'urine, une infuſion de petits millepieds dans du vin. Jonſton rapporte que les chenilles brûlées, réduites en poudre, & priſes en guiſe de tabac, étanchent les hémorrhagies du nez. Si la poudre indifféremment de toutes ſortes de chenilles produit cet effet, il y a apparence que ce n'eſt pas par quelque vertu ſtyptique particuliere qui ſe trouve dans tout le genre de ces animaux, mais uniquement parce que toute poudre qui ne ſe diſſout pas par l'humidité, & qui n'a rien qui provoque à éternuer, eſt par-là propre à arrêter une hémorrhagie de nez cauſée par la rupture d'un petit vaiſſeau.

Les perce-oreilles ont le mérite de fortifier les nerfs, & ſervent contre les convulſions des membres : on les fait infuſer dans de l'huile; & après les y avoir laiſſés pendant que'que temps, on les fait bouillir & on en oint les parties offenſées. La poudre de ces inſectes, mêlée avec de l'urine de lievre, & miſe dans les oreilles, eſt bonne contre la ſurdité.

Ceux qui n'ont point de répugnance à avaler les poux, peuvent s'en ſervir comme d'un ſpécifique contre la jauniſſe & l'ictere. Ils en prendront ſouvent neuf à la fois. Ce remede a cependant été fatal à un garçon. Après l'avoir ouvert, on remarqua que ſa mort n'avoit été occaſionnée que par un trop grand nombre de poux qu'on trouva dans ſon eſtomac. Quelques perſonnes ſe ſervent auſſi des poux contre la fievre quarte, elles avalent dans l'accès quatre ou cinq de ces animaux, plus ou moins, à proportion qu'ils ſont gros ou petits. Ce qui eſt bien ſûr, c'eſt que ces inſectes ſucent les mauvaiſes humeurs des corps des enfans. Cependant je ne conſeillerai jamais, Monſieur, de faire ufage d'un remede fi dégoûtant. Pour l'employer, il faudroit être en Afrique, où on recherche les poux très-foigneufement, & où on les mange comme quelque chofe de délicieux. Lorfque par ce moyen on eft guéri de la fievre, c'eft plutôt, dit l'Emery, par la répugnance qu'a le malade de prendre ce remede, que par la vertu intrinfeque du remede même. Quant à l'ufage extérieur des poux, on s'en fert dans la fuppreffion d'urine, qui arrive quelquefois aux enfans nouveaux-nés : on en introduit un vivant dans l'urethre, qui, par le chatouillement qu'il excite fur ce canal doué d'un fentiment exquis, oblige le fphincter à fe relâcher & à laiffer couler l'urine. On a réitéré cette expérience plufieurs fois avec fuccès. Il eft rapporté dans les *Ephémérides d'Allemagne*, au fujet des poux, qu'un homme ayant une groffe tumeur à la tête, qui rendoit une matiere tenue & ichoreufe, on lui confeilla d'appliquer deffus des poux vivans, ayant foin d'environner la tumeur d'une efpece de fac, de façon qu'ils puffent fe mouvoir, fans néanmoins s'échapper, ce qu'il fit ; & au bout de quelque temps, après avoir beaucoup fouffert de leurs morfures, les poux avoient fi bien fucé la tumeur, qu'il n'en reftoit aucun veftige.

Les fcorpions font auffi des efpeces d'infectes très-utiles dans la Médecine. Réduits en cendres par le feu, & pris en poudre, ils chaffent l'urine retenue par la gravelle ou par la pierre : la dofe en eft depuis fix grains jufqu'à un fcrupule. Au lieu de les réduire en cendres par le feu, on les fait fimplement fécher au foleil, après leur avoir ôté le bout de la queue, après quoi on les pulvérife. Cette poudre, quoique très-bonne, eſt peu uſitée ; on emploie par préférence l'huile de ſcorpion, tant ſimple que compoſée. La ſimple ſe fait par la ſeule infuſion de ces inſectes, dans de l'huile d'amandes ameres. On prend pour cet effet vingt gros ſcorpions vivans, qu'on met dans un pot de terre verniſſé ; on verſe deſſus une livre d'huile d'amandes ameres ; on le couvre exactement, & on fait cuire les ſcorpions au bain-marie ; on coule enſuite l'huile avec expreſſion, & on la garde pour l'uſage. On preſcrit cette huile depuis la doſe d'un demi-gros juſqu'à deux gros dans un bouillon, ou on la mêle avec une potion huileuſe dans les ſuppreſſions d'urine & la colique néphrétique. Il faut en même temps faire un liniment avec cette huile ſur la région des reins & de la veſſie, & appliquer ſur ces endroits un cataplaſme d'oignon blanc & de pariétaire. L'huile compoſée de ſcorpion paſſe encore pour être plus efficace que l'huile ſimple. On trouve la diſpenſation de cette huile dans toutes les pharmacopées ; mais il en faut diminuer la doſe, & n'en preſcrire intérieurement que depuis trois juſqu'à ſix gouttes. On recommande cette huile contre les poiſons & les venins, pour faire ſortir la petite vérole, dans les fievres malignes, dans l'épilepſie & dans les autres maladies du cerveau, dans leſquelles il s'agit de fortifier les nerfs, & de diviſer & atténuer une pituite fétide & groſſiere qui y cauſe de l'embarras. Les ſcorpions fourniſſent encore un remede contre leurs propres piquures ; on les écraſe ſur la bleſſure, ou on en oint la plaie avec leur huile ſimple.

La tique, autre inſecte, réduit en cendres par le feu, & répandue ſur la tête, a la propriété de faire tomber les cheveux : elle guérit aussi, à ce qu'on prétend, l'érésipele & la gale.

Les punaises, ces insectes domestiques si redoutables à l'homme, brûlées & prises en poudre, chassent l'arriere-faix. On les conseille encore dans la suppression d'urine. Dioscoride en faisoit introduire la poudre dans le canal de l'urethre. On les introduit actuellement vives dans ce canal, ainsi que les poux, afin qu'elles y excitent une espece de chatouillement, & qu'elles obligent par-là le spincter de la vessie à se relâcher. Quelques Auteurs font prendre sept à huit punaises pour guérir les fievres intermittentes au moment de l'accès ; mais ce remede répugne trop pour le prescrire, à moins qu'on ne se trouve forcé de l'employer par la disette d'autres remedes.

Rien ne fait tomber plus vîte les cheveux, que d'oindre la tête de polype marin bouilli dans de l'huile.

Les insectes aîlés, dont les aîles sont membraneuses, sont aussi de divers usages en Médecine. La poudre des abeilles séchées, dit Aldrovande, sert à faire croître les cheveux, si l'on en frotte l'endroit d'où ils sont tombés. Cette même poudre, prise le matin à jeun, à la dose d'un demi-gros, dans un verre de vin diurétique, est excellente pour procurer l'évacuation des urines : on l'incorpore aussi quelquefois avec de l'extrait de genievre, & on en fait un bol qu'on prescrit aussi le matin.

Le miel & la cire, qui sont les fruits du travail de l'abeille, sont d'une grande utilité dans la Médecine, pris intérieurement, ou appliqués extérieurement. Nous ne nous étendrons pas ici

sur les vertus de ces deux subtances animales,
ayant occasion d'en parler ailleurs.

Les grillons fournissent un remede propre à
fortifier les vues foibles ; on en exprime la substance liquide qu'on fait dégoutter dans les yeux :
ils adoucissent aussi les glandes, quand on en
fait usage pour les frotter. Ils passent encore en
Médecine comme apéritifs & diurétiques ; ils
tiennent pour leurs propriétés un peu de celles
des · cantharides , mais dans un degré fort
adouci : on les fait ordinairement sécher au
four dans un vaisseau couvert, & on les réduit
en poudre : leur dose est depuis douze grains
jusqu'à un scrupule, dans quelque liqueur appropriée. Le Docteur Hengendorn rapporte , dans
les *Ephémérides d'Allemagne*, avoir donné plusieurs fois avec succès , dans les embarras des
reins & de la vessie, une ou deux grillons. Après
en avoir ôté la tête, les aîles & les pieds, il
les faisoit macérer dans un verre d'eau distillé
de persil ou de saxifrage, jusqu'à ce que la liqueur ait acquis une couleur laiteuse : il passoit
ensuite le tout avec expression, & en faisoit
prendre la colature au malade pendant quelques
jours ; ce qui lui faisoit rendre une quantité prodigieuse d'urine. Le Docteur Samuel Ledelius
assure encore, dans les *Ephémérides d'Allemagne*,
avoir connu un paysan qui ne se servoit d'autres
remedes dans la fievre tierce , que d'avaler un
grillon dissous dans un verre de biere.

Les mouches communes ont à-peu-près les
mêmes propriétés que les abeilles ; elles sont
émollientes , astringentes , & font croître les
cheveux, lorsqu'après les avoir écrasées, on les
applique sur la partie chauve. On vante beaucoup dans les maux d'yeux l'eau qu'on en tire

par la diſtillation. Suivant Galien, il faut mêler cette eau avec un jaune d'œuf, & en faire un emplâtre. On prétend, ſans néanmoins l'aſſurer, que cette eau fait croître les cheveux, enleve toute ſorte de taches, & rend l'ouïe.

Une perſonne ſur laquelle aucun purgatif ne pouvoit agir, fut très-bien purgée en avalant quatre ou cinq couſins. On dit que des couſins rouges, pris en infuſion, ſont un très-bon remede contre l'épilepſie. Autrefois on a fort exalté l'huile de moucheron. Si l'on ramaſſe une certaine quantité de mouches, & ſi on en frotte une tête chauve, ſes cheveux recroiſſent de nouveau. On reconnoît dans les guêpes la même vertu pour provoquer l'urine & charoyer la gravelle que dans les cloportes. Un excellent remede contre la gravelle eſt celui que nous tirons du bédéguer, qui eſt une excroiſſance ſpongieuſe qui ſe trouve ſur les roſiers ſauvages. Ce bédéguer n'a cette propriété, qu'autant qu'il ſert de nid à une eſpece de petites guêpes. Un nid de guêpes, fumé en guiſe de tabac, appaiſe, à ce qu'on dit, la douleur des dents.

Il y a parmi les inſectes aîlés de certains dont les couvertures des ailes ſont écailleuſes. Ces inſectes ſont pareillement utiles dans la Médecine. Les cerfs-volans, qui ſont de la claſſe des inſectes à aîles écailleuſes, s'emploient contre les douleurs & les tenſions des nerfs & contre la fievre quarte. Réduits en poudre, ils facilitent l'enfantement. Infuſés dans de l'huile, ils appaiſent la douleur d'oreilles.

La poudre de fouille-merde, dit Schroder, répandue ſur les viſceres dans une deſcente, les fait rentrer. Cet inſecte, bouilli dans de l'huile de lin, eſt encore bon contre les hémorrhides

& contre les douleurs d'oreilles : on trempe du coton dans cette huile, & on l'applique chaudement sur la partie malade.

Les hannetons sont presque de la nature des cantharides. Pris en poudre, ils provoquent l'urine & le sang, guérissent, selon quelques Auteurs, la morsure des chiens enragés, & dissipent les rhumatismes. J'ai prescrit avec succès les aîles des hannetons dans du vin blanc pour la rétention d'urine. Quelques personnes recommandent à l'extérieur la liqueur du hanneton sur les plaies : on se trouve très-bien d'en mettre dans les emplâtres contre les bubons pestilentiels & les carboncules ; on en mêle aussi dans les antidotes. L'huile commune dans laquelle on fait infuser des hannetons vivans, peut très bien remplacer l'huile de scorpions.

Les cantharides sont encore usitées dans la Médecine, mais rarement à l'intérieur. On s'en sert plus communément à l'extérieur en forme de vésicatoires. Ces vésicatoires conviennent très-bien dans les maux de tête & la migraine, dans la plupart des maladies d'yeux, dans les bourdonnemens d'oreilles, dans la surdité causée par une contusion externe, dans l'épilepsie, dans les maux de dents. On recommande beaucoup les cantharides dans les douleurs ischiœdiques : on les applique pour lors à la jambe. Elles sont aussi très-bonnes dans les fievres intermittentes, de même que dans les fievres malignes ; mais pour lors il faut un Médecin bien prudent pour les administrer. M. Platel, Médecin de Nancy, a fait appliquer, avec le plus grand succès, les vésicatoires dans la petite vérole naturelle dont fut attaqué M. le Cardinal de Choiseul.

Dioscoride & Matthiole assurent que la fumée

des fauterelles eſt bonne dans les rétentions d'urine , ſpécialement dans celles des femmes. Les fauterelles provoquent l'urine , & chaſſent la pierre des reins quand on en mange , ou lorſqu'on avale la poudre de ces inſectes.

Les fourmis ſont très-recherchées dans la matiere médicale animale ; elles échauffent , deſſechent & excitent à l'amour : leur odeur acide a une vertu ſupérieure pour ranimer les eſprits vitaux. On vante contre la teigne , la gale & la lepre , les grandes fourmis. Pour cet effet , on les diſſout avec un peu de ſel , & on en oint la partie malade. L'eſprit de fourmis paſſe pour un très bon remede contre les accidens des oreilles , tels que la ſurdité & le tintement. On trempe du coton dans cet eſprit , & on l'inſere dans l'oreille affectée. Ce même eſprit convient auſſi très-fort à l'eſtomac : il fortifie tous les ſens , donne de la mémoire , ranime les forces & procure de la vigueur : il l'emporte de beaucoup ſur toutes les eaux apoplectiques & fortifiantes , ſpécialement dans les catharres & ſuffocations. On la conſeille à l'extérieur dans les entorſes , l'apoplexie & l'atrophie particuliere occaſionnée par une bleſſure : on l'aſſocie pour lors avec des liqueurs convenables aux nerfs. Les œufs de fourmis ſont très-bons contre l'ouïe dure. Pour faire tomber aux enfans le poil follet qui vient ſur leurs joues , il ſuffit de les en frotter. La ſimple doſe d'un gros de ces œufs , pris intérieurement , fait évacuer une quantité ſurprenante de vents , pour échauffer , deſſécher & fortifier les nerfs ; il faut ſe laver avec l'eau dans laquelle on a fait bouillir une fourmilliere : on ſe ſert de cette eau contre la goutte , la paralyſie , les maux de mattice & la cachexie. M. Margraff prétend qu'on peut tirer des fourmis une huile tout-à-fait semblable à celle que l'on tire des végétaux.

Les cochenilles, si usitées dans la Teinture, provoquent l'urine comme les cloportes. La poudre de ces insectes, mêlée avec du sucre, convient dans la colique, la pierre & la rougeole.

Le kermès, autre insecte, est un des meilleurs cordiaux. Il entre dans la confection d'Hyacinthe & dans celle d'Alkermès à laquelle il a donné son nom. Je passe sous silence les vertus médicales d'une infinité d'autres insectes dont j'aurai occasion de parler dans la suite.

Je suis, &c.

Paris, ce 24 Janvier 1769.

LETTRE V.

Sur l'abus de l'Esprit de Calcul dans l'étude de l'Economie Animale.

LE goût des systêmes est actuellement, Monsieur, si à la mode parmi les Praticiens modernes, que la Médecine en est devenue entièrement systématique : c'est ce qui a retardé dans ces derniers temps les progrès de cette science, qui, quoiqu'elle se trouve actuellement enrichie d'une infinité de découvertes, n'en est pas néanmoins plus avancée pour la guérison des maladies, qu'elle l'étoit du temps d'Hippocrate. L'esprit de calcul s'y est encore introduit depuis peu, & a fait naître une infinité d'erreurs d'autant plus dangereuses, qu'elles sont imposantes par leur appareil géométrique. M. Jadelot, Professeur de Médecine à Nancy, s'éleve fortement contre la manie de calcul dans l'étude de l'économie animale; & les raisons qu'il rapporte vous paroîtront, Monsieur, si convaincantes, que pour peu que vous vouliez y prêter attention, vous ne manquerez pas de renoncer au calcul géométrique dans l'exercice de la science que vous possédez, ou du moins vous n'en abuserez point.

« La connoissance, dit M. Jadelot dans une de ses dissertations, est la plus intéressante de celles qui font l'objet des recherches du Physicien, non-seulement parce qu'elle nous éclaire sur la nature de notre constitution & sur le méchanisme de notre existence, mais parce que cette portion de matiere organisée qui forme notre être, renferme les plus grandes merveilles de la Nature dont elle est le chef-d'œuvre. Le vulgaire ne voit au dehors qu'une décoration simple & magnifique, qui réunit l'élégance des contours à l'harmonie des proportions; le Philosophe admire au-dedans les ressorts merveilleux d'une méchanique vivante, qui, quoique soumise aux loix de la Nature, est douée d'un principe actif, & obéit à un agent secret qui lui est uni & en même temps inconnu.

» L'empire réciproque de ces deux substances est la vie; le mouvement du cœur est le lien fragile qui tient ces deux substances réunies; un nombre infini d'organes, variés dans leur tissu & dans leur forme, reçoivent de cette source une liqueur précieuse, par une secousse qui fait rougir les canaux qui la condensent. Portée par

ectte force dans les derniers détours des vaiffeaux, elle fe métamorphofe & produit des
liqueurs différentes qui ont chacune leur fonc-
tion dans la confervation ou reproduction de
l'être dont elles font partie. Des molécules ana-
logues font extraites & appliquées dans tous les
points des folides, pour les développer & les
nourrir. Quelques fibres font deftinées à épurer
la maffe des humeurs, en donnant iffue aux
molécules qui en altéroient la compofition. Tandis que la portion réfidue du fang eft ramenée
vers le cœur par les veines, les pertes conti-
nuelles font réparées par les alimens, dont un
fentiment intérieur nous annonce le befoin. Ces
alimens, triturés dans la bouche, font portés
dans un réfervoir, où ils font décompofés par
différens menftrues : la partie la plus pure eft
reçue par des canaux fort déliés ; & après un
cours fort long, qui fert à lui donner plus d'ho-
mogénéité, elle eft portée dans la maffe du fang,
dont elle prend la nature & le caractere en circulant avec lui. Le poumon reçoit & chaffe l'air
alternativement, pour faire éprouver au fang un
mouvement qui fans doute lui eft néceffaire. Le
cerveau fournit un efprit fubtil, que les faif-
ceaux nerveux portent dans toutes les parties du
corps, pour leur donner le fentiment & le mouvement. Les objets extérieurs produifent fur les
organes qui leur font appropriés, des impreffions que le fluide nerveux tranfmet au cerveau ;
de-là la perception ; enfuite ce fluide repouffé
du cerveau avec la plus grande célérité, produit
la contraction des différens mufcles, qui, femblables à des refforts actifs, s'alongent ou fe
raccourciffent à proportion du fluide nerveux qui
y eft porté. Tels font en fomme l'ordre & l'ar-

rangement de ce tout merveilleux qui devroit être le premier sujet de notre admiration, si l'habitude d'en jouir n'effaçoit en nous le sentiment qu'il doit inspirer. C'est du mouvement & de l'action réciproques des solides & des fluides qui composent cette machine, que dépend toute son économie : de-là, les Médecins, éclairés du flambeau de l'Anatomie, ont vu dans ses différens organes des léviers, des cordes, des poulies, des poids, des contrepoids, & autres instrumens méchaniques. Ils ont trouvé des cavités, des réservoirs & des canaux dont les parois mobiles pressent & agitent le fluide qu'elles contiennent, & reçoivent en même temps de ce fluide leur mouvement. D'autres Physiciens plus hardis, persuadés que la géométrie & l'algebre sont la clef de tous les secrets de la Nature, ont osé calculer la force de ces léviers & de ces machines, & fixer les effets d'après les principes de la méchanique ordinaire. Ils ont soumis à l'analyse le mouvement des fluides vivans ; ils ont déterminé leur action & la résistance qu'ils opposent ».

Voilà, Monsieur, la partie préliminaire du Discours de M. Jadelot: Il examine ensuite si les résultats des Physiciens calculateurs méritent toute la confiance qu'on leur donne ; s'ils ont même toute la certitude de la science dont ils empruntent le masque. Pour y parvenir, il développe ce qu'on entend communément par *Sciences Mathématiques*, & il en fait ensuite le parallele avec les différentes parties qui composent notre individu. L'avantage qu'ont les Mathématiques sur toutes les autres sciences, est dûe, dit-il, à la simplicité de son objet. Plus il est simple, plus les principes sont clairs &
évidens,

évidens & les conséquences certaines. L'algebre,
qui opere sur la grandeur en général, donne les connoissances les plus infaillibles, puisqu'elles portent
sur des notions purement intellectuelles. Pour
déterminer les propriétés de la ligne & de l'étendue, le Géometre fait usage de quelques vérités
incontestables, sur lesquelles il établit successivement des conclusions de toute évidence : la
force d'inertie, le mouvement composé & les
principes de l'équilibre, sont pour le Méchanicien des sources fécondes dont il déduit les effets du
mouvement : les phénomenes célestes sont les
fondemens du calcul astronomique : quelques
vérités connues par l'expérience, suffisent à
l'Opticien pour démontrer les loix que la lumiere fait dans ses réflexions & réfractions :
par-tout il faut au Géometre des principes simples & lumineux, ou des faits primitifs & incontestables, qu'il combine & qu'il analyse,
pour en tirer tout l'avantage possible, & en déduire des connoissances générales & certaines.

Si l'objet qu'il considere est composé, s'il
réunit plusieurs qualités qui ne dépendent pas
de la même cause, le Géometre les décompose.
S'il considere la ligne, il fait abstraction de sa
largeur. S'il examine la surface, il n'a pas égard
à la profondeur. S'il cherche les propriétés d'un
lévier, il le suppose inflexible. S'il compose une
machine, il calcule les forces de chacune de
ses parties, & il estime géométriquement leur
effet. Tous ces efforts ne le conduisent en Méchanique comme en Géométrie, qu'à des résultats absolument intellectuels, qui n'ont pas
lieu rigoureusement dans la Nature. Les frottemens, la masse des machines, la flexibilité des
léviers, la roideur des cordes, leur poids, sont

des objets que la théorie ne foumet pas exactement au calcul, & pour lefquels il faut recourir à l'expérience : de-là les effets réels des machines font toujours fort différens de leurs forces virtuelles.

Les hypothefes mathématiques fourniffent tout au plus le moyen de trouver en gros, ce que les qualités & circonftances phyfiques changent dans les réfultats de la fpéculation.

La feule confidération de la nature des principes méchaniques, fuffit donc pour faire voir qu'ils ne peuvent être appliqués, dans la rigueur méchanique, aux folides du corps humain. Ils peuvent bien donner des connoiffances générales fur la maniere dont la Nature exécute quelques fonctions ; mais ils ne peuvent fixer exactement le degré de force & d'action attaché à chaque partie. Les fuppofitions qu'on a même faites pour y parvenir, font pour la plupart des chimeres, & toujours des inutilités. Cependant il faut avouer que quelquefois le Géometre pénetre, par la force de fon génie, les fecrets les plus cachés de la Nature ; il foumet à fes opérations l'infini qui échappe à notre entendement, & parvient fouvent à des connoiffances hors de notre portée : mais toujours foumis à la même marche, fi un effet eft compliqué, il le décompofe pour analyfer féparément chaque partie, & déterminer la force totale qui réfulte de leur réunion. L'économie animale ne peut fe prêter à cette décompofition ; toutes fes fonctions fe prêtent des fecours mutuels : un reffort en fait agir un autre qui lui rend fon mouvement. C'eft un tout, dont les parties liées & unies fe communiquent leur action, & influent réciproquement les unes fur les autres. C'eft de l'enfemble général que dépend chaque effet partiel , & l'eſtimation de l'un d'eux , ſéparée & iſolée , ſeroit toujours bien loin de la Nature.

Mais ce ne ſont pas encore-là les ſeuls obſtacles qui s'oppoſent à l'application rigoureuſe des principes méchaniques à l'économie animale ; il en eſt d'autres plus inſurmontables , ils tiennent même à ſa nature. La matiere qui compoſe notre individu , eſt ſans contredit ſoumiſe aux loix communes de l'univers ; la gravité , l'impénétrabilité , l'élaſticité , la force d'inertie , ſont propres à toute eſpece de ſolides : mais des parties organiques vivantes ſont douées de certaines propriétés qui les rendent actives , & par leſquelles elles different eſſentiellement de la matiere morte & inorganique. Ici la réaction eſt toujours en proportion de l'action , & les effets proportionnés à la cauſe ; là au contraire les plus petites dépenſes de force ſont ſuivies des plus grands mouvemens. Les moyens les plus ſimples produiſent les effets les plus variés. L'irritabilité de la fibre muſculaire , ſoumiſe à l'action du fluide nerveux, la rend propre à ſe contracter & à produire les différens mouvemens par l'impreſſion de la volonté. La ſenſibilité , cette faculté précieuſe & diſtinctive de l'animal, en ſe diverſifiant d'une infinité de manieres dans les différens organes , leur communique un principe d'action qui n'exiſte point dans les machines qui ſont l'ouvrage de l'art, & qui ne peut dépendre des propriétés connues de la matiere. Le Méchanicien ne peut donc en ſaiſir la nature , ni en déterminer les effets , d'après les principes du mouvement ordinaire qui ſont fondés ſur l'inertie.

La ſcience qui enſeigne les loix de l'équilibre & du mouvement des fluides, ne peut pas nous fournir une théorie plus sûre que la méchanique dans l'étendue de l'économie animale. Les fondemens de cette science sont inconnus ; la cause de la fluidité est encore un problême ; la constitution intérieure des fluides est presque ignorée. Nous ne connoissons ni la figure ni l'arrangement de leurs parties ; l'action qu'elles exercent les unes sur les autres dans le mouvement & dans le repos, ne peuvent être déduites des loix communes aux autres corps ; leur pression diffère totalement de celle des solides : les principes qui servent en Méchanique pour déterminer les rapports des forces, ne peuvent s'y adapter ; c'est à l'expérience qu'il faut recourir pour découvrir les propriétés fondamentales des fluides. M. d'Alembert avoue, avec cette timidité qui montre le vrai Philosophe, que les loix du mouvement des fluides ne se soumettent pas exactement au calcul, & que l'analyse la plus sublime de ce mouvement dans des vaisseaux solides ou flexibles, ne peut conduire la méchanique du corps humain ; & en effet, comment rappeller à des loix constantes & uniformes les mouvemens des fluides dans des machines vivantes ? Comment évaluer avec précision leur assistance & leur action ? Ce sont des liqueurs dont la ténacité, la diversité & la masse sont inconnues, ou ne peuvent être estimées qu'arbitrairement. La direction des grands vaisseaux peut à peine être fixée ; mais la ténacité, l'irrégularité, la multiplicité des ramifications, s'opposent à la détermination géométrique des effets qui proviennent de leurs courbures & de leurs angles. Le calibre des vaisseaux est invariable & incertain ; la proportion que les rameaux suivent en décroissant est irréguliere ; la plupart de ces rameaux sont capillaires, & se refusent à toute théorie : les frottemens sont donc inestimables. On ignore jusqu'à quel point les vaisseaux peuvent se distendre, quelle est la force de leur réaction ; la mollesse, l'élasticité des différentes parties, doivent produire des variétés insurmontables au calcul. Ajoutez à tout cela la multitude des vaisseaux qui se communiquent souvent, même dans un ordre irrégulier, l'existence des valvules, la chaleur qui n'influe pas toujours d'une maniere égale sur les solides & les fluides, & tant d'autres causes qui ne peuvent pas toutes entrer dans le plan d'une Lettre. La nature du cœur & des nerfs sera toujours, même pour les plus habiles Physiologistes, une matiere fort obscure, & qu'ils ne comprendront jamais bien.

L'économie animale offre encore un dernier obstacle à l'application rigoureuse du calcul géométrique. L'action des fluides qui entretient & conserve la vie, n'est pas bornée aux résultats de leur masse & de leurs mouvemens ; ils ont une action dépendante de leurs élémens, & fort différente de celle qui provient de la gravité, de la divisibilité, de l'élasticité & des autres qualités physiques de la matiere. Il se fait des dissolutions, des combinaisons ; le mélange des humeurs change, il s'en forme de nouvelles. Cette réaction des élémens ne peut être saisie par l'analyse la plus sublime. Ne seroit-il pas ridicule à un Géometre de tenter l'explication de l'inflammation des huiles par les acides au moyen de l'attraction, en raison inverse du carré des distances, ou de rendre raison de la dissolubilité des résines dans l'esprit-de-vin, & de leur indissolubilité dans l'eau par les regles du mouvement? Ce n'est que l'expérience qui peut apprendre au

Chymiste quels font les effets de ces différentes mixtions. Il feroit auffi abfurde de vouloir expliquer, par la Méchanique & l'Hydraulique, la compofition & la décompofition des humeurs animales, de même que les erreurs qui en dépendent.

Tous ces raifonnemens fuffifent, Monfieur, pour démontrer l'infuffifance des principes de Méchanique & d'Hydraulique dans l'étude de l'économie animale. Les principes d'Algebre & de Géométrie ne font pas plus fatisfaifans. Cependant il ne faut pas pour cette raifon bannir totalement de l'étude de la Médecine l'efprit mathématique; on peut le faire obéir à l'obfervation, & non pas le lui laiffer commander. Quoique les forces mouvantes & le cours des liqueurs ne puiffent être réduits à un calcul exact; quoiqu'on ne puiffe évaluer avec précifion les poids & les mefures de la Nature; quoiqu'on ne puiffe pas exprimer par des nombres tous ces effets fi variés & fi multipliés dans l'économie animale, cependant il faut, pour en connoître les myfteres, pour en découvrir la nature, être inftruit de toutes les loix des folides & des fluides, favoir en outre déterminer l'action des corps & des puiffances. C'eft ainfi qu'un Médecin inftruit, fans fe laiffer éblouir, verra que le corps animal n'eft pas tout-à-fait foumis aux mêmes loix : il en marquera les différences; & fe bornant aux fimples faits, il les multipliera, les variera; enfin il envifagera fon objet fous toutes les faces; il fuivra les opérations de la Nature; il l'interrogera, il la preffera. Quand elle fe refufera à fes follicitations, il attendra un moment plus favorable. Cependant il marquera la route qu'il a prife, pour diriger ceux qui viendront après lui. Il ne se laissera pas entraîner par des systêmes, pour expliquer des choses qu'il n'entendra pas : il soumettra enfin toutes les conjectures qu'il pourroit faire, à l'observation & à l'expérience. Telle est, Monsieur, suivant M. Jadelot & tous les habiles Praticiens, la vraie maniere de philosopher en Médecine, & la seule qui puisse conduire à la vérité.

Je suis, &c.

Paris, ce 31 Janvier 1769.

LETTRE VI.

Sur l'utilité de la Musique, tant dans l'état de santé, que dans celui de maladie.

ON est dans l'habitude, Monsieur, de parler par tout de Musique, & peu de monde connoît son utilité. Dans son origine, on ne s'en servoit que pour chanter les ouvrages adorables du Créateur, pour implorer sa miséricorde, & pour en obtenir des graces. On l'a, dans la suite des temps, employée pour célébrer les victoires des Conquérans, & pour immortaliser les vrais Citoyens. La Musique étoit pour lors majestueuse; mais dans les derniers temps elle a beaucoup perdu de son ancienne splendeur, par l'abus que les hommes en ont fait, en l'employant souvent pour les choses les plus viles & les plus obscenes. N'attendez pas, Monsieur, que je vous fasse dans cette Lettre une histoire complette de cet Art libéral ; je me contenterai seulement de vous présenter la Musique sous l'aspect qui convient le mieux pour un Médecin. Je tâcherai de vous prouver combien elle est avantageuse, non-seulement pour la santé de l'homme, mais aussi pour ses infirmités. J'irai encore plus loin ; je vous ferai voir de quel secours elle peut être pour un Médecin dans les différens diagnostics & pronostics qu'on est obligé de porter sur les maladies. Voilà en deux mots, Monsieur, le but que je me propose en vous écrivant.

La Musique est un don du Ciel utile à tous les hommes : elle convient à tout âge & dans toutes les conditions ; elle impose le silence dans les assemblées ; elle égaie la solitude ; elle réjouit les mortels ; elle dissipe les nuages qui souvent éclipsent leurs esprits ; elle éloigne les soins rongeurs : c'est elle qui est l'avant-coureur de toutes les fêtes ; elle en bannit les chagrins & les ennuis ; elle métamorphose la tristesse dans la joie, la crainte dans la confiance, le désespoir dans l'espérance, la férocité enfin dans la clémence : elle seule désarme les plus intrépides & les plus orgueilleux. Au milieu des adversités, elle fait conserver la tranquillité de l'esprit & la sérénité du visage ; elle est l'ornement des jeunes gens, & adoucit souvent en eux les douleurs cuisantes de l'amour : elle est d'un secours puissant dans nos peines & nos fatigues : aussi voyons-nous pour l'ordinaire la plupart des ouvriers s'exciter, pour ainsi dire, au travail par les chansons ; ce sont pour eux comme des rames pour voyager dans cette mer orageuse. Dans les batailles, elle efface même jusqu'au souvenir de la mort ; c'est elle qui exhorte les soldats, & qui allume

en eux la fureur martiale : le cheval frémit &
s'anime avec courage au combat, lorsqu'il entend le fon des trompettes : les animaux les plus
féroces, lorsqu'ils reffentent quelques mouvemens de douleur ou de plaifir, ont une efpece
de chant qui leur font propres, & on ne connoît
la barbarie des peuples, que par le mépris qu'ils
font de la Mufique. Le détail dans lequel je
viens d'entrer, démontre, Monfieur, invinciblement l'utilité de la Mufique pour la fanté ; car
elle nous procure la joie, & la joie eft l'ame de
la fanté & fa compague inféparable. En bon
Logicien, vous pouvez tirer les conféquences
de ces deux propofitions. Dans une perfonne
gaie le corps fe fortifie, les fibres fe meuvent
facilement, la chaleur eft toujours tempérée ; la
digeftion fe fait fans peine ; le cœur ne reçoit
pas plutôt le fang des veines, qu'il le repouffe
avec force dans les arteres, & enfuite dans les
plus petits vaiffeaux : de - là les fécrétions des
humeurs, une tranfpiration libre, une circulation
de la lymphe & des efprits animaux, enfin un
teint fleuri, & conféquemment la fanté.

La Mufique eft donc néceffaire à la fanté ;
mais elle eft encore utile dans la cure des malades : la mélancolie & le tarentifme vous en ferviront de preuve convaincante. Pour guérir la
mélancolie, un Médecin a différentes indications à remplir : 1°. il faut réveiller les nerfs
languiffans ; 2°. il faut leur reftituer un ton égal
& flexible ; 3°. il faut divifer les fluides, & les
rendre plus obéiffans aux folides ; 4°. enfin il
faut faire en forte que les fluides parcourent
doucement leurs conduits accoutumés.

Pour remplir ces différentes indications, il eft
inutile de recourir à la Pharmacie, aux médi-

camens, qui souvent ne servent de rien : mais il faut avoir recours à quelque chose de meilleur & de plus efficace ; c'est de la Musique, dont je veux parler : elle adoucit nos maux, & en efface ou diminue au moins le souvenir.

La Musique, suivant sa définition, est une position des sons graves & aigus qui s'accordent parfaitement ensemble, qui par intervalles se désunissent, & par le moyen desquels les sens & la raison se débattent. Cette Musique, soit vocale, soit instrumentale, est ou diatonique, la plus ancienne de toutes, qui monte ou qui descend par différens tons, ou chromatique, qui ne diffère de la diatonique que par les sémi-tons dont elle est ornée, ou enfin aussi harmonique, ornée de diezes & d'inflexions les plus douces des tons. Ces trois genres de Musique donnent lieu à une infinité de modes, par le moyen desquels on peut passer d'une inflexion à une autre. Ce changement subit & les effets admirables de la Musique seront faciles à expliquer, si on examine attentivement la construction de l'organe de l'ouie, & si on réfléchit sur l'efficacité des sons. Je pourrois ici vous donner, Monsieur, l'anatomie de l'oreille ; mais elle est trop étendue pour une Lettre. Je passe en conséquence aux sons qui sont, suivant les Physiciens, des mouvemens tremblans & prompts de l'air, occasionnés par le frémissement des parties insensibles des corps frappés, ou frappant les corps sonores, produisant dans l'air différentes modifications des sons. Si vous frappez, Monsieur, les cordes d'un instrument, vous vous appercevrez du choc que les cordes impriment aux atômes qui les environnent, en les examinant aux rayons du soleil. Le choc d'un corps sonore produit donc dans l'air des

mouvemens tremblans qu'on nomme *vibrations*,
& même si fréquens, que dans l'espace d'une
seconde, ils parcourent cent quatre-vingts toises.
Ces vibrations se répandent à la circonférence
de leurs spheres par des lignes droites, & impriment leurs mouvemens aux corps qui les environnent : car les tourbillons de l'air, en vertu
de leur élasticité, étant applanis par les corps
sonores, se rétablissent ; & en se rétablissant,
ils compriment les autres tourbillons qui se rencontrent, & qui, en se rétablissant pareillement,
en compriment d'autres, & ainsi de suite. La
propagation du son se fait donc très-vîte, &
parvient à l'instant à l'oreille ; ensuite, par un
méchanisme admirable dont a si bien parlé M.
Duverney, il frappe le nerf auditif, par le
moyen duquel il est porté jusqu'au *sensorium
commune*, & là se forme l'idée du son. Or, le
choc du nerf auditif est plus fort ou plus foible,
plus fréquent ou plus tardif, selon que les vibrations sont plus ou moins fortes, plus ou moins
fréquentes : de-là naissent les différens tons qu'on
exprime ordinairement par des notes, des rapports mutuels des sons, ou des modifications :
de-là aussi la longueur des corps sonores, l'épaisseur, la tension, l'élasticité, la figure, la légé-
reté, la solidité, la sécheresse, la mollesse, di-
versifient les tons, modifient différemment l'air,
& le frappent ou plus vîte, ou plus fortement.
Si on les frappe ensemble, elles donneront un
unisson : mais si on en suppose une de la moitié
plus longue que l'autre, elles formeront un
diason. La fréquence des vibrations rend un son
aigu ; la lenteur dans le même espace de temps,
un son grave ; les cordes plus courtes, mais
plus tendues, forment un son aigu ; les plus

longues & les moins tendues, un son grave.
Or, ces différentes dispositions de tons forment
une quantité de modifications de sons qui, suivant qu'ils sont plus ou moins sonores, plus
ou moins agréables, excitent dans l'ame une
sensation plus ou moins douce ; & en effet
l'organe de l'ouïe est une espece de tact. Plus
son choc est rude, plus il est offensé ; plus il
est doux, plus on ressent de plaisir. Car de
même qu'une tension trop forte des fibres ou
un déchirement occasionne de la douleur, &
un simple chatouillement du plaisir, de même
aussi la dureté, la discordance des corps sonores, déchirent & offensent les fibres du nerf
auditif, & au contraire, la douceur de leurs
accords les chatouille & réjouit l'ame.

On peut donc conclure de quelle utilité est la
Musique pour soulager les affections mélancoliques. On sait que le Roi Saül n'en étoit délivré
que par la guitarre de David. Mais il est à
propos de varier la Musique suivant les différentes especes de melancolie ; car on en distingue
ordinairement de deux sortes, la mélancolie
feche & la mélancolie humide. La Musique qu'on
doit employer pour la guérison des tempéramens
mélancoliques secs, se doit commencer par les
tons les plus bas, & s'élever insensiblement aux
plus hauts : c'est par cette gradation harmonique que les fibres roides, substituées aux différens
degrés de vibration, se laissent insensiblement
fléchir. Ceux au contraire qui ont un tempérament mélancolique & humide, demandent une
Musique gaie, forte, vive & variée, parce qu'elle
est plus propre à remuer les fibres & à les roidir.

S donc les nerfs languissent & sont abattus,
si les liquides sont épais & incapables de mou-

vement, si l'ame & le corps sont fortement attaqués, il faut recourir à une Musique simple, variée, sonore, agréable. Cette Musique chatouille le nerf auditif & les autres nerfs simpathiques qui, étant frappés agréablement, aiguillonnent la lymphe spiritueuse, dissolvent & divisent les liquides, les rendent plus propres aux mouvemens, fortifient, réjouissent le cœur, & rendent les sécrétions plus faciles : de-là viennent des idées douces & agréables ; de là les membres sont plus dispos, l'esprit plus gai, & les fonctions animales se font mieux.

Le tarentisme est aussi une maladie qui n'exige aucun médicament ; ce n'est que par la Musique qu'on peut parvenir à sa guérison. Les tarentules sont des especes d'araignées qui, semblables aux abeilles, piquent l'épiderme, & y distillent un venin pestilentiel. Au même instant la peau se roidit ; elle s'enfle avec douleur ; le cœur languit, le pouls s'affoiblit ; les passions vitales & animales diminuent, & cessent presqu'enfin de faire leurs fonctions ; les membres s'engourdissent, les yeux s'obscurcissent ; l'esprit est plongé dans un état affreux de mélancolie & de tristesse. Cette maladie a beaucoup de rapport avec la mélancolie.

Nul autre antidote que la Musique : elle ne se fait pas plutôt entendre, qu'à l'instant le malade commence à s'agiter ; ses membres se dégourdissent ; il crie, il chante, il danse ; il saute pendant deux ou trois heures, suivant le temps que dure la Musique : vous le mettez ensuite dans un lit préparé, où il sue abondamment. La sueur dissipée, vous recourez de nouveau à la symphonie : pour lors le malade recommence ses chants, ses sauts & ses danses ;

& bientôt après, il se trouve parfaitement guéri.
Cependant il faut observer de varier la Musique,
suivant les différentes tarentules & les divers
tempéramens.

Vous voyez, Monsieur, par la cure de ces
deux maladies, de quelle utilité est la Musique
dans la Médecine. Je pourrois encore vous rapporter, pour le prouver, la guérison de plusieurs
femmes Italiennes attaquées de pâles couleurs,
que la seule Musique a pu opérer. On lit dans
les Mémoires de l'Académie, qu'un Maître de
Chant de la Ville d'Aleth & un fameux Musi-
cien, ont été guéris par la Musique du délire
& de la fievre maligne. Il y a encore une infinité d'exemples que je passe sous silence, & qui
nous démontrent l'effet de la Musique dans les
maladies. Je vous ai prouvé plus haut qu'elle
convient aussi pour la santé : il ne me reste donc
plus à présent que de vous dire un mot sur son
usage dans les diagnostics & les pronostics des
maladies. Cette principale propriété de la Musique a été ignorée jusqu'à nos jours, & elle le
seroit encore, si le Docteur Marquet ne l'avoit
fait connoître par des observations plusieurs fois
réitérées. Ce Médecin Lorrain nous apprend les
différentes variations du pouls par une méthode
facile & curieuse, tirée des notes de la Musique ; & par ce diagnostic, il prédit les différens
degrés de santé & de maladie. Il a établi ingé-
nieusement un parallélisme entre les pulsations
du cœur & les notes de la Musique. Vous pouvez, Monsieur, consulter sur cet objet le Traité
qu'il nous a donné, intitulé : *Nouvelle Méthode
facile & curieuse pour connoître le pouls par
les notes de la Musique*, imprimé à Nancy, chez
la veuve Balthazar, & orné de planches que

l'Auteur a gravées lui-même. Il vient de paroître tout récemment une seconde édition de cet Ouvrage singulier, in-12. Cette seconde édition est considérablement augmentée ; j'ai veillé à son impression, & j'y ai fait ajouter tout ce qui a été pour & contre ce systême curieux. Je vais vous rapporter succinctement l'analyse de cet Ouvrage, & c'est par où je finis cette Lettre. L'Auteur l'a divisé en trois parties. La premiere traite des mouvemens du cœur, & des différentes especes de pouls ; sa théorie sur le mouvement du cœur n'est pas tout-à-fait conforme aux observations anatomiques ; je vous prie en conséquence de ne pas vous attacher à cette partie. Les distinctions des différentes especes de pouls méritent encore d'être réformées ; ne nous y arrêtons pas ; passons à l'essentiel de l'Ouvrage.

La seconde partie nous indique la connoissance du pouls par la Musique. Le Docteur Marquet prétend que le pouls naturel bat la même cadence que le menuet : c'est là le point d'où il part pour la connoissance des pouls irréguliers. Plus le pouls s'éloigne de la cadence du menuet, plus il approche, suivant cet Auteur, de l'état de maladie. Ce systême n'est pas si déplacé que plusieurs personnes l'ont cru d'abord ; car si vous tenez d'une main le pouls d'un homme en santé, & que de l'autre vous battiez la mesure d'un menuet, vous observerez les mêmes temps dans l'un que dans l'autre. La comparaison ne peut donc pas être plus juste ; le pouls fiévreux, qui bat plus fréquemment, pourra par conséquent, suivant les observations que j'ai faites, très-bien s'accorder avec la mesure des contredanses. Le pouls lent est assez semblable, quant à la cadence, à l'air d'une muſette, & le pouls intermittent à celui d'une gigue.

La troiſieme partie de ce Traité, qui paroît être confondue par l'Auteur avec la ſeconde, & qui eſt néanmoins bien différente, comprend tous les ſignes & notes de Muſique, par leſquels on peut exprimer les différentes ſortes de pouls : c'eſt une eſpece d'alphabet caractériſtique ; c'eſt même la clef en quelque façon de l'écriture du pouls : mais ce n'eſt pas là la méthode de le connoître ; c'eſt uniquement celle de le déſigner. Le pouls réglé eſt déſigné dans cet alphabet par une note noire, poſée entre deux lignes paralleles, après chaque cadence. Cette derniere eſt marquée par des lignes perpendiculaires, ſemblables à celles qui ſervent à diviſer les meſures dans la Muſique. La note blanche marque le pouls grand ; la croche, le pouls petit ; & la double croche liée, le pouls vermiculaire. Si la note eſt paſſée au-deſſous de la premiere ligne, elle ſignifie un pouls concentré ; ſur la premiere ligne, un pouls profond ; entre les deux lignes, un pouls naturel ; ſur la ſeconde ligne un pouls élevé, & au-deſſus de la ſeconde ligne un pouls ſuperficiel : mais les cinq eſpaces que l'Auteur laiſſe entre les cinq barres de chaque cadence, ſignifient les cinq temps qu'on garde entre chaque pulſation. Si l'on compte plus ou moins de ces eſpaces entre chaque battement, le pouls ſera irrégulier ou inégal en mouvement ; ſi la note n'eſt pas poſée entre les deux lignes, il ſera non naturel dans ſa force, de même que ſi elle étoit blanche, ou croche, ou double croche.

Voilà, Monſieur, le précis de tout l'Ouvrage. Il eſt ſûr que les Muſiciens ont le tact beaucoup plus fin que les autres hommes; que la Mufique agit fur nous, & que nous trouvons fouvent dans elle, ainfi que je vous l'ai déja prouvé, ce que nous ne trouvons pas dans les meilleurs remedes pour la guérifon des maladies; d'ailleurs elle nous eft innée, & par conféquent auffi naturelle que le mouvement du pouls. Qui ne fait fi, au commencement de la création, il n'y a pas eu une certaine affinité établie par le Créateur entre le mouvement du pouls & la Mufique? Tout paroît nous l'indiquer. De favans Auteurs, entr'autres Hermophile, s'en font apperçus; le Docteur Marquet en a démontré le méchanifme pour le pouls naturel. Je vous ai pareillement fait voir dans cette Lettre qu'on pouvoit étendre ce méchanifme à tous les pouls irréguliers.

Vous voyez, Monfieur, par là, de quelle utilité eft la Mufique pour la connoiffance du pouls; elle n'eft pas moins utile, comme vous l'avez pu remarquer, pour la fanté & les maladies. Je penfe donc que cette Lettre deviendra pour vous un motif de plus pour vous adonner à cet Art libéral.

Je fuis, &c.

Paris, ce 8 Février 1769.

LETTRE VII.

Sur la Pleuréfie & la Péripneumonie.

DEUX maladies bien communes dans les campagnes, font, Monfieur, la pleuréfie & la péripneumonie. Nous voyons journellement périr, par ces maladies, faute de foulagement, une infinité de Villageois ; elles exigent l'une & l'autre un fi prompt fecours, que pour peu de retard qu'on y apporte, elles deviennent prefque toujours mortelles, ou du moins elles fe terminent par une autre maladie, qui, quoique plus longue, n'en eft pas moins dangereufe. Vous êtes journellement occupé, Monfieur, à exercer des œuvres de charité envers les Habitans de vos Terres ; combien n'aurez - vous pas d'occafions d'employer votre zele, dès que vous connoîtrez ces deux maladies, & que vous faurez la méthode qu'il faut fuivre pour pouvoir y apporter guérifon ! Quoique les Praticiens en Médecine les confondent ordinairement enfemble, elles font bien différentes l'une de l'autre, quant aux fymptômes & aux parties qu'elles affectent ; leur traitement eft néanmoins le même, ayant toutes deux les mêmes caufes, tant prochaines qu'éloignées.

La pleuréfie, fuivant fa définition, eft en général une douleur de côté piquante & très-violente ; elle fe diftingue en trois efpeces, en vraie, en fauffe & en compliquée. La vraie a pour

symptômes une difficulté de respirer, une toux,
une fievre aiguë, & une dureté dans le pouls.
Les symptômes de la fausse sont moins violens;
la douleur de côté ne gît dans cette espece qu'à
l'extérieur, la respiration se trouve néanmoins
difficile, & le plus souvent il y a toux. La compliquée est toujours accompagnée, ainsi que les
deux autres, de difficulté de respirer, & en outre
d'une toux violente, d'un crachement de sang &
d'une fievre aiguë. La cause prochaine & immédiate de la pleurésie vraie est l'inflammation
de la plevre; & celle de la fausse, l'inflammation des muscles intercostaux, ce qui fait qu'il y
a toujours oppression dans cette derniere.

La péripneumonie, au lieu d'avoir son siege
dans la plevre & les muscles intercostaux, l'a
spécialement dans la substance même des poumons; c'est une inflammation de ces visceres,
dont les symptômes sont une douleur gravative
dans la poitrine, une respiration laborieuse &
chaude, une toux importune, un crachement
de sang & une fievre aiguë. Comme les poumons
sont divisés en deux lobes, il n'est pas surprenant, Monsieur, que quelquefois un lobe se
trouve affecté, tandis que l'autre est fort sain,
& pour lors la péripneumonie n'a son siege que
dans le lobe affecté.

Par la définition de l'une & de l'autre maladie,
vous avez pu remarquer que ce sont deux maladies inflammatoires, & qu'elles sont occasionnées
par les mêmes causes. Toute inflammation est
un engorgement de sang dans les vaisseaux
capillaires ou dans les arteres lymphatiques qui
se trouvent dans la substance même des parties
enflammées. Si cet engorgement se fait dans les
vaisseaux capillaires de la plevre, il y a pour

lors pleuréfie vraie, & pleuréfie fauffe, fi c'eſt uniquement dans les petits vaiſſeaux des muſcles intercoſtaux. Elle fera compliquée, s'il y a engorgement, & dans les petits vaiſſeaux de la plevre, & dans ceux des poumons. Si cet engorgement eſt uniquement dans les petits vaiſſeaux de la ſubſtance même des poumons, la maladie change de nom, & ſe nomme péripneumonie. Tout ce qui eſt capable d'occaſionner cet engorgement doit être regaidé comme la cauſe éloignée de ces maladies. Or, ce qui retarde & arrête le mouvement du ſang dans les vaiſſeaux, eſt toujours une cauſe occaſionnelle de cet engorgement. Rien n'eſt plus propre à retarder & arrêter ce mouvement que de reſpirer un air froid, immédiatement après avoir fait des exercices immodérés, après un long travail, ou après avoir beaucoup parlé, ou même après avoir bu une trop grande quantité de vin ou de liqueurs ſpiritueuſes. On voit ordinairement ces maladies ſurvenir pour avoir découvert ſa poitrine, après avoir eu extrêmement chaud, & pour s'être expoſé à un air & à un vent froid. Tous les jours nous les voyons auſſi être occaſionnées pour avoir bu des liqueurs trop froides, & même à la glace, dans un inſtant qu'on eſt accablé de chaleur. Les pores du corps, qui ſe trouvent trop dilatés, ſe reſſerrent bien vîte par le contact immédiat d'un air froid, & par une boiſſon glacée : la tranſpiration inſenſible de la poitrine en eſt pour l'inſtant interceptée ; les vaiſſeaux ſe rempliſſent pour lors, & ne pouvant contenir toutes les humeurs qui s'y accumulent, ou plutôt le ſang, ils ſont obligés de ſe dégorger dans les petits vaiſſeaux des poumons & de la poitrine ; & en s'y dégorgeant, il faut néceſſairement que le sang y croupisse ; mais en y croupissant, l'engorgement se forme dans ces petits vaisseaux, & nécessairement l'inflammation de la plevre, des muscles intercostaux & des poumons s'ensuit.

Vous voulez savoir actuellement, Monsieur, en quoi differe la pleurésie de la péripneumonie, car je sais que rien ne vous échappe. Vous devez déja avoir une notion de ces différences, par le moyen de ce que je vous ai exposé sur ces deux maladies ; elles different entr'elles, comme vous avez pu le remarquer, par les parties qu'elles affectent. La pleurésie affecte la plevre, & la péripneumonie la substance des poumons ; mais ce n'est pas encore là en quoi consiste toute la différence. Dans la pleurésie, la respiration est difficile, mais elle n'est pas pour cela plus chaude & plus ardente ; tandis que dans la péripneumonie, la respiration est toujours accompagnée d'une grande chaleur qui s'exhale du corps : d'ailleurs les crachats des péripneumoniques sont toujours sanguinolens, sans aucune dureté dans le pouls, tandis que le pouls des pleurétiques est toujours dur, & qu'il n'y a jamais de sang dans leurs crachats, à moins qu'il n'y eût complication avec la péripneumonie.

Après vous avoir fait remarquer toutes ces différences, je vous observerai, Monsieur, que la pleurésie & la péripneumonie sont ou idiopathiques, ou symptômatiques. Si elles ne proviennent l'une & l'autre d'aucun vice dans les parties qui avoisinent leur siege, elles sont idiopathiques & essentielles ; mais si elles sont occasionnées par quelques autres maladies précédentes, elles sont pour lors symptômatiques. On distingue encore ces deux maladies en seches &

en humides. Elles font feches, fi les malades ne crachent pas, ou du moins très peu, & humides quand ils crachent beaucoup.

Le pronoftic de la pleuréfie & de la péripneumonie eft incertain pour l'ordinaire ; tout ce qui eft de fûr, c'eft que l'une & l'autre font des maladies aiguës, & par conféquent très dangereufes : en huit ou dix jours au plus, c'eft fait du malade, ou bien il fe trouve rétabli. Quand la pleuréfie vraie eft mal traitée, on n'en meurt fouvent pas, mais cette maladie dégénere en empyeme ; de même qu'une péripneumonie, aufli mal traitée, fe change en une vomique, ou en phthifie, fur-tout lorfqu'elle fe termine par la fuppuration.

La pleuréfie & la péripneumonie deviennent d'autant plus dangereufes, que la difficulté de refpirer fe trouve plus grande ; qu'il y a complication avec d'autres maladies ; qu'elles paffent pour épidémiques, & que les malades crachent moins, même très-rarement & très-difficilement. La pleuréfie fauffe n'eft pas fi dangereufe que la vraie ; ce n'eft même qu'une légere maladie, qu'on peut qualifier de paffagere, & elle n'a de mauvaifes fuites qu'autant que l'inflammation vient à fe communiquer à la plevre ou aux poumons.

La pleuréfie & la péripneumonie étant connues avec tous leurs fymptômes & leurs différences, il eft facile d'en établir la cure. Il n'y a dans ces maladies que deux indications à remplir : détourner le fang de la partie affectée, réfoudre & divifer les humeurs engorgées & croupiffantes. En rempliffant parfaitement ces deux indications, on fauve pour l'ordinaire le malade.

Le meilleur moyen pour détourner le sang & l'empêcher de se porter sur la partie affectée, est d'avoir recours à une diete légere, aux anti-phlogistiques, & aux saignées révulsives & plusieurs fois répétées. On ne peut assez tirer de sang dans ces maladies : on en diminue par là la quantité : on en appaise l'effervescence, & on dissipe l'inflammation de la partie affectée. Cependant il faut avoir égard, dans les saignées qu'on prescrit, à l'âge, au tempérament & aux forces du malade.

En parlant ici de la saignée répétée, je vous observerai, Monsieur, que cette saignée répétée, qui est si bien indiquée dans la pleurésie, & qui empêche que cette maladie ne dégénere en phthisie ou vomique, est souvent très-dangereuse, comme je l'ai remarqué plusieurs fois dans une phthisie confirmée; elle accélere, quand on la réitere souvent, la fin du malade.

Quant à la seconde indication à remplir dans la pleurésie & la péripneumonie, les apéritifs, les incisifs, les délayans, les échauffans même font merveille; mais il en faut prendre souvent & en grande quantité : on donne par là de la fluidité aux humeurs stagnantes, & on les rétablit dans leur état naturel. Vous pouvez encore avoir recours aux fomentations, aux linimens, aux emplâtres. Ces sortes de médicamens adoucissent, détournent & font résoudre les humeurs, & débarrassent ainsi les parties affectées de leurs engorgemens; mais il faut avoir attention que ces fomentations, loin de procurer l'effet desiré, ne bouchent les pores de la peau, n'agitent trop les humeurs stagnantes, ou qu'elles ne donnent lieu à la suppuration; pour lors ces remedes feroient plus de mal que de bien, ce qui arrive pour l'ordinaire. Ayez donc pour principe dans ces deux maladies , c'eſt ma récapitulation , de ſaigner beaucoup dès les premiers jours , de trois en trois heures , s'il le faut , & de donner beaucoup de délayans au malade. La ſaignée répétée & la boiſſon copieuſe forment ſouvent toute la cure , & toujours avec ſuccès. Il ne faut purger dans ces maladies que le plus tard que faire ſe peut. Quand on y eſt obligé , ne preſcrivez point, Monſieur, d'autre médecine que la ſuivante.

Vous prenez de la moëlle de caſſe récemment extraite, deux onces ; du nitre dépuré , deux ſcrupules ; des ſemences d'anis , une pincée ; vous faites cuire le tout dans une ſuffiſante quantité de petit-lait dépuré ; vous ajoutez à la colature deux onces de manne de Calabre , pour une potion à prendre le matin.

La tiſane que vous preſcrirez pour boiſſon dans la pleuréſie & la péripneumonie , ſera faite avec des raiſins paſſes dégrainés , une demi-once ; 12 jujubes ; vous ferez cuire le tout pendant une heure dans trois livres d'eau de fontaine ; ſur la fin de l'ébullition , vous ajouterez de la régliſſe raclée & concaſſée, un gros & demi, pour une tiſane à prendre pour une boiſſon ordinaire.

Une excellente potion à prendre auſſi de quatre en quatre heures dans ces maladies, pendant les intervalles des bouillons & de la tiſane , eſt celle qui eſt faite avec du ſuc de bourrache, trois onces , & du ſyrop d'éryſimum, une once ; cette potion eſt apéritive & inciſive : on pourra encore faire, pour les perſonnes attaquées de cette maladie, le loock ſuivant ; il eſt très-pectoral.

Vous

Vous prenez du blanc de baleine & du sucre candi, de chacun un gros, que vous broyez bien ensemble; de la poudre de réglisse, deux scrupules; de l'huile d'amandes douces & du syrop d'érysimum, de chacun une once: vous mêlez bien le tout pour un loock. Celui qui est prescrit dans la Pharmacopée de Paris sous le nom de loock blanc, est très-bon dans ce cas.

Si vous voulez prescrire un liniment pectoral, comme on a coutume de le faire dans ces maladies, servez-vous uniquement de l'onguent d'althæa avec de l'esprit-de-vin camphré, à la dose chacun d'une once; vous en oindrez bien la région de la partie affectée.

Les Habitans des Alpes se guérissent de la pleurésie avec le sang de bouquetin. On a voulu introduire l'usage de ce remede dans la Matiere Médicale; mais à présent il est abandonné totalement. On prétendoit que ce sang étoit d'autant plus actif, que l'animal s'étoit nourri de plantes plus abondantes en parties volatiles. M. Duhamel vante beaucoup contre la pleurésie, la péripneumonie & la fluxion de poitrine, une petite plante, connue vulgairement sous le nom de polygala. Voici, Monsieur, la formule sous laquelle on la prescrit.

Prenez de la racine de guimauve lavée, une demi-once; de la plante entiere de polygala, une poignée; de la réglisse, deux gros: faites infuser le tout dans une pinte d'eau bouillante, pour faire une tisane à prendre tiede dans les maladies susdites.

La premiere expérience que fit M. Duhamel avec cette plante, fut sur une jeune fille âgée de

22 à 23 ans, attaquée d'une fievre violente & continue, & d'un crachement de fang. Malgré les différentes faignées qu'on lui fit, dit M. Duhamel, & les expectorans qu'on lui donna, elle ne reçut aucun foulagement que par une tifane, dans laquelle on fit entrer une bonne poignée de polygala, & par l'ufage d'un fyrop fait avec la même plante. En 15 jours, cette fille fut guérie. Cependant vous devez être perfuadé, Monfieur, en lifant attentivement cette obfervation, que la guérifon de ce te fille n'eft pas due au feul polygala, mais bien plutôt à la faignée, ou, pour mieux dire, à l'un & à l'autre remedes réunis enfemble, dont l'un agiffoit comme révulfif, & l'autre comme délayant & incifif.

La feconde épreuve qu'en fit M. Duhamel, fut fur un homme âgé de 25 ans, attaqué de pleuréfie, d'un tempérament robufte & fec : il ne récupéra fa fanté, fuivant que le rapporte ce zélé Académicien, que par l'ufage d'une tifane faite avec le polygala. En moins de 20 jours, il fut radicalement guéri. M. Teynnint, Médecin Ecoffois, envoya, en 1738, à l'Académie des Sciences de cette Ville, des obfervations qu'il avoit faites à la Virginie fur le *feneka*, qui eft le polygala du pays ; il fait voir, dans le détail de fes obfervations, qu'il a employé cette plante avec fuccès pour la guérifon des maladies inflammatoires de la poitrine, en la prefcrivant à la dofe de 35 grains en fubftance, ou de trois onces en décoction. C'eft fur l'expofé des obfervations de ce Médecin, que M. Duhamel a effayé le polygala de notre pays dans les mêmes maladies ; quoiqu'il en ait remarqué de bons effets, ainfi qu'il paroît par fes obfervations, il n'ose pas néanmoins assurer que notre polygala agisse aussi efficacement que celui de Virginie.

Les Habitans des Montagnes de Savoie se servent, comme sudorifique dans la pleurésie, d'une petite absynthe, connue sous le nom de *genipi sabaudorum*. Ils regardent cette plante, non seulement comme spécifique dans les maladies inflammatoires de poitrine, mais même comme une panacée dans la plupart de leurs autres maladies.

En herborisant dans l'Alsace & la Lorraine, j'ai rencontré souvent une petite herbe qu'on nomme cresson de roche. C'est le saxifrage doré, ou le *chrysosplenium*, suivant quelques Botanistes. Les Naturels du Pays se servent avec succès de l'infusion des feuilles de cette plante pour la pleurésie; c'est tout-à-la-fois un bon incisif & un léger diaphorétique. Aux environs de la Marche, dans le Barrois mouvant, cette plante se nomme l'herbe de l'*Archamboucher*, parce qu'elle se trouve abondamment dans un bois qui porte ce nom. Son usage est très-accrédité dans ces contrées.

Je me suis servi plusieurs fois pour les points de côté, accompagnés de douleurs lancinantes, d'un emplâtre de térébenthine, que je faisois saupoudrer de feuilles de verveine pulvérisées. Cet emplâtre ainsi saupoudré est peut-être un des plus grands sudorifiques que nous ayions, & le meilleur remede que nous puissions employer avec les délayans, sur-tout pour ceux qui ont une aversion pour la saignée. Je ne peux néanmoins, Monsieur, disconvenir que la saignée doit être préférable en ce cas à tout autre remede. Tous les Praticiens célebres s'accordent unanimement à dire, en parlant de la faignée pour ces maladies, que trois ou quatre faignées, les premiers jours qu'elle fe déclare, font plus d'effet que quinze ou vingt placées en d'autres temps, & qui, bien loin d'appaifer pour lors les accidens, en excitent de nouveaux & de plus terribles. Combien de fois, dit M. Lieutaud, n'at-on pas décidé, dans des confultations, que les faignées étoient contraires à la fuppuration, comme on n'en fauroit douter, vers le quatrieme jour! Sydenham faifoit tirer, dans les inflammations de poitrine, environ quarante onces de fang en trois ou quatre fois. Barbeyrac & Riviere ordonnoient, dans ces cas, fix ou fept faignées, mais beaucoup plus petites que celles que prefcrivoit Sydenham : quant aux fudorifiques, ils font fouvent plus de bien aux cinquieme & fixieme jours, que dans les premiers. Je finis, Monfieur ; j'ai furpaffé de beaucoup les bornes d'une Lettre.

Je fuis, &c.

Paris, ce 15 *Février* 1769.

LETTRE VIII.

Sur la Toux.

LA toux eſt, Monſieur, une de ces maladies qui affectent indiſtinctement tous les hommes, de quelque tempérament, de quelqu'âge,
de quelque ſexe qu'ils ſoient: à peine pourroit-
on trouver dans l'eſpece humaine un ſeul individu qui n'en ait pas été attaqué pendant le cours
de ſa vie ; je ne dis pas même une fois, mais
même pluſieurs. La toux, lorſqu'on la laiſſe in-
vétérer, donne ſouvent naiſſance à pluſieurs autres maladies, & les maladies qui en proviennent ſont la plupart incurables. Comme elle
eſt très - commune & preſque toujours négligée, il eſt du devoir d'un Médecin qui ſe
dévoue par état au ſoulagement de ſes ſemblables, de faire connoître les conſéquences qui
réſultent du peu d'application & de ſoin qu'on
y apporte, & d'indiquer en même temps les
différens traitemens qui conviennent ſuivant les
cas ; c'eſt même une obligation indiſpenſable
que tout Citoyen eſt en droit d'exiger de lui.

Pour traiter, Monſieur, avec méthode de la
toux, je vous en donnerai la deſcription ; je
vous développerai toutes les cauſes qui peuvent
l'occaſionner ; j'en ferai voir les différences ; j'en-
trerai dans le détail de ſes ſignes diagnoſtiques
& prognoſtiques, & je terminerai enfin cet
article par l'expoſition des remedes qui convien-

nent dans fon traitement¹, & qui doivent varier felon les différentes efpeces.

Toute expiration violente, fubite, & qui fe fait avec bruit, eft ce qu'on appelle toux; cette expiration eft néceffairement une fuite d'une contraction forte, fubite, involontaire, & même fouvent convulfive des poumons, du diaphragme & des autres mufcles épigaftriques. Mais cette contraction ne peut fe faire que par une irritation violente de ces parties, & toute irritation dans ces organes reconnoît pour caufe tout ce qui eft capable de les ronger, de les picoter, de les lacérer & de les détendre trop précipitamment. Vous pouvez conféquemment, Monfieur, mettre au nombre des caufes de la toux tout ce qui peut donner lieu à ces différens effets. Rien n'eft plus propre à occafionner une trop grande diftenfion dans les poumons, que l'infpiration d'un air trop chaud, ou l'affluence d'une trop grande quantité de fang ou d'humeurs vers leur propre fubftance, ou même encore la trop grande raréfaction de ce fang & de ces humeurs; par conféquent, toutes les fois que vous infpirerez un air trop chaud, ou que vous pécherez par la trop grande quantité ou la trop grande raréfaction du fang, vous devez vous attendre pour l'ordinaire à la toux. S'il y a inflammation & même des vents dans le médiaftin, dans la plevre & dans les mufcles de la poitrine, ces parties en feront néceffairement diftendues, & par conféquent la toux s'enfuivra encore. Les inflammations du diaphragme donneront pareillement lieu à cette maladie, par la même raifon. Les inflammations & les commotions trop violentes du foie & de l'eftomac ne la produiront pas moins, à cause du voisinage & de la liaison de ces parties avec le diaphragme : aussi la toux est placée parmi les signes symptômatiques de l'inflammation ou du schirre du foie La toux provient encore de la trop grande quantité de la bile qui se trouve aussi dans ce viscere, & qui en distend les fibres : un estomac trop plein ou fatigué par des vomissemens, ou irrité par des matieres âcres, ou même encore peu propre à la digestion des alimens, donne le plus souvent lieu à la même maladie.

Parmi les différentes causes irritantes, l'air, quand il se trouve chargé d'exhalaisons trop âcres, caustiques, corrosives, acides, sulfureuses, est une des principales qui excitent la toux ; des alimens trop salés, trop poivrés, la procurent pareillement ; ils irritent la bouche, le gosier, la luette & la partie supérieure de la trachée artere. C'est encore par irritation qu'une lymphe trop âcre ou salée, qui tombe des glandes de la bouche ou de la membrane pituitaire dans la gorge & la luette, fait souvent tousser. On pourroit aussi rapporter, parmi les causes irritantes de la toux, une matiere purulente qui se trouve quelquefois répandue dans la substance même des poumons.

Le diaphragme est susceptible d'irritation en différens cas, & dès qu'il est une fois irrité, il faut nécessairement que la toux s'ensuive. Le pus qui séjourne sur cette membrane dans la maladie de l'empyeme, ou bien même les vapeurs âcres & corrosives qui s'élevent souvent jusqu'à cette même membrane, des visceres viciés du bas-ventre, sont quelquefois les causes occasionnelles de l'irritation du diaphragme. La toux peut être encore occasionnée par l'irritation qu'ex-

cite dans la plevre & les mufcles de la poitrine, un pus qui furvient à la fuite de quelques
fractures des côtes. Il arrive très-fouvent qu'on
touffe, lorfque quelque mie de pain, ou même
d'autres fubftances étrangeres viennent à pénétrer par hafard dans le canal de la trachée-artere. Combien de fois, Monfieur, n'avez-vous
pas été expofé à la toux par ce feul accident!
Les Praticiens divifent la toux en humide & feche : dans la toux humide, on rend avec effort
des crachats plus ou moins épais; dans la toux
feche, on ne crache que peu, & même fouvent
point du tout: auffi cette efpece de toux eft fort
incommode.

Par toutes les différences occafionnelles que
je viens de rapporter, vous devez aifément conclure que la caufe de la toux humide eft l'épaif-
fiffement de la lymphe dans les vaiffeaux du
poumon, ou l'âcreté de cette même lymphe, qui
irrite & picote les membranes de ce vifcere. La
toux feche reconnoît différentes caufes ; ou elle
provient de la féchereffe des fibres du poumon,
ou même de divers tubercules qui s'y font formés.
Des inflammations éréfipélateufes, & le voifinage
d'un foie & d'un eftomac viciés, peuvent pareillement lui donner lieu.

Une divifion de la toux, qui fe préfente naturellement, eft en fympathique & en idiopathique. L'idiopathique a fon fiege dans la poitrine : le pus épais, dans la fubftance même du
poumon, ou fur le diaphragme ; un abcès dans
la poitrine, dans la plevre, dans le médiaftin,
une férofité âcre qui s'infinue dans les poumons,
font les caufes conftitutives de la toux idiopathique. La toux fympathique eft celle qui provient de quelques vices dans les parties qui avoi-

finent la poitrine, comme dans le foie & l'estomac. C'est par cette raison qu'on fubdivife la
toux fympathique en différentes autres branches;
elle eft pour lors ou pectorale, ou pulmonaire,
ou bronchiale, ou ftomachique, ou même encore hypocondriaque.

Si vous avez, Monfieur, égard aux différentes caufes qui excitent la toux, vous pouvez
encore en établir une autre divifion; car elle
fera ou catharreufe, ou phthifique, ou fcorbutique, ou fcrophuleufe, ou fanguine, ou féreufe,
ou même enfin bilieufe. La catharrale eft celle
qui eft produite par une férofité âcre, qui tombe
fur les poumons ou la trachée-artere. La toux
fcorbutique doit fa naiffance à une humeur fcorbutique, ainfi & de même que la toux fcrophuleufe, à une humeur de la même nature. Les
fuppreffions des fueurs fpontanées, & d'autres
évacuations ordinaires, une gale répercutée, un
paffage du chaud au froid, un vent dominant du
midi & du nord, un défaut de conformation de
la poitrine, des faignées ufitées toutes les années
& en différentes faifons, entiérement négligées,
font ce qu'on appelle des vraies caufes antécédentes de la toux.

Cette maladie n'a pas fes fignes diagnoftics
bien difficiles; elle fe manifefte affez par elle-
même: mais pour connoître quelles en font les
caufes, c'eft-là où gît toute la difficulté. Cependant on peut dire qu'une toux eft pulmonaire,
c'eft-à-dire, qu'elle a fon fiege dans les poumons, lorfqu'on remarque dans la maladie tous
les fignes fymptômatiques, qui indiquent une
péripneumonie; une vomique, un abcès, un
ulcere des poumons, lorfqu'il y a obftruction
invétérée dans la poitrine. On peut facilement

la connoître par la toux ; elle eſt pour lors continuelle, ſans laiſſer au malade aucune rémiſ-
ſion ; il touſſe plus profondément, & le ſon
qu'il rend en touſſant eſt preſque rauque. La
perſonne qui ſe trouve affectée d'une pareille
obſtruction reſſent une douleur très-grande dans
ſa trachée-artere, & la matiere qu'elle expectore
eſt quelquefois plus ou moins viſqueuſe, & en
quelque façon écumeuſe. Une toux ſimplement
bronchiale, ou qui provient uniquement d'une
irritation dans la trachée-artere, ſe connoît,
1°. ſi elle eſt accompagnée des mêmes ſymptômes que ceux de la ſquinancie, d'un abcès &
d'un ulcere de la trachée artere ; 2°. ſi le malade
ne reſſent aucune douleur fixe dans les poumons ;
3°. s'il ne ſe fait aucune expectoration ; 4°. s'il
y a picotement dans la trachée, 5°. ſi cette toux
a été précédée d'une fluxion catharrale, s'il y a
éternuement & enchifrenement, & enfin ſi le ſon
que rend le malade en touſſant, ne paroît être
que ſuperficiel.

Pour diſtinguer la toux ſtomacale d'avec toute
autre toux, il y a, Monſieur, pluſieurs indices : ſi la
ſecouſſe qu'occaſionne cette toux à la poitrine,
eſt plus forte, plus longue & plus difficile qu'elle
n'eſt pour l'ordinaire dans la plupart des toux ;
ſi le malade touſſe davantage après avoir
mangé que lorſqu'il eſt à jeun ; s'il reſſent une
douleur, ou du moins un léger picotement dans
la région du cœur ; s'il perd l'appétit, ou s'il
eſt ſujet à une mauvaiſe digeſtion, on peut dire
avec raiſon que la toux qui ſurvient dans tous
ces cas eſt vraiment ſtomacale : elle ne l'eſt pas
moins auſſi, s'il y a inflammation ou peſan-
teur dans l'eſtomac ; & une preuve de ce fait,
c'eſt que ſouvent le vomiſſement, & même en-

core la déjection totale des alimens, accompagnée d'une matiere muqueuse, survient à la
suite de cette toux. Dans la toux stomacale, il
s'attache à la bouche beaucoup de crachats mu-
queux, sans pouvoir néanmoins en expectorer
aucun, ou du moins ne le faire qu'avec effort;
& pour lors encore la matiere qu'on expectore
est très-divisée.

La toux hypocondriaque, à moins qu'elle ne
soit ancienne, ne se trouve que très rarement
accompagnée d'enrouement : les boissons froides,
le manger, les montées, ne contribuent pas peu
à augmenter cette toux; elle se manifeste plus
pendant la nuit que dans aucun autre temps,
& se trouve toujours accompagnée d'un mouvement convulsif dans les hypocondres : les mélancoliques, ceux auxquels les hémorrhoïdes se
trouvent supprimées, qui ont un schirre dans
le foie & la rate, qui sont scrophuleux & qui
sont bossus, sont fort sujets à certe espece de
toux.

Une toux qui vient à la suite d'un enchifrenement, qui est accompagnée d'éternuement, de
pesanteur & de douleur de tête, sur-tout vers la
région des yeux & à la partie supérieure du
nez, est ce qu'on appelle toux catharrale : on en
est d'autant plus sûr, qu'on s'apperçoit pour
lors d'une matiere séreuse qui découle du nez
dans la bouche, & qui, par son âcreté, occasionne
la toux. La matiere qu'on expectore pour lors est
d'une saveur salée; elle se trouve d'abord être
de peu de consistance & très-limpide, mais peu-
à-peu elle s'épaissit. La toux catharrale incommode plus pendant la nuit que dans tout autre
temps; ceux qui en sont affectés ne dorment
que d'un sommeil interrompu, & le matin en se

levant, ils fe trouvent même plus fatigués qu'en fe couchant. Ces malades n'ont aucun appétit, & leur goût eft totalement dépravé; & quoiqu'ils aient foif à chaque inftant, cependant toutes les liqueurs leur paroiffent infipides, & n'ont pour eux qu'un goût terreux. Ces fortes de malades font encore expofés aux friffons, & c'eft fur - tout le foir que la fievre catharrale furvient.

La toux phthifique a pour fignes diagnoftiques tous ceux qui accompagnent la phthifie : on en peut dire autant de la toux fcorbutique, par rapport au fcorbut. La toux fcrophuleufe eft facile à connoître; car tous ceux qui en font atteints ont prefque toujours des tumeurs fcrophuleufes à la furface extérieure de leurs corps ; d'ailleurs cette toux eft accompagnée ou précédée d'ophtalmie, de gale, ou d'autres fymptômes pareillement fcrophuleux. Quand les crachats qu'on expectore font d'une couleur bilieufe & citronnée, quand on a la bouche amere, qu'on a une foif preffante, que la toux eft fonore, on appelle cette forte de toux bilieufe. La toux fanguine a auffi fes fignes caractériftiques. Tout ce qui dénote la pléthore, une tenfion des vaiffeaux veineux, un pouls plein, un crachement rougeâtre, une fadeur dans la bouche, une rougeur & une efpece d'enflûre dans le vifage, font autant de fymptômes qni défignent cette toux : mais quand la toux eft pituiteufe, le vifage dn malade eft d'une couleur blanche & pâle; fes crachats font blancs, vifqueux, aqueux, & d'une faveur infipide, ou même encore fouvent falée.

Après vous avoir, Monfieur, expofé les différentes efpeces de toux, je paffe aux pronoftics

de cette maladie ; il y en a de dangereux & de
salutaires. La toux humide, qui se change su-
bitement en toux seche, donne pour l'ordinaire
lieu à une suffocation, sur-tout quand les forces
manquent au malade ; & dans ce cas, la toux seche est d'elle-même mortelle.

Toute toux qui affecte les personnes cachec-
tiques, & qui est accompagnée d'une expectoration d'une matiere purulente & chargée de
quantité de sels âcres, corrode presque toujours
les poumons, sur-tout si elle est de longue durée. Plus la matiere qu'on expectore, par le
moyen de la toux, se trouve liqude & âcre,
plus vîte la phthisie se déclare, principalement
s'il y a enrouement, douleur dans la bouche & la
trachée-artere. La toux catharrale, qui fait naître
des pustules & des crevasses dans la bouche &
la langue, est aussi presque toujours la messagere
de la phthisie & de l'étisie, sur-tout si elle revient
souvent.

Il y a plus à craindre d'une toux seche que
d'une toux humide ; & quand elle dure trop
long-temps, il est presque toujours sûr qu'on a
quelque schirre dans les visceres. Une toux seche,
qui dégénere en asthme pareillement sec, n'est
pas sans danger. Quand elle affecte les enfans,
elle annonce, avec d'autres symptômes, une
petite vérole ou une rougeole qui va se décla-
rer. La toux seche stomacale se change pour l'ordinaire en coqueluche ; les malades, lorsqu'ils
en sont atteints, peuvent à peine se reprendre.
La coqueluche occasionne des hernies aux enfans,
& l'avortement aux femmes enceintes. On est
menacé d'une fievre putride ou étique, ou d'une
ulcération dans les poumons, lorsque la toux,

d'humide qu'elle étoit, devient à l'inftant feche, fur-tout quand la même pefanteur refte fur la poitrine. Le crachement de fang & l'étifie fe trouvent pour l'ordinaire prefque toujours précédés d'une toux qui enleve le fommeil, qui dure très-long-temps avec violence, & qui revient à plufieurs reprifes. L'enrouement, la toux & le flux réunis font les vrais fymplômes d'une phthifie déclarée.

Mais c'eft affez, Monfieur, vous entretenir des fignes dangereux de la toux; j'en viens aux falutaires. On a toujours obfervé qu'une toux qui n'occafionne pas de grands efforts, qui eft fuivie d'une expectoration prompte & facile, & qui n'eft accompagnée ni de douleur, ni de rougeur des yeux, eft prefque toujours falutaire. Une toux humide, quoiqu'elle vienne de la poitrine, lorfqu'elle n'eft pas ancienne, n'eft nullement dangereufe; elle débarraffe fouvent le corps des mauvaifes humeurs dont il pourroit être infecté, fur-tout fi elle paroît dans le temps des équinoxes. Celle du printemps eft infiniment plus falutaire que celle d'automne. Je vous obferverai ici qu'un Capitaine très - refpectable de la maifon du Roi, qui étoit attaqué depuis long-temps d'une toux invétérée, en a été radicalement guéri, en faifant ufage, feulement pendant quinze jours, des fumigations que je vous ai confeillées en cas de phthifie pulmonaire.

Je viens, Monfieur, de vous faire connoître les différentes efpeces de toux; il s'agit préfentement de vous indiquer la méthode qu'il faut employer pour procurer une prompte guérifon dans ces fortes de maladies, qui fouvent, faute de traitement, dégénerent en pulmonie, & c'eft par où je termine cette Lettre. Si votre toux a son siege dans la poitrine, & si elle est seche, il faut examiner d'où provient cette sécheresse; & selon les différentes causes qui peuvent lui avoir donné lieu, vous pourrez avoir recours aux différens remedes appropriés dans ces cas. Ou cette sécheresse provient de chaleur, & pour lors vous ferez usage intérieurement d'émolliens, de rafraîchissans, de bouillons de poulet, & vous vous gargariserez la gorge avec de la décoction d'orge & de lait. Ou elle est occasionnée par une trop grande quantité de sang; les saignées réitérées sont les remedes qui conviennent d'abord dans cette circonstance, ensuite de légers purgatifs, & enfin des béchiques. Ou elle est produite par l'insuffisance des forces vitales; vous associerez en conséquence des cordiaux aux expectorans, dont vous ferez usage. Ou enfin elle reconnoît pour cause l'hérétisme des fibres & l'acrimonie des humeurs; rien n'est plus propre pour y remédier que les adoucissans, les émolliens & les huileux. Outre ces quatre causes différentes, il s'en trouve encore d'autres qui produisent la sécheresse dans la toux. Une des principales est le trop d'épaississement de la matiere bronchiale, & sa trop grande ténacité. Les incisifs & les délayans sont les remedes qui remplissent le mieux cette indication : de ce nombre sont les décoctions des racines d'éryngium, d'arum, de pimprenelle blanche, d'hyssope, de capillaire, de scabieuse, de verge d'or, de pas d'âne, auxquels vous pourrez associer quelques remedes volatils. Les décoctions de squine, de sassafras, de salsepareille, avec les raisins passés, les jujubes & les figues, conviennent aussi quelquefois dans cette forte de fécherefte, pourvu néanmoins que la vifcofité & la ténacité de la matiere bronchiale ne foit pas l'effet d'une chaleur brûlante & intérieure; car les remedes que je viens d'indiquer, au lieu d'être falutaires, deviendroient dans ces cas très-nuifibles. Les délayans avec le blanc de baleine, le fyrop de violettes ou de capillaire, font les feules chofes dont il faut pour lors faire ufage.

Une toux feche, qui eft la fuite d'une humeur falée & trop divifée qui coule dans les poumons, exige un traitement totalement différent du précédent. Les incraffans font les remedes les mieux indiqués. On a encore employé quelquefois avec fuccès dans cette toux les apéritifs, les diurétiques & les fudorifiques. Quand il y a des tubercules dans les poumons, un des principaux fymptômes qui les annonce, eft une toux feche; les émolliens, les maturatifs, les expectorans & les déterfifs font les médicamens dont font ufage dans ce cas tous les Praticiens.

Si la toux dont vous êtes affecté, Monfieur, au lieu d'être feche, eft humide, il faut changer de batterie pour fon traitement; la raifon le démontre invinciblement. Ayez recours dans ce cas aux remedes qui peuvent détourner l'humeur de deffus la poitrine, & lui faire prendre fon cours par la voie des felles. Quelques Auteurs prétendent que rien ne convient mieux dans ces fortes de toux que le mercure doux, le mechoacam, les pilules *ante cœnam*, les pilules antirhumatifmales, même le jalap, pourvu néanmoins qu'il n'y ait aucune inflammation à craindre. Le remede qui m'a fouvent réuffi dans cette toux, eft un vomitif; mais quand on prefcrit ces fortes de remedes, il faut avoir égard aux forces & au tempérament du malade. Voici, Monfieur, quelques formules recommandées dans les Auteurs pour cette maladie.

Prenez conferve de fleurs de marguerite une once, mercure doux, douze grains, réfine de jalap, fix grains, fyrop de violettes fuffifante quantité; faites un bol.

Ou prenez gomme ammoniaque, extrait panchimagogue, de chacun un demi-fcrupule; trochifques alhendal, deux grains; elixir de propriété de Paracelfe, fix gouttes: mêlez; faites des pilules pour une dofe à donner avant le repas.

Ou prenez décoction pectorale, quatre onces; délayez deux onces de manne, une once de catholicon, & trois onces de fyrop de rofes; mêlez, pour prendre le matin. Si la matiere qui occafionne votre toux pectorale humide eft tenace & vifqueufe, employez les remedes fuivans, préférablement aux précédens.

Prenez catholicon une once, diaphenic, une demi-once; délayez dans quatre onces de décoction pectorale, pour un purgatif à prendre le matin. Après vous être ainfi purgé, faites ufage plufieurs fois dans le jour des décoctions de racines d'iris, d'aunée, de feuilles d'hyffope, de marrube, de réglifle, de figues, de jujubes, de dattes, avec du miel rofat. Ou

Prenez racines d'iris, de fenouil, d'aunée, de perfil, de pimprenelle blanche, de dompte-venin, de chacune deux onces; herbe d'hyffope, de fcabieufe, de bourrache, de marguerite, de verge d'or, de chacune une demi-poignée; faites cuire dans une fuffifante quantité d'eau, & buvez-en plufieurs verrées pendant le jour. Ou bien encore:

Prenez eau d'hyssope, de scabieuse, de chacune quatre onces; oximel scillitique, une once; syrop de nicotiane, trois onces ; mêlez, prenez-en de trois en trois heures une cuillerée.

Vous pourriez encore faire usage dans le même cas, pour procurer l'expectoration, du suc de raifort récemment exprimé & adouci avec un peu de sucre, de même que des pilules suivantes.

Prenez cloportes préparés , quatre onces; gomme ammoniac, un gros & demi; fleurs de benjoin, deux scrupules ; extrait de safran, de baume du Perou, de chacun un demi-scrupule ; baume de soufre térébenthiné ou anisé, suffisante quantité ; faites des pilules de quatre grains chacune ; la dose est de quatre pilules. Si l'humeur bronchiale se trouve trop divisée, employez les remedes incrassans.

Je suis , &c.

Paris , ce 22 Février 1769.

LETTRE IX.

Sur l'Asthme.

Parmi les maladies chroniques qui affectent le genre humain, celle, Monsieur, qui tient le premier rang, est, sans contredit, l'asthme : on définit cette maladie par ses symptômes essentiels ; c'est une grande difficulté de respirer, accompagnée de sifflement, mais sans fievre, & qui met le malade hors d'haleine. Il y a dans l'asthme trois degrés différens, suivant qu'il est plus ou moins violent. Le premier se nomme dyspnée ; il est si léger, qu'on ne doit pas même le qualifier de maladie. Quand on en est atteint, on respire, il est vrai, avec difficulté : mais à peine le sifflement se fait entendre. Le second degré de cette maladie est celui qu'on nomme proprement asthme ; il est beaucoup plus grave que le premier. Ceux qui se trouvent dans ce cas ne peuvent respirer qu'avec grande peine, & même toujours avec beaucoup de bruit & de sifflement. Le troisieme degré est connu chez les anciens Praticiens sous le nom d'*orthopnée* : c'est de ces trois degrés le plus dangereux. Les malades ont une si grande difficulté de respirer, qu'ils courent risque à chaque instant d'étouffer ; & pour éviter cet accident, ils sont obligés d'avoir la tête élevée, & même souvent d'élever encore les épaules.

Vous me demandez actuellement, Monsieur,

la caufe de cette maladie ; il eft jufte de vous fa-
tisfaire : vous pouvez même le déduire de la définition que je vous en ai donnée. Tant
& fi long - temps que les véficules pul-
monaires, les bronches & la trachée-artere fe
trouvent dans leur état naturel, ainfi que tous les
autres organes de la refpiration, aufli long-temps
l'air a fon entrée & fa fortie libres dans nos poumons ; conféquemment notre refpiration doit être
aifée : mais fi les véficules des poumons, les
bronches ou la trachée-artere fe trouvent rétrécis
de façon à ne pouvoir admettre tout l'air néceffaire , il faut pour lors que la difficulté de la
refpiration s'enfuive, comme il arrive d'ordinaire dans l'afthme. La caufe prochaine & immédiate de cette maladie ne peut être autre chofe
que l'étranglement des vaiffeaux aëriens, qui re-
fufent dans ce cas à l'air un paffage aufli libre
qu'il lui faudroit.

Tout ce qui fera capable de refferrer & de ré-
trécir les vaiffeaux aëriens, peut conféquemment
être mis au nombre des caufes antécédentes ou
éloignées de cette maladie ; mais plufieurs caufes
peuvent occafionner cet étranglement des vaiffeaux aëriens. L'afthme reconnoît donc fouvent
différentes caufes ; car les vaiffeaux aëriens peuvent fe trouver enduits d'une grande quantité
d'humeurs vifqueufes & gélatineufes, ou obftrués
par des tubercules qui fe font formés dans leur
fubftance, & qui font même en fuppuration ; ou
bien ils font devenus fchirreux ; ou enfin ils peuvent être dans une efpece de convulfion par
rapport à quelque matiere âcre ou irritante qui
les picote ; & dans tous ces cas, ils ne fe trouvent pas moins rétrécis, & ôtent ainfi à l'air la
liberté de circuler.

Ces différentes caufes donnent lieu à la divifion de l'afthme en afthme humide, fec & convulfif. Dans l'afthme humide, le malade expectore, fans néanmoins grand foulagement, des matieres muqueufes, gélatineufes & tenaces. Dans l'afthme fec, il n'y a aucune expectoration, ou bien s'il s'y en trouve, elle eft très-peu de chofe. Enfin, dans l'afthme convulfif, l'oppreffion eft très confidérable, mais elle n'affecte le malade que fpafmodiquement & par intervalles.

On admet encore dans la pratique médicinale une feconde divifion de l'afthme en habituel, en périodique & en vague. L'afthme habituel affecte continuellement le malade; le périodique ne reparoît qu'après certain temps de l'année, & le vague n'a aucun temps fixe; tantôt il fe fait fentir dans une faifon, tantôt dans l'autre.

Je pourrois encore, Monfieur, vous rapporter une troifieme divifion de l'afthme, qui paroît bien naturelle: car l'afthme peut être ou idiopathique, c'eft à-dire, avoir pour caufe les poumons même qui font viciés; ou fympathique, quand les poumons ne fe trouvent affectés que par les parties voifines, auxquelles ils communiquent: & dans ce dernier cas, l'afthme peut être ou ftomacal, lorfque la caufe qui le produit a fon fiege dans l'eftomac; ou hyftérique, lorfqu'il provient d'affection hyftérique, ou hypocondriaque, quand il reconnoît pour caufe l'hypocondriacie.

Les caufes de cette maladie connues, je paffe, Monfieur, à fon pronoftic: elle n'eft pas pour l'ordinaire dangereufe, mais elle eft longue; & quand une perfonne s'en trouve attaquée, c'eft presque toujours pour toute sa vie. Cependant l'orthophné est des différens degrés de cette maladie celui qui est le plus à craindre ; car on a vu plusieurs malades dans ce cas, qui ont été suffoqués à l'instant. L'asthme convulsif est plus dangereux que toutes les autres especes d'asthme ; les causes qui l'occasionnent doivent néanmoins en varier le pronostic. S'il survient après la suppression des hémorrhoïdes ou du flux menstruel, en guérissant ces maladies, on le guérit aussi-tôt ; s'il succede à une gale ou autres maladies de la peau répercutées, en rappellant ces humeurs à l'extérieur, on parvient pareillement à le faire passer. Tout asthme, de quelque espece qu'il soit, dès qu'il dépend du défaut de conformation de la poitrine, est non-seulement incurable, mais il dégénere encore en phthisie, en cachexie, en hydropisie ; l'asthme, qui reparoît périodiquement, est moins dangereux qu'un habituel. Enfin, suivant Hippocrate, tous les enfans, qui, à la suite d'un asthme ou d'une toux, deviennent courbés, meurent presque toujours avant leur puberté ; car ce défaut de conformation, qui survient avant l'âge de quatorze ans, empêche que la poitrine ne prenne tout l'accroissement qui lui est nécessaire ; & sa capacité restant toujours la même, il ne s'y trouve pas pour lors un espace suffisant pour la respiration du poumon.

Quant à la cure, il faut la varier, comme vous pouvez bien, Monsieur, vous l'imaginer, suivant les différentes especes d'asthme, & selon que le malade se trouve dans le paroxisme, ou hors du paroxisme. Comme l'asthme humide dépend pour l'ordinaire d'une humeur tenace ou visqueuse, qui a son séjour dans les vésicules des poumons & des bronches, il y a pour lors trois indications à remplir : la premiere est de résoudre & de diviser la matiere morbifique; la seconde est de l'évacuer ; la troisieme enfin est de donner du ton aux poumons, pour empêcher l'affluence des humeurs visqueuses, & son nouvel amas. Or, rien n'est plus propre pour remplir la premiere indication, que d'employer les amers, les apéritifs & les aromatiques, soit sous la forme de pilules ou sous celle d'apozêmes, de potions, & même de lavemens. Quant à la seconde indication, les meilleurs remedes que vous puissiez employer, sont la rhubarbe, les gommes, les résines. Les pilules de Becher, de Stahl, conviennent aussi très-bien ; elles évacuent en divisant, & empêchent en même temps l'affluence des humeurs vers les poumons. Si vous voulez en outre donner du ton à ces visceres, & c'est-là, Monsieur, la troisieme indication de la maladie que vous avez à suivre, vous emploierez les toniques, les martiaux, le succin & les teintures spiritueuses, mais modérément.

Pour ce qui concerne l'asthme sec, comme il provient presque toujours ou d'un schirre qui s'est formé dans la substance même des poumons ou des tubercules, ou même d'une trop grande sécheresse de ces visceres, vous prescrirez dans ce cas au malade une diete humectante. Le lait d'ânesse, & même celui de vache, coupé avec des eaux minérales, remplit, on ne peut pas mieux, l'indication de cette maladie.

L'asthme convulsif se traite différemment. Comme il reconnoît pour cause une matiere âcre & irritante, il faut pour lors avoir recours aux

antifpafmodiques & aux anodins. De cette claffe
font la faignée , les lavemens, les émulfions,
les glutineux, les différentes préparations de pavot, l'écorce du Pérou & autres remedes pareils,
propres à appaifer , tempérer & adoucir les mouvemens fpafmodiques.

Si le malade que vous avez à traiter fe trouve
dans fon paroxifme, il faut vîte recourir au
remede propre à l'efpece d'afthme qui l'affecte ;
& fi on y remarque un danger évident de fuffocation , fans perdre de temps, il faut le faigner,
lui donner un vomitif & des lavemens ; car les
évacuans font les remedes les mieux indiqués
pour faire paffer le paroxifme, d'autant plus
qu'ils agiffent plus promptement que tout ce
qu'on appelle altérant.

Voulez-vous actuellement , Monfieur, que je
vous indique la marche que vous avez à fuivre
dans les différens traitemens de l'afthme, & fous
quelles formules vous pourrez prefcrire les remedes qui y conviennent ?

Je commence d'abord par l'afthme humide.
La premiere chofe que vous avez à faire eft
de confeiller au malade une diete feche, & de le
purger avec la potion fuivante :

Prenez du féné mondé, deux gros ; de la rhubarbe choifie concaffée , & du tartre foluble,
de chacun un gros ; des fommités d'abfynthe,
de petite centaurée, & des femences d'anis , de
chacune une pincée ; vous faites cuire le tout dans
cinq onces d'eau de Seine ; vous ajoutez à la colature une demi-once de manne & quatre gros
de vin-hémétique, pour un purgatif à prendre
deux ou trois fois par mois.

Vous mettez enfuite le malade pendant neuf
jours à l'ufage du bouillon fuivant : Prenez
racines

racines de petit-houx, de chicorée, d'eryngium,
de chacune une once; limaille de fer rouillée,
suspendue dans un nouet, une demi-once; faites
cuire pendant une heure dans un bouillon de poulet ou de veau; ajoutez ensuite des feuilles de
bourrache, de chicorée, de scolopendre, de
cerfeuil, de chacune une poignée; faites-les cuire
pendant un quart-d'heure, & sur la fin de l'ébullition, ajoutez des fleurs de bétoine, de tilleul,
& des fleurs cordiales, de chacune une pincée;
coulez & exprimez pour des bouillons à prendre
tous les jours, matin & soir, pendant le temps
ci-dessus prescrit.

Les bouillons finis, vous repurgerez de nouveau le malade avec la médecine précédente;
après quoi vous lui ferez prendre, pendant douze
jours, un opiat, tel que celui dont je vais vous
donner la formule.

Prenez safran de Mars apéritif préparé à la
rosée de Mai une demi-once; séné mondé, rhubarbe choisie pulvérisée, de chacun un gros;
racine d'iris de Florence desséchée, de gentiane
pulvérisée, de chacun six gros; diagrede, jalap,
de chacun deux scrupules; cloportes, un gros,
canelle, safran oriental, myrrhe, de chacun un
demi-gros. Après avoir exactement mêlé le tout,
& incorporé avec une suffisante quantité de syrop des cinq racines, vous faites un opiat, dont
la dose est d'un gros tous les matins, & pardessus un bouillon de veau altéré de feuilles de
bourrache, pour servir de véhicule.

Après cet opiat, vous repurgerez le malade;
ensuite vous lui ferez prendre tous les matins de
la poudre suivante:

Prenez fleurs de benjoin un demi-scrupule,

Tome III. Premiere Epoque.   N

fleurs de foufre, fucre candi, de chacun un fcrupule ; mêlez, faites une poudre pour une dofe.

Le fyrop mercurial ou de longue vie, paffe
pour un excellent remede dans cette efpece
d'afthme ; il provoque l'expectoration, & lâche
le ventre : on en prend pour cet effet, avant le
dîner, une ou deux cuillerées ; le malade ne fe
nourrira en outre que d'alimens acides, fecs,
volatils, & s'abftiendra du fouper.

Le tabac fumé ou mâché fait auffi très-bien
dans l'afthme humide ; les eaux de Buffang font
pareillement merveille pour cette maladie.

L'afthme fec fe traite bien différemment, ainfi,
Monfieur, que vous avez dû vous en convaincre
par ce que je vous en ai dit ; vous commencerez
la cure par un purgatif tel que celui-ci :

Prenez rhubarbe concaffée, tartre foluble, de
chacun un gros ; moëlle de caffe récemment extraite, fix gros ; infufez le tout légérement dans
huit onces de décoction de capillaire : délayez
dans la colature deux onces de manne de Calabre, pour une potion à prendre le matin.

Après avoir prefcrit au malade une diete humectante & rafraîchiffante, vous le mettrez à
l'ufage des bouillons fuivans.

Prenez racines de chiendent, deux onces, une
poignée de feuilles de pas-d'âne ; faites cuire
pendant une heure dans un bouillon de jeunes
poulets ; ajoutez feuilles de bourrache, de bu-
gloffe, de pulmonaire, de chacune un tiers de
poignée ; faites cuire pendant un quart-d'heure ;
fur la fin de l'ébullition, infufez légérement des
fleurs de violettes & de nénuphar, de chacune une
pincée ; exprimez pour un bouillon, dont le malade continuera l'ufage pendant neuf jours.

Les bouillons finis, vous repurgerez le malade comme ci-deſſus; enſuite vous lui ferez prendre pendant dix jours, tous les matins à jeun, le médicament ſuivant:

Prenez lait de vache, décoction d'orge, de chacun partie égale; faites cuire ſur un feu lent, juſqu'à la réduction de moitié; ajoutez alors du ſucre candi pulvériſé, deux gros.

Après l'uſage de cette eſpece d'alimens, le malade ſera encore purgé avec la médecine ci-deſſus; après quoi vous lui recommanderez, Monſieur, l'uſage du lait d'àneſſe pendant un mois, après avoir pris auparavant le bol ſuivant:

Prenez ſafran de Mars apéritif, préparé à la roſée de Mai, de la caſſe en bois & pulvériſée, de chacun cinq grains; du ſyrop de Velar, ſuffiſante quantité pour un bol.

Si tous les remedes ont opéré ſuffiſamment, vous ne riſquerez rien de preſcrire à votre malade des eaux ferrugineuſes, avec pareille quantité de lait.

L'aſthme convulſif exige encore un traitement particulier. Voici, Monſieur, les remedes que vous pourrez employer pour lors.

Prenez un jeune poulet, écorché & coupé par morceaux; de la racine de pivoine mâle, un gros; deux écreviſſes de riviere; faites cuire le tout au bain-marie avec des feuilles de chicorée, de creſſon de fontaine & de bourrache, de chacune une poignée; délayez dans la colature huit grains de ſel ſédatif d'Homberg, pour un bouillon à prendre le matin. Cependant, vous prendrez avant ce bouillon la poudre ſuivant.

Prenez yeux d'écreviſſe préparés, nitre purifié,

tartre vitriolé, antimoine diaphorétique, de chacun un gros ; mêlez : faites une poudre dont la
dofe eſt d'un ſcrupule, à prendre, ainſi qu'on
vient de le dire, avant le bouillon, qui en devient pour lors comme le véhicule ; ou bien prenez quinquina, ſalſepareille, ſel ſédatif d'Homberg, de chacun huit grains ; faites une poudre
à prendre chaque quart-d'heure dans l'aſthme
ſec.

Prenez encore pour cette maladie herbe de
pas d'âne, de lierre-terreſtre, de véronique, de
chacune une poignée ; fleurs de ſcabieuſe, de violette, de coquelicot, de chacune deux pincées ;
hachez le tout & le mêlez. La dofe eſt d'une
pincée par taſſe en infuſion théiforme, qu'on
adoucira avec un peu de ſucre.

Vous obſerverez, Monſieur, ſi vous voulez
completter la guériſon de l'aſthme convulſif,
d'employer, ſans rien craindre, & même le plus
ſouvent que vous pourrez, les ſaignées du pied,
les gélatineux, les émulſions, les anodins & les
narcotiques ; mais quant aux purgatifs, aux vomitifs, aux remedes chauds & âcres, ils ſont totalement contraires dans ce cas.

Avant de finir, je vous ferai part, Monſieur,
comment un Particulier eſt parvenu à ſe procurer
un parfait ſoulagement dans l'aſthme, par le
moyen des végétaux anti-aſthmatiques. Vous vous
rappellez, ſans doute, Monſieur, la machine
dont je vous ai donné la deſcription pour la phthiſie pulmonaire ; ce malade y a eu recours pour
ſon aſthme : il a pris une poignée de racines,
feuilles & herbes anti-aſthmatiques, dont je preſ-
cris ſouvent l'uſage en tiſane ; il a mis ces herbes dans la machine à fumigation, & il a fait
jetter pardeſſus une chopine d'eau bouillante : il y

a ensuite ajouté deux gros de baume térébenthiné de soufre, après quoi il en a respiré la fumée vaporeuse. Cela lui a fait un si grand bien, que depuis qu'il en a fait usage, il ne s'est ressenti d'aucun paroxisme d'asthme, chose qui lui arrivoit auparavant très-souvent.

Je suis, &c.

Paris, ce 28 Février 1769.

LETTRE X.

Sur la Vomique.

LA vomique, Monsieur, est un amas de pus formé dans la substance même du poumon, & renfermé dans une espece de sac ou kiste. Tant que la vomique reste dans son kiste, sans aucune rupture de l'abcès, il n'y a aucune lésion dans les secrétions, ni dans les fonctions vitales; & on peut dire alors, que quoique la présence de la maladie soit dans les poumons, on ne peut pas encore la qualifier de ce nom, puisqu'elle n'occasionne pour lors aucune lésion à nos fonctions vitales. Il arrive aussi tous les jours que des personnes se trouvent pendant plusieurs années avoir des vomiques sans aucun signe apparent. Combien d'exemples n'avons-nous pas de personnes, même parmi les plus célebres Médecins, suffoquées à l'instant même de la rupture d'une vomique, sans en avoir pu prévoir le danger par le moindre symptome! La vomique cachée, tant qu'elle eſt dans cet état , n'eſt donc pas une maladie ; mais dès qu'elle s'ouvre , elle devient pour lors une maladie à laquelle on ne peut porter aſſez d'attention de la part d'un bon Praticien. On la définit dans les Écoles , l'ouverture ſubite & inſtanée d'un abcès pulmonaire , ſuivie néceſſairement d'une expectoration copieuſe & inopinée de pus par le moyen de la trachée-artere, ou d'un épanchement de ce même pus dans la cavité de la poitrine , ou de l'un & de l'autre tout enſemble.

Quand le pus, après l'éruption de la vomique , ſe porte vers les bronches, c'eſt pour lors qu'il s'annonce par l'expectoration ,. ce qui arrive ordinairement ſans fievre , à moins que le poumon ne ſe trouve ulcéré ; mais ſi le pus ne s'évacue qu'en partie par la voie de l'expectoration, & qu'il s'en épanche dans la cavité de la poitrine, l'empyeme eſt une nouvelle maladie, qui en eſt toujours une ſuite indiſpenſable. Si par malheur le pus ſe porte totalement, ou même en partie ſur les ventricules du cœur, c'en eſt fait du malade ; il faut qu'il periſſe. Lorſqu'après l'éruption de la vomique , les poumons reſtent ulcérés, la phthiſie remplace cette maladie.

La vomique ſe forme toutes les fois qu'il ſe raſſemble des parties adjacentes un pus qui ſe trouve tellement renfermé , qu'il ne peut plus s'échapper, & que même il ne peut plus ſe mêler avec la circulation du ſang ; ce qui eſt d'autant plus facile à concevoir, que les parties adjacentes, par le moyen d'une nouvelle affluence d'humeurs, s'épaiſſiſſent & ſe durciſſent , deviennent très-propres à former un kiſte , qui ferme le paſſage à la ſortie du pus qui s'y trouve renfermé. La cauſe de la formation du pus dans la vo-

mique eſt la même que dans la phthiſie , *voyez*
Phthiſie. Dans l'une & l'autre de ces maladies ,
il y a néceſſairement une ſuppuration qui provient de la même cauſe ; la ſeule différence qu'on
y trouve, c'eſt que dans la phthiſie, le pus ſort
continuellement de l'ulcere , & s'étend de proche
en proche ; en rongeant & corrodant les parties
voiſines , au lieu que dans la vomique , le pus
ſe raſſemble peu-à-peu dans les véſicules pulmo-
naires , dont les parois , par l'éroſion & l'abondance de la matiere , ſe corrodent & ſe diſtendent
tellement qu'ils ne ſe trouvent plus capables de
pouvoir contenir une ſi grande quantité de pus
ſans un dommage conſidérable , ce qui occaſionne pour lors un véritable abcès , dont les cauſes antécédentes & éloignées ſont les mêmes
que celles de la phthiſie ; car tout ce qui occaſionne un ulcere peut pareillement faire naître un
abcès.

Par la théorie qui vient d'être expoſée, il eſt facile
de connoître la différence de la vomique à la phthiſie ; on peut auſſi très-bien diſtinguer ſa différence
d'avec l'empyeme. Dans cette derniere , la matiere purulente ſe trouve épanchée dans la cavité de la poitrine , au lieu que dans la vomique ,
elle eſt uniquement contenue dans les poumons.
Les tubercules qui ſe trouvent ſouvent dans ce viſ-
cere, ſont , proprement dit, autant de petites
vomiques ou de petits abcès qui ſe forment dans
ſes véſicules. Quand la matiere qui s'y forme s'en-
durcit , on les nomme skirreuſes. Ces tubercules
ſuppurent toujours pour l'ordinaire , & c'eſt uniquement en quoi ils different de la vomique.

Une vomique , lorſqu'elle eſt petite , peut reſter
long-temps dans la poitrine ſans aucun danger ;

elle s'évacue même souvent, sans le moindre symptôme, par l'expectoration. Il n'en est pas de même lorsqu'elle est considérable ; souvent , au moment même de sa rupture, elle étouffe le malade, & l'enleve par-là du nombre des mortels, ce qui arrive sur-tout lorsque la vomique se trouve bien enfoncée dans les poumons : mais si , après que la vomique est rompue, le pus que le malade expectore se trouve, comme on dit en termes de l'art, louable, & si l'excrétion en est très-abondante, avec une diminution totale des symptômes, il y a alors grande espérance de guérison : si au contraire, nonobstant l'excrétion copieuse de la matiere purulente , la respiration en devient plus laborieuse ; si la fievre survient ; si le malade a des sueurs froides ; si les extrémités de son corps sont comme glacées ; s'il y a encore défaillance & même syncope, on peut dire que la mort n'est pas bien éloignée.

Lorsqu'on sent, dans le pus expectoré par un malade , une puanteur & une infection ; quand ce pus s'épanche dans la poitrine, ou bien quand il laisse une exulcération dans les poumons , les malades deviennent pour lors insensiblement dans une espece de marasme: c'est ce qu'on remarque aussi communément dans la phthisie & l'empyeme. Rarement on peut récupérer une santé parfaite, si, après la rupture de la vomique, on n'évacue pas avec le pus , par le moyen de l'expectoration, en entier ou en partie, le kiste ; car tandis qu'il subsiste dans le poumon , il est toujours à craindre qu'il ne s'y fasse un nouvel amas.

Deux indications se présentent à remplir pour le Médecin dans la cure de cette maladie ; il faut évacuer la matiere purulente , déterger &

mondifier l'abcès. Pour faire évacuer cette matiere, il n'y a d'autre parti à prendre que d'avoir recours à des remedes, qui, en secouant fortement les poumons & les agitant violemment, puissent occasionner la rupture de la vomique. On fera très-bien, avant cet usage, si on se trouve dans le cas de traiter de semblables malades, de faire des fumigations humides, pour relâcher & amollir l'enveloppe de la vomique.

Parmi les remedes que nous venons d'indiquer, on peut placer les émétiques, les sternutatoires, & tous ceux qui, en irritant, augmentent la toux ; les ris immodérés, & quelquefois même les passions violentes & les grands exercices produisent le même effet. C'est dans ces momens qu'un Médecin a besoin de toute sa dextérité. Combien de fois n'arrive-t-il pas qu'au moment que se fait cette rupture, les personnes les plus robustes & les mieux constituées périssent par la suffocation ? Lorsque la matiere contenue dans la vomique se trouve évacuée, pour empêcher une nouvelle affluence d'humeurs à la partie affectée, & éviter la formation d'autres matieres purulentes, il est à propos de prescrire les purgatifs, mais seulement les plus doux & capables d'entretenir la facilité des selles. On associera à ces purgatifs les remedes absterfifs, & propres contre la corruption & la putridité. Celui qui tient le premier rang dans la classe de ces remedes, est sans contredit le scordium. Les médicamens térébenthinés, miellés, gommeux, s'allient trèsbien avec le scordium : on peut encore joindre la racine d'arum, autrement pied de veau. Cette racine est non-seulement absterfive, mais elle a encore une vertu incisive & résolutive. Après

l'ufage de ces remedes, on en viendra aux mon-
dicatifs & aux confolidans; telles font les infufions vulnéraires, la conferve de rofes, & tous les
remedes indiqués pour la phthifie. Nous avons
rangé dans cette claffe le lait: mais pour le plus
grand bien du malade, fi l'animal qui nous le
fournit ne pouvoit être nourri que de plantes béchiques, balfamiques, mucilagineufes, réfineu-
fes, de bourgeons de peuplier, de fapin, de pin,
quels fuccès n'aurions-nous pas lieu d'attendre
d'un pareil lait ? La potion purgative qu'on emploiera dans cette maladie pour relâcher le ventre, fera d'environ une once ou une once & demie de manne de Calabre, qu'on délaiera dans
une fuffifante quantité d'eau de véronique. Une
bonne tifane à prendre auffi pour boiffon ordinaire dans cette maladie, eft celle qui eft faite
avec deux onces de racines de grande confoude,
douze jujubes, qu'on fait cuire dans quatre livres
de décoction d'orge, réduites à trois livres: on
ajoute fur la fin de l'ébullition deux onces de régliffe raclée & concaffée.

Je fuis, &c.

Paris, ce 8 Mars 1769.

LETTRE XI.

Sur l'Empyeme.

Lorsqu'en vous parlant de la vomique, j'ai avancé, Monfieur, que cette maladie, avant la rupture du kifte, étoit plutôt une difpofition à une maladie qu'une maladie réelle (Voyez ma Lettre précédente), je n'ai fuivi en cela que le fentiment des plus grands Praticiens dans l'art de guérir les hommes. Tous affurent unanimement que la vomique eft une des maladies les plus cachées ; qu'elle ne fe manifefte pour l'ordinaire que lorfque l'abcès perce, & que le pus s'ouvre une route du côté des bronches, ce qui eft pour lors très-facile à reconnoître, par l'abondance de cette matiere que le malade rejette en touffant. Cependant il y a, à parler ftrictement, quelques fymptômes qui dénotent une vomique cachée, tels qu'une petite toux, tantôt feche, tantôt humide, une difficulté légere de refpirer, une haleine puante & une douleur fourde à la poitrine, quelquefois même des anxiétés, des fueurs nocturnes, un cours de ventre, une faim canine ; rarement trouve-t-on le malade qui en eft attaqué fans une efpece de fievre lente. Vous aurez encore d'autant plus de raifon de foupçonner cette maladie, fi, après une inflammation du poumon, vous remarquez que l'expectoration s'en fait mal, ou qu'elle eft totalement fupprimée ; fi la fievre, quoique parvenue au quatorzieme jour de la

N vj

maladie, ne diminue point; fi même elle augmente pendant la nuit, fur-tout fi elle eft accompagnée de fueurs; fi la douleur, la toux & la difficulté de refpirer fubfiftent. Ces fortes de malades ont encore fouvent leurs doigts livides & leurs pieds enflés. Vous voyez donc par-là, Monfieur, que fi j'ai dit que la vomique n'occafionnoit aucune léfion à nos fonctions vitales, ce n'eft pas dans un fens ftrict que vous devez le prendre, mais dans le fens le plus étendu. J'ai penfé auffi que dans ma Lettre fur la vomique, je pourrois me difpenfer de vous y rapporter les caufes de cette maladie. Combien de fois n'avez-vous pas ouï-dire, auffi-bien que moi, que la péripneumonie, les fluxions catharrales habituelles & les maladies de la poitrine, les pertes totalement fupprimées, les éruptions répercutées, les fuppurations taries, les contufions, les fievres putrides & malignes, & autres chofes de cette nature, donnoient lieu à ces fortes d'abcès ou de dépôts.

Il arrive quelquefois que la matiere purulente de ces abcès ou dépôts, quand ils font une fois ouverts, au lieu de fe porter vers les bronches, s'épanche au contraire dans la cavité de la poitrine; c'eft pour lors qu'il fe forme une autre maladie, qu'on nomme empyeme. C'eft de cette matiere dont il fera queftion, Monfieur, dans cette Lettre. L'empyeme, fuivant fa vraie définition, eft un amas de fang ou de pus dans la cavité de la poitrine, ayant toujours pour fymptômes une refpiration laborieufe, une toux feche, très-gênante & importune.

Puifque, fuivant cette définition, l'amas de pus ou de fang dans la capacité de la poitrine, eft ce qui conftitue cette maladie, vous devez, Monfieur, néceffairement conclure que les matieres liquides n'ont pu s'y accumuler, sans s'être procuré auparavant une issue hors des vaisseaux ou réceptacles qui les renfermoient. La cause prochaine & immédiate de l'empyeme consiste donc dans l'extravasation de ces humeurs ; mais ces liqueurs extravasées, qui n'ont pu être vuidées de la poitrine, qui s'y sont au contraire accumulées, ont dû nécessairement en diminuer la capacité, & comprimer, par leur propre poids, la substance même du diaphragme. Que doit-il pour lors s'ensuivre ? La respiration doit en devenir plus laborieuse, & une toux seche & importune en est la suite : aussi ai-je dit, dans la définition symptômatique de l'empyeme, que cette maladie étoit toujours accompagnée d'une respiration difficile & d'une toux seche. La cause prochaine étant ainsi connue, rien de plus facile que d'en découvrir les causes antécédentes & éloignées.

La définition de l'empyeme conduit à la division de cette maladie : ou c'est un amas de sang, & pour lors, elle est sanguinolente ; ou c'est un amas de pus, & elle se nomme purulente. Les causes de ces deux especes doivent être par conséquent différentes. L'empyeme sanguinolent ne peut provenir que de la rupture de quelques vaisseaux sanguins dans la capacité de la poitrine, ou de quelque blessure assez profonde pour avoir pénétré jusqu'à sa cavité, & même jusqu'aux poumons. Ainsi, tout ce qui peut occasionner l'érosion, l'ouverture, ou la rupture de quelques vaisseaux sanguins & internes de la poitrine, telle qu'une chûte, des plaies & d'autres causes violentes, peut être regardé comme la cause éloignée & antécédente de l'empyeme ; car du moment que le sang s'épanche dans cette cavité, il ne peut s'expectorer. Il faut de deux choses l'une ; ou que le malade fuffoque , ou que le fang s'accumule dans la poitrine , & qu'il occafionne conféquemment un empyeme fanguinolent.

Quant à l'empyeme purulent, il furvient toujours après une fquinancie , une pleuréfie , une péripneumonie fuppofée , ou une vomique ouverte : on doit par conféquent placer parmi les caufes éloignées & antécédentes de l'empyeme purulent, tout ce qui peut donner lieu à ces maladies. Il y a des empyemes qui n'affectent qu'un côté de la poitrine , & d'autres qui les affectent tous les deux. Outre la divifion générale de l'empyeme en purulent & en fanguinolent, les Praticiens font encore une diftinction de l'empyeme fimple d'avec le compliqué, du commençant d'avec celui qui eft invétéré. Pour ce qui conftitue , Monfieur, la différence dans l'empyeme d'avec la vomique, elle eft très-fenfible, ainfi que vous avez pu le remarquer. Dans la vomique, le pus fe trouve renfermé dans un fac ou kifte , fans prefque aucun fymptôme apparent; dans l'empyeme au contraire, il eft totalement difperfé dans la capacité de la poitrine avec une léfion manifefte des fonctions vitales.

La phthifie n'eft pas moins différenciée de l'empyeme que la vomique. Dans la phthifie , le pus fe porte vers les bronches & le canal de la trachée-artere , pour enfuite s'expectorer : dans l'empyeme , il n'y a nulle expectoration ; le pus, loin de fe vuider , refte épanché dans la poitrine. Il arrive néanmoins quelquefois que les phthifiques peuvent devenir empyématiques , fur-tout fi l'ulcere des poumons vient à fe répandre, & en ronge la partie extérieure & inférieure : mais pour lors , l'ulcere eft la maladie premiere ; l'empyeme n'eft que l'accidentelle. Cette derniere

differe auſſi de l'hydropiſie de poitrine, tant par
les ſymptômes différens qui caractériſent l'une
& l'autre maladies, que par la nature de la matiere extravaſée.

Après avoir rapporté les cauſes & les différences
de l'empyeme, je paſſe à ſon diagnoſtic. Vous pouvez être perſuadé, Monſieur, de l'exiſtence d'un
empyeme, ſi, à la ſuite d'une vomique ouverte,
d'une ſquinancie, d'une pleuréſie ou d'une péripneumonie ſuppurante, les douleurs du malade
ceſſent totalement, ſa reſpiration devenant à l'inſtant plus laborieuſe, & étant dès-lors accompagnée d'une toux ſeche. L'empyeme affecte ſouvent un des côtés de votre poitrine, ſi vous remarquez que votre reſpiration devient plus laborieuſe & votre toux plus incommode, lorſque
vous vous couchez du côté ſain. Un vrai ſigne
diagnoſtic de cette maladie, à ne pouvoir, Monſieur, vous y méprendre, c'eſt que pour l'ordinaire la perſonne qui en eſt attaquée ne peut
s'incliner profondément ſans un danger évident
de ſuffocation, ou ſans tomber au même inſtant
dans une ſyncope, dans une défaillance & une
palpitation, notamment ſi l'empyeme affecte le
côté gauche. Quelle preuve plus évidente d'un
empyeme peut-on encore avoir, que la fluctua-
tion même du pus, que pluſieurs de ces malades ſentent & même entendent ! L'ondulation
qu'on en découvre ſouvent, & la ſaillie que ce
liquide, ſe rapprochant des tégumens, forme,
ne peuvent laiſſer aucun doute ſur l'exiſtence
d'un empyeme. Les crachats les plus abondans
ne ſont pas pour lors ſuffiſans pour raſſurer contr'elle. Un goût de pourriture dans la bouche, avec
perte d'appétit, des enflures œdémateuſes, des
ſueurs colliquatives & nocturnes, une fievre lente

& hectique, moins forte pendant le jour, augmentant de beaucoup pendant la nuit, un visage
rouge du côté de la partie affectée, des frissons
irréguliers, des anxiétés, sont encore autant de
signes symptômatiques qui caractérisent cette
maladie, sur-tout s'ils se trouvent réunis avec
ceux que nous venons d'indiquer. Un signe encore sur l'existence de cette maladie, sont des
pustules de différentes couleurs, & une légere enflure œdémateuse sur le côté de la poitrine em-
barrassé. Quand l'empyeme est invétéré, l'enflure
des pieds ne manque jamais, le visage se dé-
charne & s'affaisse, les yeux deviennent concaves,
les cheveux tombent, les ongles se recourbent,
& tous les symptômes de la mort se manifes-
tent.

L'empyeme sanguinolent est plus facile à
connoître que le purulent; il n'y a pas même
de doute de l'existence du premier, si, à la suite
d'une chûte violente, ou de quelque blessure profonde, vous ressentez une respiration si laborieuse,
que vous vous trouvez à tout moment dans un
danger imminent de suffocation. Lorsque vous
retardez l'opération de l'empyeme sanguinolent,
le sang se putréfie à la longue & se corrompt;
mais les symptômes en restent néanmoins toujours les mêmes.

L'empyeme est une de ces maladies que vous
pouvez mettre au nombre des dangereuses &
même des mortelles, si vous ne travaillez promptement à procurer la vuidange des matieres extravasées par le moyen de l'opération, connue
sous le nom de l'opération de l'empyeme : il
faut nécessairement y avoir recours, quoi qu'en
disent les Auteurs. Cette matiere ne peut s'évacuer par aucune façon, ni par les sueurs, ni par

les urines, ni même par les selles ; la Nature
même, quelquefois plus forte que l'Art, n'a
aucune force pour procurer cette vuidange de la
poitrine. L'empyeme qui affecte le côté gauche
est plus dangereux que celui qui affecte le côté
droit, le mouvement du cœur s'en trouve par-là
plus troublé ; à plus forte raison cette maladie se
trouve avoir encore plus de danger, si elle oc-
cupe totalement les deux côtés de la poitrine. Dans
l'empyeme, plus la respiration se trouve gênée,
plus la fievre hectique & le marasme augmentent ;
plus les crachats s'épaississent & changent de couleur naturelle, plus la suite en est à craindre.
Lorsqu'on en fait l'opération, si le pus qu'on en
tire est blanc & de bonne qualité, il y a tout
lieu à espérer ; mais si au contraire il est sanieux,
bourbeux & fétide, la mort n'est pas loin.

Ce n'est, Monsieur, ni à la pharmacie, ni à
la diete que vous devez avoir recours pour le
traitement de cette maladie ; ce que je vous en
ai dit a dû vous en convaincre : en vain em-
ploieriez-vous tous les remedes possibles, vous
ne devez en attendre aucun secours ; c'est à l'o-
pération que vous devez recourir ; c'est-là le seul
moyen valable pour la cure de l'empyeme ; la
paracenthese est la seule chose capable de le guérir. Mais comment se fait cette opération ? & quelles précautions doit-on prendre ? C'est ce que
vous apprendrez dans tous les Auteurs qui trai-
tent des opérations Chirurgicales, notamment
dans l'excellent Traité d'Heister, Ouvrage de
40 ans. Ce sujet est fort ample, & plus étendu
qu'il ne faudroit pour pouvoir faire partie d'une
Lettre.

L'opération finie, les matieres extravasées
étant vuidées, il faut d'abord donner au malade

des remedes cordiaux & confortatifs , pour lui rappeller les forces ; ensuite lui prescrire intérieurement des vulnéraires, des absterfifs & des balsamiques également propres à lui purifier la masse du sang, à déterger l'ulcere, & à éloigner toute matiere de putridité ; vous ferez en même temps des injections dans la plaie avec une décoction vulnéraire, abstersive, pectorale, mondificative & balsamique. Si , après l'opération faite , la fievre subsiste encore, vous conseillerez au malade les diaphorétiques, les absorbans, les rafraîchissans & les fébrifuges ; vous le mettrez ensuite à l'usage du lait, que vous lui ferez couper avec une infusion théiforme & vulnéraire ; vous aurez soin sur-tout que votre malade n'habite qu'un endroit où l'air soit pur , salutaire & convenable à son tempérament.

Pour infusion vulnéraire & théiforme dans ces cas , prenez sanicle , buglosse, grande consoude, scordium , scabieuse, chardon bénit, aigremoine, de chacun une poignée ; fleurs de millepertuis, de verge d'or, fleurs cordiales, de chacune deux pincées ; mêlez ; prenez une pincée de ce mélange, elle suffit pour cinq onces d'eau ; infusez-la en guise de thé : vous adoucirez cette infusion avec un peu de miel de Narbonne ou de sucre ; le malade en prendra trois fois par jour.

Pour faire un bouillon aussi très-vanté dans cette maladie, prenez mou de veau coupé par petits morceaux, une livre ; amandes douces mondées, 30 ; orge mondée, deux pincées : faites cuire dans une suffisante quantité d'eau ; sur la fin de l'ébullition, ajoutez feuilles de scabieuse, de scordium, de pulmonaire, de cerfeuil, de chacune une demi-poignée ; coulez & exprimez pour un bouillon à prendre tous les jours , après avoir avalé un bol compofé de vingt ou vingt-quatre gouttes de baume de Canada, & d'une fuffifante quantité de réglifle pour le former.

Quant à la décoction propre à faire vos injections, prenez pour les faire, racines de grande confoude, d'ariftoloche ronde, de biftorte, de chacune une demi-once; herbes d'aigremoine, de fcordium, de lierre-terreftre, de fanicle, de pyrole, de plantain, de chacune une demi-poignée; faites cuire le tout dans quatre livres d'eau; ajoutez à la colature de la folution de myrrhe, ou du baume de Commandeur, une demi-once: vous en ferez tous les jours des injections, par le moyen d'une feringue, dans la poitrine du malade, jufqu'à ce que les ulceres foient totalement détergés, & que le malade fe trouve en meilleur état.

Les anciens Médecins faifoient appliquer fur le côté des cataplafmes maturatifs & fuppuratifs, & faifoient prendre intérieurement des apozêmes. Ils prétendoient que par le moyen des cataplafmes, la matiere contenue dans la poitrine viendroit en maturité, & fe cuiroit, & que, par la vertu des apozêmes, ils contraindroient cette même matiere de s'évacuer, foit par la voie des urines, foit par celle des matieres fécales. Vous devez fentir, Monfieur, combien il y a peu de fûreté dans cette méthode; elle eft même très-inutile, pour ne pas dire dangereufe. La liqueur extravafée dans le fond de la poitrine, de quelque nature quelle foit, doit en être mife promptement dehors, fans s'embarraffer fi elle eft mûre ou non. Les remedes externes, loin d'être pour lors avantageux, font même capables de caufer une inflammation, en bouchant les pores par où doit fe faire la tranfpiration.

Dans l'un & l'autre empyeme, il y a du danger d'en retarder l'opération : dans le fanguinolent, fi le fang extravafé féjourne dans la poitrine, il attaque les parties voifines, qui en étant viciées, viennent néceffairement en fuppuration ; dans le purulent, l'abcès qui eft ouvert s'augmente tous les jours de plus en plus, & les fymptômes en deviennent plus fâcheux.

Il eft de toute notoriété qu'il ne s'y trouve aucune iffue ouverte, par laquelle puiffe être expulfée la matiere extravafée dans la cavité de la poitrine, n'y ayant aucune communication en-tr'elle & les routes que tiennent les crachats, les urines & même les matieres fécales. L'opération eft donc d'une néceffité indifpenfable pour cette maladie.

Je fuis, &c.

Paris, ce 14 *Mars* 1769.

LETTRE XII.

Sur l'Hémoptyfie.

L'HÉMOPTYSIE eft un crachement de fang vermeil & écumeux, caufé par la rupture ou l'é-rofion de quelques vaiffeaux du poumon, ac-compagné ordinairement de toux. Cette mala-die eft des plus manifeftes, à ce qu'il paroît au premier coup-d'œil. Cependant on ne laiffe pas de s'y tromper fouvent : on la confond tantôt avec le vomiffement de fang, tantôt auffi avec des crachemens de sang qui viennent de toute autre partie que du poumon. La toux, les crachats plus ou moins chargés de sang, la chaleur, l'âcreté, la démangeaison, la pesanteur & la douleur que le malade ressent à la poitrine, avec plus ou moins d'impression, sont des symptômes non équivoques de cette maladie. Le sang qui vient du poumon est encore facile à connoître ; il est pour l'ordinaire vermeil, écumeux, & quelquefois si abondant, qu'il peut être regardé comme l'effet d'une vraie hémorrhagie. Dans l'hémoptysie, la toux a plusieurs degrés ; elle y manque même quelquefois, ou elle n'y est pas sensible. La différence qu'il y a donc de l'hémoptysie au crachement de sang des pleurétiques, péripneumoniques, & même des phthisiques, se tire de la couleur & de la quantité du sang expectoré. Ces derniers crachent un sang épais, mêlé de bile, de pituite ou de pus, non-seulement une fois, mais à plusieurs reprises, tandis qu'au contraire les hémoptysiques crachent sans peine, même à pleine bouche & à plein gosier, un sang pur, vermeil & écumeux. Le vomissement du sang est encore bien différent de l'hémoptysie ; le sang qu'on rend par le vomissement, loin d'être vermeil & écumeux comme dans l'hémoptysie, est noirâtre, ramassé en grumeaux, mêlé quelquefois avec les alimens & la boisson. Ce n'est souvent qu'avec effort & grandes douleurs que se fait ce vomissement.

Voici, Monsieur, les signes auxquels vous reconnoîtrez que le sang vient de tout autre endroit que du poumon : si on mouche du sang, & si on en crache en même temps, on peut dire qu'il vient du nez. Quand on le crache sans effort, par une simple sputation, ce sont pour l'ordinaire les gencives qui le fourniffent, ce dont on peut facilement s'appercevoir; lorfqu'au contraire le fang a fon foyer dans l'arriere-bouche, on ne peut l'en tirer que par un certain effort. Le fang qui découle du larynx fe chaffe par une efpece de râlement volontaire qui l'entraîne; il eft plus facile de s'y tromper que dans les autres cas, parce que ce crachement eft toujours accompagné de la toux : mais pour lors la toux eft legere, & le fang qu'on rejette n'eft jamais abondant; d'ailleurs le malade fent une âcreté ou démangeaifon au larynx, qui indique affez le fiege de la maladie.

La caufe de l'hémoptyfie n'eft pas, Monfieur, bien difficile à expliquer. Toute effufion de fang ne provient que de la folution de continuité des vaiffeaux fanguins : or, l'hémoptyfie eft une effufion du fang. Concluez donc (cette conféquence eft des plus évidentes) que l'hémoptyfie eft occafionnée par la folution de continuité des vaiffeaux fanguins qui fe trouvent dans les cavités internes des poumons. Ces vaiffeaux internes des poumons étant une fois rompus, le fang s'épanche néceffairement dans leurs véficules, de-là dans les bronches, & s'y mêle avec l'air; il doit néceffairement s'en expectorer avec une petite toux plus ou moins forte, fuivant la quantité & l'acrimonie du fang, & felon que la tunique intérieure de la trachée-artere & du larynx eft plus ou moins fenfible. Lorfque le fang s'expectore à proportion, qu'il fort des vaiffeaux, il excite une petite toux legere, & eft vermeil & écumeux ; tandis qu'au contraire, s'il s'écoule des vaiffeaux avec plus de vîteffe & en plus grande quantité qu'il ne peut s'expectorer, il doit s'enfuivre néceffairement une difficulté de respirer, une forte toux ; la poitrine doit aussi être légérement douloureuse, & le sang que le malade expectore moins vermeil & moins écumeux.

Tout ce qui peut médiatement ou immédiatement rompre, ouvrir, lacérer, corroder ou exulcérer les vaisseaux sanguins des poumons, doit être censé la vraie cause antécédente & éloignée de l'hémoptysie. Ainsi vous pouvez, Monsieur, valablement placer parmi les causes de cette maladie les coups, les chûtes, les blessures, les vapeurs corrosives, & autres choses de cette nature qui affectent immédiatement les poumons. Les efforts de la poitrine qu'on fait en chantant, en criant ou en toussant, les mouvemens de colere peuvent encore donner lieu à l'hémoptysie, de même qu'un exercice immodéré, la danse ; en un mot tout ce qui blesse la respiration ou qui détermine le sang avec trop d'impétuosité vers les poumons, la constitution de l'air, une nourriture trop abondante & trop salée, la suppression des mois & des hémorrhoïdes ; en général ce qui augmente l'acrimonie, la raréfaction ou la quantité du sang, sont pareillement des causes antécédentes de cette maladie, sur - tout s'il y a dans le malade une disposition héréditaire & un défaut de conformation dans la poitrine.

La crapule & la débauche n'en sont encore que trop communément des causes. L'hémoptysie est familiere aux jeunes gens depuis l'âge de 15 ans jusqu'à celui de 30. Les hypocondriaques, les gens de Lettres, ceux qui menent une vie sédentaire, & sur-tout les femmes, y sont encore sujettes.

Le pronostic de l'hémoptysie est toujours

mauvais ; car dès qu'il s'agit de l'ouverture des vaiſſeaux ſanguins, il y a toujours du danger. Jugez, Monſieur, ſi le danger n'eſt pas encore plus grand, lorſque ce ſont les vaiſſeaux ſanguins de la poitrine. Cette maladie n'eſt pas néanmoins ſi dangereuſe, ſi elle eſt périodique, & ſi elle n'eſt occaſionnée que par la ſuppreſſion menſtruelle ou hémorrhoïdale, principalement ſi elle n'eſt accompagnée ni de toux, ni d'autres ſymptômes ſuſpects. Celle qui provient de cauſe externe eſt beaucoup moins dangereuſe que celle qui reconnoît une cauſe interne, & qui, pour l'ordinaire, eſt le premier pas qu'on fait à la phthiſie & à la vomique.

L'aphoriſme 15ᵉ d'Hippocrate ne ſe vérifie encore que trop de nos jours au ſujet de l'hémoptyſie : *A ſanguinis ſputo, puris ſputum ; à puris ſputo, phthiſis ; à phthiſi, tabes ; indeque mors ;* du crachement de ſang, le crachement de pus ; du crachement de pus, la phthiſie ; de la phthiſie l'étiſie, & de-là enfin la mort.

M. Lieutaud, dans ſon Précis de la Médecine-Pratique, en parlant de l'hémoptyſie, fait ſur cette maladie une obſervation aſſez ſenſée, & qui mérite, Monſieur, que je vous en faſſe part ici. Le ſang, dit il, qui vient du corps du poumon, paroît s'en ſéparer quelquefois par une ſimple tranſſudation ; à peine s'en trouve-t-il alors aſſez pour teindre les crachats : mais l'hémoptyſie provient le plus ſouvent de la rupture des vaiſſeaux ; c'eſt pour lors que le ſang en vient quelquefois avec tant d'impétuoſité, qu'on s'imagine de vomir. Rien n'eſt plus commun que de voir les Médecins s'y tromper, ainſi que les malades, ſur-tout lorſqu'ils n'en jugent que par la relation qu'on leur en fait. Cette méprise eſt
d'autant

d'autant plus facile à faire, que l'hémorrhagie du poumon n'eſt pas toujours accompagnée de toux ; que d'ailleurs cette toux eſt fort légere ; il y a même quelque fondement à douter ſi le ſang vermeil qu'on rejette ſouvent à pleine bouche n'eſt point artériel.

On ſait, continue M. Lieutaud, que la fievre n'eſt pas eſſentielle à l'hémoptyſie, mais que néanmoins elle l'accompagne ſouvent. Dans cette circonſtance, ceux qui n'en ſont pas inſtruits peuvent la prendre pour la péripneumonie. J'ai été témoin, ajoute ce célebre Médecin, pluſieurs fois de cette bévue. On prétend que quelques-uns ont rendu avec le ſang des portions conſidérables de la tunique interne des bronches : mais ne peut-on pas dire que ceux auxquels cela eſt arrivé étoient auparavant phthiſiques, car perſonne n'ignore que les phthiſiques ſont expoſés aux hémorrhagies du poumon ?

Pour traiter l'hémoptyſie, il y a différentes indications à remplir de la part du Médecin : il doit, 1°. travailler à faire faire révulſion au ſang qui ſe porte en trop grande quantité ſur la poitrine ; il aura recours aux ſaignées du pied, aux ligatures des extrémités ; il fera mettre les pieds & les mains du malade dans de l'eau tiede, & il lui preſcrira ſouvent des lavemens. C'eſt en employant ces moyens qu'il parviendra non-ſeulement à diminuer l'abondance du ſang & des humeurs, mais encore à les détourner de la partie affectée.

La ſeconde indication que le Médecin doit ſe propoſer dans l'hémoptyſie, eſt de retarder le mouvement du ſang & d'en appaiſer l'efferveſcence. Rien ne convient mieux alors que de preſ-

crire des rafraîchiſſans, des nitreux & autres remedes de ce genre.

La troiſieme qui ſe préſente eſt de boucher, reſ-
ſerrer & réunir pour ainſi dire les vaiſſeaux ouverts ; les remedes aſtringens, épaiſſiſſans, ſont
propres à cette indication : mais il faut prendre
garde qu'en employant trop tôt des remedes aſtringens, ſur-tout de ceux qui ſont des plus
forts, le ſang extravaſé ne reſte dans la poitrine, ſans que l'expectoration puiſſe s'en faire ;
car il ſe changeroit en pus, & occaſionneroit pour
lors une maladie plus dangereuſe que la premiere.

Une quatrieme indication qu'un Médecin doit
s'attacher à remplir dans cette maladie, eſt de
faire réſoudre & expectorer le ſang qui ſera reſté
dans les cavités des poumons, après s'y être coagulé. Les décoctions pectorales, réſolutives &
abſterſives, conviennent très-bien.

5°. Enfin, il faut donner du ton aux poumons,
afin d'éviter une récidive. Les remedes toniques,
vulnéraires, & légérement aſtringens, ſatisferont
parfaitement à cette indication ; rien ne l'emporte
ſur-tout au changement d'air, qui, de tous les
remedes préſervatifs de l'hémoptyſie, eſt ſans
contredit le meilleur.

Je vais, Monſieur, avant de finir cette Lettre ;
vous donner quelques formules uſitées dans l'hémoptyſie ; elles vous feront d'autant plus de
plaiſir, à ce que j'eſpere, que vous êtes
dans vos terres éloignées des Villes, & que vous
n'avez pas toujours à votre portée des gens de
l'Art pour avoir ſoin de vos Villageois, qui ſont
quelquefois ſujets à cette maladie.

Prenez racine de grande conſoude, une once

& demie (*il y a une quantité prodigieuse de cette plante dans vos cantons*) ; faites-la cuire dans quatre livres d'eau de fontaine, jusqu'à la consomption d'un quart ; ajoutez sur la fin de l'ébullition roses rouges, deux pincées ; passez & donnez la colature au malade pour boisson. Ce remede est, comme vous voyez, Monsieur, très-facile à vous procurer, & il est un peu astringent. L'émulsion suivante convient pour la seconde indication de cette maladie.

Prenez 15 amandes douces mondées ; des quatre semences froides, une demi-once ; de la semence de pavot blanc, deux gros : pilez le tout dans un mortier de marbre, en versant peu-à-peu dessus une suffisante quantité d'eau d'orge ; exprimez ; ajoutez sur six onces de la colature une once de syrop de nénuphar, pour une émulsion à prendre tous les soirs en se couchant. Rien n'appaisera plus l'effervescence du sang que ce remede.

Un julep astringent que vous pouvez encore donner dans cette maladie, & même toutes les quatre heures, est le suc d'ortie & de plantain, mêlé ensemble à la dose de trois onces, auquel vous associerez trois grains d'alun pulvérisé.

Si vous êtes obligé, pour l'hémoptysie, d'avoir recours aux infusions vulnéraires, prenez de l'aigremoine, de la véronique & de la scabieuse, de chacune une demi-poignée, des fleurs de petite marguerite, deux pincées. La dose est d'une demi-pincée par tasse, à prendre en infusion théiforme trois ou quatre fois par jour.

Un opiat tonique & vraiment consolidant, pour éviter le retour de l'hémoptysie, est celui qui se fait avec de la conserve de roses, une once de corail rouge, de la terre sigillée, du sang de dragon, de chacun deux gros ; de l'antihectique de Poterius, un gros ; du baume de Leucatel, quatre gros : on mêle le tout avec une suffisante quantité de syrop de roses ; la dose est d'un gros & demi à prendre le matin.

Je suis, &c.

Paris, ce 21 *Mars* 1769.

LETTRE XIII.

Sur l'Hydropisie anasarque.

L'HYDROPISIE anasarque & l'hydropisie de poitrine sont, Monsieur, deux maladies, qui, quoique connues du temps d'Hippocrate, & aussi anciennes pour le moins que l'hydropisie du bas-ventre, n'ont pas à beaucoup près autant occupé les Médecins de l'antiquité que cette derniere. Il n'est pas difficile d'en donner la raison : 1°. l'hydropisie du bas-ventre, qui se nomme ascite, est bien plus commune que l'hydropisie de poitrine & l'anasarque ; 2°. l'hydropisie de poitrine n'est pas si aisée à connoître que l'ascite : plusieurs personnes meurent même de cette maladie, sans qu'on les en ait soupçonnées ; 3°. enfin, il est très-rare que l'anasarque n'accompagne pas l'ascite, & cette derniere se trouve encore compliquée avec l'hydropisie de poitrine. Vous ne devez donc pas, Monsieur, être surpris si le plus grand nombre des Auteurs, en parlant de l'hydropisie, ne font mention que de celle du bas-ventre. M. Bouillet pere nous a donné un excellent Traité sur l'anasarque. C'est l'extrait de ce Traité que je vous destine pour le sujet de cette Lettre.

Les anciens Médecins, dit M. Bouillet, ne nous ont pas fourni de grandes lumieres sur les causes immédiates de l'anasarque; ils ne nous font pas même d'un grand secours, ajoute-t-il, pour ce qui regarde l'hydropisie en général. Ils ignoroient la circulation du sang; ils ne se doutoient pas même de l'existence des vaisseaux lymphatiques & de la liqueur qu'ils renferment; en un mot, le tissu cellulaire de toutes les parties du corps leur étoit entierement inconnu. L'anasarque, suivant Hippocrate, se forme après une longue maladie, par la corruption des chairs qui se liquéfient, si on reste trop long-temps à évacuer les impuretés que la maladie a laissées. Ce pere de la Médecine attribue, dans un autre endroit de ses Ouvrages, l'anasarque à la fonte de la graisse, & à son changement en eau. Il observe en outre que cette maladie arrive pour l'ordinaire en été, & qu'elle est occasionnée par un excès de boisson, &c. ; quant à l'eau qui s'amasse dans le bas-ventre, il croit que la rate l'attire de l'estomac, & la verse ensuite dans cette cavité. Cette opinion a été même celle du plus grand nombre des Médecins qui ont vécu jusqu'au commencement du dernier siecle. Il n'en est pas de même de l'anasarque; le sentiment des Anciens est partagé: les uns le déduisoient d'une humeur aqueuse, fournie en partie par le foie & en partie par les chairs, qui se fondoient & devenoient eau ; les autres prétendoient qu'elle étoit formée par un sang pituiteux, crud & froid, c'eſt-à-dire, par un ſang aqueux, & pour ainſi dire éventé, lequel ſe répandant dans les vaiſſeaux de l'habitude du corps, gonfloit les chairs, & les rendoit blêmes comme celles d'un corps mort. Mais dès qu'on eut découvert la circulation du ſang, on changea de ſyſtême: on ſe garda bien pour lors de dire que c'étoit du foie ou de la rate que venoit l'eau dans l'hydropiſie, avec d'autant plus de raiſon, qu'on avoit preſque toujours trouvé ces viſceres abſolument ſains dans cette maladie. On chercha donc ailleurs la ſource de cette eau, & l'on ne la trouva que dans le ſang. La ligature qu'on employa auſſi-tôt ſervit bientôt de preuves à cette aſſertion. Lower, Médecin Anglois, ayant lié étroitement, tantôt la veine cave, tantôt les veines jugulaires d'un chien, lui procura promptement des hydropiſies artificielles; & après avoir ſéparé la peau des parties tuméfiées, pour voir ſi elles étoient gonflées par un ſang extravaſé, il n'en trouva pas la moindre apparence; il obſerva au contraire que tous les muſcles & les glandes étoient fort diſtendus par une ſéroſité limpide, & paroiſſoient tranſparens, d'où il fut aiſé de conclure, que lorſque le ſang ne pouvoit pas circuler librement, ou paſſer des arteres dans les veines, à cauſe d'une ligature ou de quelqu'obſtruction conſidérable dans le foie, la rate, le pancréas, le méſentere, ou dans quelques autres viſceres, la ſéroſité devoit s'en ſéparer & s'échapper par les portes des vaiſſeaux ſanguins, & cela d'autant plus facilement, que les tuniques en étoient plus diſtendues, ce qui devoit néceſſairement donner lieu à l'hydropiſie. La cauſe de l'anaſarque ne paſſa donc plus, Monſieur, depuis cette expérience, pour être occaſionnée par un ſang

pituiteux & mal élaboré, qui gonfloit les vaiffeaux de l'habitude du corps ; mais plutôt par
une férofité qui tranffudoit des vaiffeaux fanguins, ou par une humeur aqueufe, qui couloit
de quelques vaiffeaux lymphatiques rompus.

Perfonne ne contefta, continue M. Bouillet,
que cette derniere caufe n'eût quelquefois lieu
dans l'hydropifie, quoique néanmoins très-rarement ; mais quant à la premiere, ce ne fut pas
le fentiment univerfel. M. Haguenau, Médecin à
Montpellier, s'éleva même contre cette opinion. Dans un Ecrit imprimé en 1733, il pré-
tendit que les Médecins ont cru, fans aucun fondement, que la tranfpiration, tant intérieure
qu'extérieure, fe fait par les pores de toutes les
parties, & que prévenus mal-à-propos que le
corps humain eft tout fpongieux, & qu'il permet le paffage du dedans des liqueurs en dehors,
& du dehors en dedans, ils s'étoient imaginé
que la férofité qui forme les hydropifies, fortoit
par fuintement des pores des vaiffeaux fanguins.
Ce Profeffeur, convaincu de l'exiftence des vaiffeaux exhalans & abforbans, qui n'eft plus aujourd'hui révoquée en doute, & perfuadé que les
tuniques de tous nos vaiffeaux ne font deftinées qu'à empêcher que les liqueurs qui roulent
dans leurs cavités ne s'échappent que par les côtés ;
ce Profeffeur, dis-je, ne voulut reconnoître
d'autres caufes de l'hydropifie que la furabon-
dance de l'humeur aqueufe qui découle des arteres exhalans, & qui, n'étant pas repompée par
les veines abforbantes, s'amaffe quelque part en
trop grande quantité.

M. Bouillet, dans fon Traité fur l'hydropifie
anafarque, ne rejette, ni n'embraffe en tout point
le fentiment de M. Haguenau ; il convient, avec

ce Médecin, que les vaiffeaux exhalans doivent
fournir la plus grande partie de la férofité, qui
forme les hydropifies : mais il croit en même
temps que fans aller contre leur deftination, les
tuniques des vaiffeaux fanguins & lymphatiques
trop diftendus, peuvent laiffer paffer par leurs
pores les particules les plus fines des liqueurs qui
font renfermées dans la cavité de ces vaiffeaux.
M. Bouillet eft du fentiment d'Hamberger, favant Médecin Allemand; il penfe que la tranfpiration peut fe faire fans impulfion du cœur &
des arteres, ce qui eft d'autant plus évident, felon lui, que non-feulement toutes les parties du
corps humain tranfpirent beaucoup, mais encore les corps humains entiers continuent de le
faire, même après la mort. Et en effet, Monfieur, fi vous appliquez fur un cadavre un plat
d'étain, en forte que la cavité du plat foit tourné
vers le corps, vous le trouverez quelques heures
après arrofé de plufieurs gouttes de férofité.

L'Auteur dont j'analyfe l'Ouvrage, infere de-
là qu'outre la liqueur verfée par les vaiffeaux
exhalans, les pores des parties laiffent, même
dans l'état naturel, paffer une humeur infenfible
dans les cavités intérieures, d'où elle rentre dans
les vaiffeaux par d'autres pores ; & que comme,
ajoute-t-il, on reconnoît des vaiffeaux exhalans &
abforbans, on doit pareillement admettre des pores tranfpirans & abforbans. Si cela eft, la férofité qui fort des pores tranfpirans doit néceffairement s'accumuler, lorfqu'elle n'eft pas repompée par les pores abforbans.

Si on fe repréfente enfuite, continue M.
Bouillet, qu'au dedans des cellules de la membrane adipeufe, qui n'eft pas, comme on l'a cru
autrefois, bornée à l'habitude du corps, ni même

à la substance des muscles & des membranes,
mais qui pénetre encore tous les visceres, qui accompagne les nerfs & les vaisseaux sanguins jusqu'à leurs dernieres ramifications, & qui fournit
une espece de gaîne à toutes les fibres dont les
parties du corps humain sont composées ; si on
se représente, dis-je, qu'en dedans des cellules
du corps graisseux, s'étend un réseau, formé
d'un nombre presqu'infini de vaisseaux sanguins
& lymphatiques, on aura moins de peine à comprendre comment se forme l'anasarque, pourquoi elle n'attaque pas seulement l'extérieur du
corps, mais qu'elle a encore son siege dans la
substance intérieure de tous les visceres, & comment elle devient par-là hydropisie vraiment universelle ; pourquoi enfin il n'y a quelquefois
qu'infiltration dans la substance des parties, soit
extérieures, soit intérieures, sans qu'il y ait épan-
chement dans les grandes cavités.

M. Bouillet entre dans les plus grands détails
sur les signes qui caractérisent l'anasarque, &
qui la distinguent des autres especes d'hydropisie, de l'emphyseme & des infiltrations laiteu-
ses.

C'est dans son excellent Traité sur cette maladie, qu'il faut, Monsieur, les lire. Un extrait,
tel que celui dont est susceptible une Lettre,
n'est pas suffisant pour y développer toutes les
hoses excellentes que ce bon Praticien rapporte
à ce sujet : il fait connoître dans cet Ouvrage les
causes qui donnent ordinairement naissance à
cette maladie, & il rend parfaitement raison de
ses symptômes ; il indique même le danger auquel sont exposés ceux qui sont attaqués de l'a-
nasarque : il ne la distingue point de la leuco-
phlegmatie ; il est d'avis que ces deux maladies

ne different entr'elles que par des nuances plus ou moins senfibles.

La meilleure méthode de traiter l'anafarque, fuivant notre Auteur, eft celle qui nous a été tranfmife par Hippocrate, par Celfe, par Galien, &c. Hippocrate confeilloit la faignée, les vomitifs, les purgatifs, l'abftinence des boiffons, la fobriété, l'ufage des alimens convenables, le petit-lait, l'exercice modéré, enfin des incifions aux parties tuméfiées. Les mêmes remedes, dit M. Bouillet, ont lieu aujourd'hui: on a ajouté feulement les préparations de mars, le kermès minéral, les bouilions aux bains-marie, aux vomitifs & aux purgatifs récemment découverts, & qui font plus fûrs & moins dangereux que ceux dont on fe fervoit autrefois.

Tout ce que les connoiffances anatomiques & les obfervations réitérées de pratique nous ont procuré au fujet de l'anafarque, fe réduit donc uniquement à faire une meilleure application de ces remedes, & à diftinguer les cas où l'on doit fe borner à des moyens doux & fimplement palliatifs, d'avec ceux où il faut avoir recours à une méthode plus hardie, plus efficace & plus propre à guérir radicalement cette maladie. Dans les cas incurables, à quoi fert de tourmenter les malades par des remedes violens, qui pourroient même devenir très-dangereux ? Mais quand l'anafarque peut fe guérir, un Médecin ne manqueroit-il pas effentiellement à fon devoir, s'il fe bornoit à des remedes doux & inefficaces, & s'il n'employoit pas, fuivant l'exigence des cas, des évacuans & des fondans plus ou moins actifs ?

La faignée qu'employoit Hippocrate dans l'anafarque, vous paroîtra, fans contredit, Monfieur , très-déplacée. C'est un préjugé reçu de ne jamais faigner dans cette maladie : mais fi vous avez égard aux reftrictions d'Hippocrate ; fi vous faites attention aux circonftances qui ont précédé la maladie , & fi vous réfléchiffez fur les caufes qui ont pu l'occafionner , de même que fur les accidens qui l'accompagnent , vous ne pourrez difconvenir que ce remede ne puiffe être appliqué fort à propos dans certains cas , fur-tout quand les malades font jeunes & vigoureux. Cependant il ne faut y avoir recours , qu'autant qu'un danger évident de fuffocation , ou d'autres caufes plus fortes que les indications tirées de la nature du mal , ne nous y forcent ; ce feroit une imprudence d'en agir autrement. Les vomitifs , les purgatifs , les remedes toniques , apéritifs , ftomachiques , &c , ne vous révolteront pas fi fort que la faignée ; je n'en doute nullement. Ils paroiffent convenir dans une maladie où les férofités furabondent , foit pour évacuer celles qui font déja infiltrées dans la fubftance des parties , foit pour empêcher qu'il ne s'en dépofe de nouvelles dans leur tiffu cellulaire. Il n'en eft pas de même des fcarifications ; quand on les propofe aux malades fur les pieds , fur les jambes , fur les cuiffes , ils en frémiffent à la feule penfée , & plus encore à l'afpect d'un biftouri. Du temps d'Hippocrate & de Celfe , la délicateffe n'étoit pas fi grande que de notre fiecle ; les malades voyoient , fans s'émouvoir , le fer & le feu , & ils en fupportoient courageufement l'opération.

M. Bacher , Médecin de Paris , a publié un Traité fur l'hydropifie en général , par lequel il indique un fpécifique pour cette maladie : il nomme ce fpécifique *pilules toniques* , dont l'ellebore noir eft la bafe, & dont on a fait l'effai avec fuccès dans plufieurs Hôpitaux Militaires.

M. Bacher diftingue en général, avec Boërrhaave, les hydropifies en chaudes & froides. C'eft relativement à cette différence, dit-il, qu'il faut varier les remedes & le régime ; mais dans toutes les hydropifies (*& c'eft-là, Monfieur, la partie neuve du Traité de M. Bacher*), il confeille de laiffer boire aux malades, à leur foif, quelques liqueurs convenables. Les raifons qu'il donne de cette méthode diamétralement oppofée à l'opinion communément reçue, paroiffent des plus plaufibles. Une foif continuelle, inextinguible, dit M. Bacher, dans fa Lettre à M. Bonafos, Médecin de l'Hôpital Militaire de Perpignan, dénote dans un hydropique l'acidité du fang, une acrimonie dans les humeurs, leur putréfaction, l'inflammation, & un commencement de gangrene.

Le défaut de foif, quand l'hydropifie eft réelle, indique un relâchement, un affaiffement fouvent incurable, & une difpofition à une paralyfie mortelle : mais quand les hydropiques boivent avec plaifir un peu plus qu'ils ne faifoient en état de fanté, cette foif actuellement préfente, cu quand on peut l'exciter par l'art, eft un fymptôme des plus favorables ; elle indique le travail de la nature, qu'elle n'eft pas encore opprimée, qu'elle demande des moyens & de l'aide pour réfifter à la dyfcrafie des humeurs, pour vaincre leur ténacité, pour corriger & éliminer leur acrimonie. On conçoit de-là, continue M. Bacher, pour quelles raifons on doit confeiller aux hydropiques de boire à leur foif, & que loin de la tromper, souvent on doit l'exciter, & engager les hydropiques à y satisfaire, & même leur faire boire plus qu'à leur soif d'une boisson convenable. On entend par cette boisson un liquide proportionné au degré actuel du défaut ou de l'excès de l'action, & approprié à l'espece de matiere morbifique engorgée ou obstruante.

On prescrit un régime sec, continue notre Auteur, pour remédier à l'atonie, prévenir & empêcher ses effets : mais est-on bien sûr d'obtenir par ce moyen le but qu'on se propose ? Ne doit-on pas craindre plutôt d'accélérer la dépravation des humeurs deplacées, de les rendre plus tenaces, de dessécher le sang, & par conséquent d'augmenter les engorgemens & les obstructions ? L'hydropisie qui survient après un pareil traitement est ou très-difficile à guérir, ou incurable. Si les hydragogues & un régime sûr ont quelquefois réussi, c'est que les hydropisies ne dépendoient que d'un simple relâchement ; mais ce genre d'hydropisie peut se guérir aussi parfaitement & même plus sûrement par ma méthode. Les malades dans ce cas n'ont qu'une soif très-modérée. Quel inconvénient y a-t-il donc de la leur satisfaire avec une boisson vineuse, ferrugineuse & aromatisée ? Une pareille méthode n'a-t-elle pas même des avantages sur celle qui tend à détruire l'hydropisie par exsiccation ? mais si l'hydropisie a pour causes la sécheresse du sang, la tenacité des humeurs, leur dépravation, des engorgemens, des obstructions, des évacuations immodérées, quel effet peut-on attendre pour lors du régime sec ? C'est-là précisément où notre méthode est encore plus avantageuse.

On peut, par une boisson appropriée, relâcher, détendre, fortifier les folides, corriger la mauvaife qualité des liquides : c'eft même la feule voie de remédier à la féchereffe du fang, à la tenacité & à l'acrimonie des humeurs, & le moyen le plus efficace de détruire les engor-gemens & les obftructions. Ces avantages font, comme vous voyez, Monfieur, inconteftables.

Je fuis, &c.

Paris, ce 18 *Mars* 1769.

LETTRE XIV.

Sur l'Hydropifie de Poitrine.

UNE maladie pour le moins auffi incurable que la phthifie pulmonaire, eft, Monfieur, l'hy-dropifie de poitrine. Cette maladie eft fort ordi-naire à ceux qui font fouvent ufage du vin & de liqueurs fpiritueufes, de même qu'à la plupart des perfonnes qui menent une vie crapuleufe. Il y a à ce fujet un ancien proverbe, qui ne fe vérifie que trop de nos jours : *Ceux qui vivent dans le vin, périffent*, dit-on, *ordinairement dans l'eau.* L'hy-dropifie de poitrine, fuivant fa définition, eft un épanchement de la lymphe, de l'humeur féreufe ou du chyle dans la cavité entiere de la poitrine, ou bien même dans une de fes parties. Cet épan-chement eft occafionné par la rupture des vaiffeaux lymphatiques ou chyleux. La trop grande diften-fion des vaiffeaux fanguins y peut auffi contribuer.

Et en effet, si le retour du sang est empêché, ou s'il est retardé dans les grosses veines, il faut nécessairement qu'il y demeure, & qu'il s'y accumule ; mais en s'y accumulant, il dilate les vaisseaux. Ces derniers étant dilatés, la partie aqueuse du sang s'échappe par les pores de leurs tuniques, qui se trouvent distendus, d'où suit immanquablement l'hydropisie. Tout ce qui peut empêcher, retarder ou diminuer le mouvement circulaire du sang ou de la lymphe, doit par conséquent être placé au nombre des causes antécédentes & éloignées de l'hydropisie ; mais rien n'est plus capable de l'empêcher ou retarder, que la lenteur même & l'épaississement des humeurs. Or, cet épaississement est souvent occasionné par l'abus des choses non naturelles. Une vie voluptueuse & crapuleuse donne lieu à la dissipation des parties volatiles du sang & de la lymphe, tandis que les parties grossieres restent, ce qui ne peut se faire sans qu'il ne se forme une quantité d'obstructions dans les glandes lymphatiques, qui empêchent nécessairement le retour de la lymphe. La poitrine est garnie, ainsi que vous l'avez pu remarquer, Monsieur, dans les différentes dissections anatomiques auxquelles vous avez assisté, d'une infinité de glandes conglobées, qui reçoivent la lymphe immédiatement des parties supérieures, qui la triturent, pour ainsi dire, raniment son mouvement ralenti, & lui donnent par-là plus de facilité à parvenir à la sous-clavicule. Quand les glandes sont une fois obstruées, la lymphe est obligée de croupir dans les vaisseaux ; ceux-ci étant pour lors trop détendus, sont forcés de se rompre, & dès l'instant, l'hydropisie de poitrine commence à se former.

Les obstructions des glandes, la lenteur du sang & sa viscosité peuvent encore provenir d'autres causes; l'épaississement du chyle, une disposition scrophuleuse, une suppression des mois & des hémorrhoïdes, des hémorrhagies trop abondantes, une fievre quarté mal traitée, une affection hypocondriaque, l'asthme convulsif, les tubercules des poumons, les affections catharreuses, font toutes autant de causes qui peuvent y donner lieu.

S'il y a, Monsieur, quelque maladie difficile à connoître, c'est sans contredit l'hydropisie de poitrine; elle a pour l'ordinaire les mêmes symptômes que l'asthme & le catharre. Des yeux vraiment observateurs en découvrent néanmoins de particuliers. Ceux qui font affectés d'hydropisie de poitrine ne peuvent s'étendre au lit sans craindre de suffocation; aussi n'y restent-ils que le moins qu'ils peuvent, & presque toujours en tremblant: s'ils se couchent pendant quelques minutes, & si, abattus par le sommeil, ils viennent à s'endormir, dès le moment même, ils se réveillent, & font forcés de se lever, pour éviter l'état de suffocation dans lequel ils se trouvent: ils courent bien vîte aux vitres, pour respirer un air plus libre; & quand ils s'assoient en devant, ils inclinent leurs corps, afin de pouvoir mieux reprendre leur haleine. Sur le soir, ils se plaignent toujours d'un resserrement de poitrine & d'une difficulté de respirer. Lorsque la maladie fait son progrès, il survient aussi-tôt une petite toux & une fievre légere, les pieds s'enflent, & une douleur se fait sentir dans la partie antérieure & inférieure de la poitrine, qui s'étend même jusqu'à la circonférence du diaphragme; enfin les mains s'enflent peu de jours avant la mort. Rarement, dans cette maladie, l'urine peche par la quantité ou par la qualité, & l'appétit subsiste toujours le même.

L'hydropisie de poitrine dure souvent fort long-temps ; cependant il arrive quelquefois que les malades en périssent fort vîte, & même à l'improviste par la suffocation. Ainsi, Monsieur, plus la difficulté de respirer dans les malades est grande, plus les symptômes sont vifs, plus le malade est près de sa fin. Cette maladie est toujours mortelle, ainsi que je vous l'ai observé dès le commencement de cette Lettre ; il est presque impossible d'y apporter une guérison radicale, à moins qu'on n'évacue les eaux de la poitrine par le moyen de la paracenthese ; & plus vîte se fait cette opération, plus il y a d'apparence de guérison. L'opération finie, il en faut venir, comme il est d'usage dans toutes les hydropisies, aux cathartiques & aux diurétiques.

M. Bouillet fils, Médecin à Beziers, a publié un Traité sur l'hydropisie de poitrine, dans lequel il développe les avantages de la paracenthese dans cette maladie ; il appuie son sentiment sur plusieurs observations qu'il a rassemblées de différens Auteurs.

La premiere observation de ce Recueil est extraite des Ouvrages de Zacutus, Médecin Portugais. Un Capitaine de vaisseau, dit ce Médecin, qui n'usoit d'aucun régime, & qui s'excédoit de travail & de veilles, fut attaqué d'une difficulté de respirer, qui s'appaisoit néanmoins par intervalles, après qu'il avoit craché quelques flegmes visqueux. Cet Officier, ainsi affecté, demanda sa retraite, & dès l'instant même qu'il eut quitté le Service, il tomba dans une cachexie, accompagnée des signes précurseurs d'une ana-

farque ; son visage & toutes ses extrémités inférieures s'enflerent, sa poitrine se remplit d'une
quantité considérable de sérosités, & sa respiration devint plus laborieuse & plus fréquente ; le
malade avoit en outre une toux seche, une fievre
habituelle, une dureté à la rate. A tous ces symptômes se joignirent un dégoût, une pesanteur de
tête, un obscurcissement de la vue, & un tintement d'oreilles. Un bruit sourd, semblable à celui d'une liqueur qui bout, se faisoit entendre
du côté gauche de la poitrine. Zacutus & un autre Médecin caractériserent cette maladie d'une
hydropisie de poitrine, & à l'imitation d'Hippocrate, ils conseillerent la paracenthese. Le malade, qui n'étoit âgé que de 35 ans, & qui d'ailleurs étoit fort vigoureux, ne différa pas de se
rendre aux avis de ses Médecins : on lui tira une
grande quantité de liqueur rougeâtre, & cela insensiblement à plusieurs reprises, pendant environ quinze jours. Le malade se trouva ensuite
beaucoup mieux ; & au moyen d'un régime convenable, de quelques remedes confortatifs, d'une
tisane faite avec l'ébene & la racine de squine,
il fut parfaitement rétabli en moins de deux
mois.

Willis, qui pratiquoit à Londres au milieu
du siecle passé, rapporte dans ses Œuvres, &
c'est-là la seconde observation du Recueil de
M. Bouillet, la guérison d'une hydropisie de
poitrine opérée aussi sur un jeune homme, par le
moyen de la ponction.

Un jeune homme, dit Willis, assez sain &
robuste, accoutumé depuis quelque temps à la
chasse, à la course à cheval, & à d'autres exercices violens, sentit comme une plénitude ou un
gonflement dans la poitrine, au point qu'il lui

fembloit que le côté gauche du poumon s'enfloit,
& que fon cœur paroiffoit être déplacé. Après
avoir refté quelque temps dans cet état, il s'apperçut un jour qu'un vaiffeau fe rompoit dans la
cavité de fa poitrine; il fentit enfuite la chûte
d'une eau qui tomboit goutte à goutte comme
du haut au fond de cette cavité; les affiftans pouvoient même entendre le bruit que cette eau faifoit en tombant. Ce jeune homme fut d'abord
furpris d'un pareil accident; mais il fe tranquil-
lifa quelque temps après, d'autant qu'il alloit
affez bien quant au refte, c'eft-à-dire, qu'il
confervoit toutes fes forces, qu'il dormoit bien,
& qu'il ne manquoit pas d'appétit, ce qui fit
qu'il n'eut pas recours d'abord aux Médecins.
Mais peu de temps après, au moindre mouvement du corps, dès qu'il s'inclinoit un peu ou
qu'il s'agitoit, il fentoit un flottement dans le
côté gauche; le mouvement & le bruit de cette
eau pouvoient même être apperçus par d'autres,
foit par le toucher, foit par l'ouie: on ne douta
plus pour lors d'un moment que ce jeune homme
ne fût hydropique de poitrine; en conféquence,
voyant que fa poitrine alloit s'inonder, il eut recours à quelques remedes, mais fans fuccès. Il
me confulta enfin, conjointement avec un autre
Médecin; nour décidâmes pour lors qu'il falloit
faire évacuer ces eaux. Pour le faire, le Chirurgien appliqua le cautere entre les fixieme &
feptieme côtes; & le lendemain, par le trou que
le cautere avoit fait, il introduifit un tuyau
dans la poitrine, par lequel il s'écoula d'abord
une liqueur épaiffe & blanchâtre comme du
chyle, & prefque laiteufe. La premiere fois, il

n'en tira que six onces, & autant le lendemain ; le troifieme jour, il en tira un peu plus : mais comme le malade devint pour lors languiffant, que la fievre furvint, & qu'il fut affez mal pendant un ou deux jours, il fut décidé qu'on retarderoit de quelques jours la fortie de la matiere contenue, jufqu'à ce que le malade eût repris des forces. Les forces revenues, le Chirurgien en fit évacuer tous les jours infenfiblement, en forte que la cavité de la poitrine fut entiérement vuidée. Malgré l'évacuation totale, il fut réfolu qu'on laifferoit toujours au trou que le cautere avoit formé, une canule avec un pifton, par le moyen de laquelle, dans l'efpace de vingt-quatre heures, il couloit d'ordinaire un peu de liqueur. Cependant le malade fe fentant l'eftomac bon, & après avoir repris fes forces, il recommença fes exercices ordinaires : il alloit à cheval, & fe promenoit fouvent. Il n'ufa, & n'eut befoin que de très-peu de remedes. Après l'opération, nous lui prefcrivîmes feulement deux·cordiaux, la poudre de perles, des juleps, & une décoction vulnéraire, dont il faifoit ufage deux fois par jour.

Troifieme Obfervation du Recueil de M. Bouillet. Elle eft extraite des Mémoires de l'Académie Royale des Sciences, & a été faite par M. Duverney le jeune. Je fus appellé, dit cet Académicien, chez une femme hydropique, âgée de 28 à 30 ans ; fon vifage me parut maigre, fes yeux enfoncés, décharnés & languiffans ; ce n'étoit qu'avec peine qu'elle refpiroit, & elle ne pouvoit demeurer dans aucune fituation qu'à demi courbée. Les affiftans me dirent, qu'avant que cette femme s'alitât elle étoit fort vive,

& d'un bon tempérament ; qu'il lui étoit survenu, il y avoit trois mois, une grande douleur
au côté droit, avec une fievre continue ; qu'elle
avoit été faignée plufieurs fois, & qu'on lui avoit
fait prendre les remedes qu'on a coutume de prefcrire en pareilles occafions. La douleur ayant
beaucoup diminué, il lui étoit refté une petite
fievre lente, accompagnée de quelques difficul-
tés de refpirer, ce qu'on regarda d'abord comme
une fuite de fon mal. Dans cet état, la malade
s'étant remife peu-à-peu à fa maniere de vivre,
les pieds & les mains devinrent enflés, fur-tout
le pied & la main gauche, le vifage & les côtés bouffis de temps en temps ; enfin, le ventre parut auffi enflé, la refpiration fut pénible & difficile, & la malade s'alita ; elle fut encore faignée, & on lui fit différens remedes, fans que
cela empêchât les accidens d'augmenter.

Je lui trouvai, continue-t-il, le pouls petit,
inégal & preffé ; le ventre ne me parut pas affez
tendu pour caufer tous ces fymptômes, ce qui
me confirma dans la penfée que j'avois eue, dès
que je vis la malade, qu'il y avoit de l'eau dans
la poitrine. Je jugeai à propos de commencer
par la ponction au ventre, & je vuidai quatre
ou cinq pintes d'eau tout au plus, qui étoit tout
ce qu'il y en avoit. La malade fe fentit un peu
foulagée, fans pouvoir néanmoins fe tenir cou-
chée fur le côté gauche. Au bout de quelques
jours, tous les fymptômes redevinrent auffi preffans qu'ils étoient avant l'opération, quoique le
ventre n'eût pas groffi de nouveau.

Je fis réfoudre, continue M. Duverney, la
malade à fouffrir la ponction à la poitrine. J'ap-
préhendois cependant que la poitrine ne fût

enkiftée, ou le poumon adhérent à la plevre, à caufe de la douleur qui avoit précédé ; ce qui me fit examiner avec attention le côté malade, pour favoir fi la douleur étoit plus grande dans un endroit que dans un autre, fi la peau étoit amincie & la couleur changée, fi, en retenant la refpiration, & en fe courbant fur le côté oppofé, il ne paroiffoit point quelque bouffiffure au côté malade, & fi cette Dame ne fentoit point alors quelque tiraillement. Après toutes ces précautions, je piquai entre la feconde & la troifieme des fauffes côtes le plus près de l'épine que je pus, & je vuidai environ trois demi-fetiers d'une férofité mucilagineufe & femblable à de la forte tifane citronnée ; enfuite je fis fur le côté un liniment avec les huiles de térébenthine, de millepertuis & l'efprit-de-vin, & je fis garder à la malade un régime convenable.

La malade fut foulagée de toute maniere ; elle dormit & refpira en toute liberté, en quelque fituation qu'elle fe mît. Enfin, un petit flux d'urine qui furvint, aidé des remedes fuivans, acheva heureufement ce qu'on avoit commencé, & cette Dame fe vit dans un mois en état de vaquer à fes affaires.

Elle fut purgée deux fois après l'opération ; enfuite elle ufa, le matin & le foir, d'un opiat fait avec les conferves de gratte-cul & d'aunée, le blanc de baleine, la rhubarbe & les yeux d'écreviffe, les grains de millepertuis & les fleurs de camomille & de petite centaurée.

Les autres obfervations que rapporte M. Bouillet fils dans fon Traité, pour prouver l'utilité de la paracenthefe dans l'hydropifie de poitrine, fe portent encore à vingt-deux outre les trois dont nous venons de faire mention, parmi lesquelles il s'en trouve une qu'il a extraite des Mémoires de l'Académie Royale de Chirurgie; quelques-unes lui sont personnelles, & d'autres à M. Bouillet pere, aussi Médecin à Beziers, & Secrétaire de l'Académie de la même Ville.

Quoique par ma Lettre, vous puissiez, Monsieur, conclure que l'hydropisie de poitrine est presque incurable, puisque je vous ai dit qu'il n'y avoit qu'un seul moyen pour en opérer la guérison, qui est la paracenthese, dont on fait rarement usage dans ce cas, cependant le Docteur Marquet prétend en avoir guéri plusieurs par des remedes internes. Cependant il est bien difficile de concevoir comment l'eau contenue dans la capacité de la poitrine peut s'évacuer par d'autres moyens que par la paracenthese.

· Je suis, &c.

Paris, ce 4 Avril 1769.

LETTRE XV.

Sur l'Electuaire de Marquet, donné pour spécifique par l'Inventeur dans plusieurs Maladies chroniques, & principalemeut dans les Vénériennes.

Vous me demandez, Monsieur, depuis près d'un an, des éclaircissemens sur l'électuaire de Marquet; les circonstances ne m'ont pas permis jusqu'à présent de le faire; mais puisque vous ne cessez de réitérer vos instances sur cet objet, il faut enfin vous satisfaire autant qu'il dépendra de moi.

Cet électuaire est de tous les remedes le seul dont le Docteur Marquet se soit réservé le secret ; Je l'ai publié dans mon *Histoire Economique des trois Regnes*. Voyez la liste de mes Ouvrages, qui se trouve au commencement de cette Histoire ; voici, Monsieur, les cas dans lesquels il convient.

Vous n'ignorez pas que l'expérience & l'observation sont les deux parties les plus essentielles de la Médecine ; c'est à elle que nous sommes redevables des progrès de cette Science; c'est par elles que nous sommes parvenus à la connoissance des propriétés des corps qui nous environnent, & à la guérison des maladies. Par quels moyens aurions-nous pu savoir que la rhubarbe est purgative,

que

que le tartre ftibié eft vomitif, fi ce n'eft par l'expérience ? Auffi nos Ancêtres avoient grand foin
de faire graver fur le bronze les précieux remedes
avec lefquels ils guériffoient leurs maladies, afin
de pouvoir les tranfmettre à la poftérité. L'expérience & l'obfervation font donc la bafe & le
fondement de la Médecine : *Experientia rerum
magiftra.* Le Docteur Marquet a été fi convaincu
de cette vérité, qu'il a employé la plus grande
partie de fa vie à faire des obfervations fur toutes les maladies qu'il a traitées, & à recueillir les
vertus des médicamens dont il s'eft fervi, dans un
Ouvrage, qui a pour titre : *Obfervations fur la
guérifon de plufieurs maladies notables, aiguës
& chroniques.* Ce Recueil a été univerfellement
accueilli dans le temps, & les Journaux en ont
fait l'éloge le plus pompeux. Je l'ai publié de
nouveau par parties (1): on peut le regarder
comme l'expérience même ; mais une expérience
plufieurs fois réitérée, & fondée fur le raifonnement le plus fain. Et en effet, fuivant ce Médecin, le raifonnement eft néceffaire pour connoître les maladies & leurs caufes ; & ce n'eft que
par l'union de l'expérience avec la raifon, qu'on
peut apporter un vrai foulagement aux infirmités
auxquelles le corps humain eft fujet.

C'eft cette longue & faine expérience de plus
de 50 ans qui lui a procuré la découverte de
l'électuaire dont il s'agit. Il en a expérimenté les

____

(1) Voyez le *Traité de la Phthifie Pulmonaire*, celui de l'*Hydropifie & de la Jauniffe*,
celui de l'*Apoplexie, Paralyfie & Affections
foporeufes*, & notre *Manuel Médical & Ufuel
des Plantes.*

Tome III. Premiere Epoque. P

fuccès dans une infinité de cas pour lefquels il y a eu recours, ainfi qu'il le rapporte dans plufieurs de fes Mémoires ; j'en ai moi-même remarqué les bons effets. Je vais entrer actuellement dans l'énumération des maladies auxquelles cet excellent remede convient : 1°. il eft d'un grand fecours pour les enfans ; c'eft peut-être le meilleur vermifuge que nous ayions dans la claffe générale des médicamens : il tue & détruit totalement les vers, les infectes dangereux auxquels nous ne fommes, hélas ! que trop fujets pendant le cours de notre vie, & particulierement dans l'enfance. Ce remede préferve par-là les enfans d'une infinité de maladies qui ne proviennent que de ces animaux ; & que nous attribuons fouvent à des caufes inconnues. Les flux, les tranchées, les vomiffemens, le délire, les convulfions, la faim canine, le défaut d'appétit, une fievre lente & continue, font prefque toutes autant de maladies qui proviennent des vers.

Par le moyen de l'électuaire de Marquet, vous remédierez, Monfieur, à toutes ces maladies, en ôtant la caufe primitive. Vous commencerez d'abord par purger les enfans malades avec deux onces de fyrop de fleurs de pêcher ; après quoi vous leur donnerez tous les matins, pendant quinze jours, au bout d'un couteau, un gros de cet électuaire. La dofe entiere, pour la guérifon du malade, eft de deux onces à prendre en quinze prifes.

2°. L'électuaire de Marquet n'eft pas moins efficace dans le rachitis ou chartre des enfans. Je pourrois, Monfieur, vous en citer ici plufieurs qui ont été parfaitement guéris. Cette maladie eft fort commune, difficile à traiter ; elle eft accompagnée d'un fi grand nombre de fymptômes, qu'elle est très-facile à reconnoître; un défaut de conformation dans les parties, une tête d'une grosseur peu proportionnée, un visage pâle & tuméfié, une peau relâchée & flasque, des os courbés pour la plupart, & pour ainsi dire noués près des articulations, un ventre tendu & un peu enflé, une respiration lésée, une difficulté dans la marche, une fievre lente & continue, sont autant de signes diagnostics du rachitis.

La cause premiere de cette maladie est une constitution trop salsugineuse & visqueuse de la lymphe qui se communique aux os. L'indication à remplir alors est de corriger cette mauvaise qualité de la lymphe, en la rendant plus fluide. Or, de tous les remedes, le plus propre & le plus sûr pour cette indication, est sans contredit l'électuaire de Marquet; il dissout, il atténue, il divise d'une maniere singuliere la lymphe trop épaissie, & lui rend sa fluidité ordinaire.

Avant d'en prescrire l'usage, vous ferez très-bien, Monsieur, de faire prendre à l'enfant malade une purgation. Cette purgation doit être très-douce : vous n'y ferez entrer qu'une once de syrop de fleurs de pêcher, & autant de syrop de chicorée composée; après quoi vous pourrez mettre le malade à l'usage de cet électuaire, & même pendant un mois; vous lui en ferez prendre tous les matins un gros au bout d'un couteau, comme dans le cas précédent, & pardessus une tasse d'infusion de scabieuse coupée avec du lait. Ce remede est des plus faciles à prendre; vous ne donnerez au malade pour nourriture que des alimens de bon suc, faciles à digérer, & propr.s à fournir un chyle doux & fluide, comme des

foupes, panades, crêmes de riz ; vous ferez réitérer la purgation au bout du mois : la dofe de
l'électuaire pour cette maladie eft de quatre
onces.

3°. La teigne eft une maladie contre laquelle
il ne s'eft trouvé jufqu'à préfent aucun remede
fûr, à l'exception de l'emplâtre de poix navale,
que l'on applique fur la tête du malade, & que
l'on arrache à force de bras, en l'écorchant tout
vif ; opération cruelle, qui caufe des douleurs
très-aiguës, & que l'on eft obligé de réitérer
plus de trente fois avant de pouvoir obtenir une
parfaite guérifon. Le Docteur Marquet a découvert, Monfieur, une pommade qu'il a mife
plufieurs fois à l'épreuve, & qui guérit en très-
peu de temps radicalement & fans douleur. Cette
pommade fe prépare avec une once de mercure précipité rouge, incorporé dans un quarteron de fain-
doux : on applique tous les foirs de cette pommade fur la partie malade, jufqu'à ce qu'elle foit
devenue entiérement faine ; mais vous n'ignorez
pas, Monfieur, que la guérifon de la teigne par
des remedes externes, peut occafionner d'autres
maladies plus funeftes. Cette maladie cutanée
provient de l'âcreté des humeurs ; elle exige par
conféquent des remedes qui purifient la maffe du
fang.

En fe fervant de l'électuaire de Marquet, on
parviendra à remplir cette indication. Vous en
prefcrirez donc au malade, pendant environ
cinq femaines, un gros tous les matins, & pardeffus une taffe d'infufion de fcabieufe ; vous le
purgerez feulement au commencement & à la fin
de la cure avec de la poudre hydragogue dé-
layée dans un verre de tifane defficative. C'eft

ainfi , Monfieur, que vous parviendrez à guérir radicalement cette maladie , & même en toute fûreté , quoiqu'on puiffe la qualifier d'incurable : la dofe de l'électuaire dans ce cas eft de 8 onces.

4°. Cet électuaire guérit encore radicalement la groffe gale encroûtée. Cette maladie eft une éruption de puftules, recouvertes d'une croûte, d'où fort un pus jaunâtre, épais & âcre, d'une fort mauvaife odeur, & accompagné d'une dé-mangeaifon fort incommode ; elle provient pa-reillement du mauvais caractere des humeurs qu'il faut corriger : auffi eft-il dangereux de la guerir par les feuls remedes externes, fans avoir auparavant corrigé & purifié les humeurs qui occafionnent cette maladie cutanée. Si on n'avoit pas cette attention, la matiere morbifique pour-roit fe fixer fur les parties internes, qui donne-roient fans contredit lieu à des maladies peut-être mortelles. Vous commencerez par conféquent la cure de la gale encroûtée par une faignée & la purgation fuivante :

Prenez de la rhubarbe concaffée, deux gros , du féné mondé & du tartre foluble, de chacun un gros ; des feuilles de chicorée, une demi-poignée : faites cuire le tout dans une fuffifante quantité d'eau de fontaine ; ajoutez à la colature deux on-ces de manne & fix grains de jalap ; donnez enfuite tous les matins au malade, dans du pain à chanter, ou au bout d'un couteau, deux gros de cet électuaire pendant quinze jours, & par-deffus un verre de tifane faite avec des racines de patience, chicorée, fraifier & régliffe ; vous ferez en même temps appliquer de la pommade fufdite fur la partie affectée pendant cinq ou fix jours, & vous procurerez par ce moyen à votre

malade une prompte guérison ; la dose est de
4 onces.

5°. Ce remede a en outre la vertu de guérir les
dartres les plus invétérées ; elles sont presque
toujours occasionnées par la mauvaise qualité du
sang , & quelquefois même par un virus syphil-
litique. Pour entreprendre la cure de cette maladie, il faut s'attacher à ôter au sang son acrimonie , & à détruire radicalement le virus sy-
phillitique, s'il y en a. Rien n'est plus propre
pour rendre le sang balsamique que cet électuaire. J'en ai guéri ainsi plusieurs, qui avoient
résisté aux remedes les plus violens. Le remede
du Docteur Marquet sera donc d'un grand secours dans ce cas : il faut pour lors commencer
par saigner le malade , & le purger avec une
médecine ordinaire ; il prendra ensuite , pendant
un mois ou six semaines , selon que les dartres
sont plus ou moins invétérées, trois gros de cet
électuaire , & pardessus une tasse d'infusion de
scabieuse. Pendant le temps de la cure, sa boisson ordinaire sera de la tisane faite avec de la
racine d'oseille, de chicorée, de fraisier , de patience, de scolopendre & de réglisse. Le malade
s'abstiendra de toute crudité, légumes, épices,
& bannira totalement l'usage du vin ; il emploiera en même temps les topiques. Il commencera d'abord par laver ses dartres pendant deux ou
trois jours avec du vinaigre , dans lequel on aura
eu l'attention de faire dissoudre précédemment de
la gomme arabique & de la fleur de soufre ; après
quoi il se servira de la pommade susdite. Par ce
moyen , le malade sera sûr de trouver un prompt
soulagement. La dose , pour la dartre la plus invétérée , est de seize onces.

L'électuaire de Marquet est en général très-bon pour toutes les maladies de la peau, qui proviennent uniquement d'un sang corrompu & trop âcre ; il corrige le vice des humeurs & purifie la masse du sang. Ainsi, tous ceux qui auront des boutons, soit au visage ou ailleurs, des ébullitions, la gratelle & d'autres maladies semblables, trouveront une grande ressource dans l'usage de cet électuaire & dans la pommade susdite. La dose de ce remede sera plus ou moins grande, selon l'opiniâtreté de la maladie.

6°. L'électuaire de Marquet n'est pas uniquement propre pour les maladies de la peau, mais il convient encore dans les maladies internes qui sont occasionnées par des obstructions, telles que les fleurs blanches des femmes, les pâles couleurs & la jaunisse. Cette premiere maladie, à laquelle est exposée la plus grande partie du sexe, est causée pour l'ordinaire par un défaut de digestion & par les mauvais levains de l'estomac, ce qui donne lieu à l'âcreté & à l'épaississement de la lymphe. Cet épaississement cause des obstructions dans les glandes ; leurs vaisseaux s'élargissent peu-à-peu, & livrent un passage trop libre aux matieres qu'ils reçoivent, avant qu'il ne soit arrivé aucun changement.

Puisque les fleurs blanches proviennent de l'épaississement de la lymphe & des obstructions, il n'y a conséquemment aucune méthode plus propre à les guérir que les atténuans, les fondans & les apéritifs : aussi l'électuaire de Marquet est-il très-convenable dans ce cas. Il possede entr'autres qualités celles d'atténuer, de fondre & de dissoudre une lymphe trop épaisse.

Vous préparez, Monsieur, votre malade par les remedes généraux ; après quoi, dès le lendemain, vous la mettrez tous les matins, pendant un mois ou six semaines, à l'usage de cet électuaire. La dose sera depuis deux gros jusqu'à trois dans du pain à chanter, ou au bout d'un couteau. Vous lui ferez prendre pardessus un goblet de décoction de sommités d'ortie blanche en guise de thé, pour servir de véhicule. Après l'usage de cet électuaire, vous lui conseillerez pendant une quinzaine de jours de la décoction de squine coupée avec du lait. La malade s'abstiendra de l'usage de ces remedes dans les temps critiques ; elle ne mangera ni fruits, ni crudités, ni salade, ni épicerie, ni en général tout ce qui est pesant & indigeste ; sa tisane sera faite avec de la scabieuse, de la réglisse & du chiendent. La malade terminera enfin sa cure par la purgation.

7°. Quant à ce qui concerne les pâles couleurs, la plupart des Médecins les attribuent aux obstructions des visceres ; elles sont pour l'ordinaire occasionnées par un sang trop épais, qui a peine à circuler, ce qui arrive souvent aux femmes qui ne se nourrissent que d'alimens mucilagineux. Ces alimens ne fournissent au sang qu'un chyle visqueux, qui lui ôte une partie de sa fluidité ; de-là viennent les stases, les obstructions, la suppression menstruelle. Dans ces cas, l'indication est de diviser, d'atténuer, de dissoudre les humeurs. L'électuaire de Marquet y satisfera on ne peut pas mieux ; il divisera les parties visqueuses du sang. Ces particules étant dissoutes, le sang en circulera plus librement, & conséquemment l'exercice des fonctions animales s'en fera mieux.

La malade, après avoir pris les remedes généraux, se mettra pendant quinze jours ou trois

semaines à l'usage de cet électuaire. La dose
pour chaque prise sera de trois gros dans du
pain à chanter, & pardessus une tasse de décoction de véronique.

8°. La jaunisse est aussi toujours la suite d'une
obstruction causée par une lymphe épaissie, &
arrêtée dans les glandes des visceres du bas-ventre, & principalement dans celles du foie, ce
qui est un obstacle à la secrétion de la bile, &
en occasionne conséquemment un reflux si considérable dans le sang, que les vaisseaux de la
peau en sont abreuvés. La communication du
foie avec l'intestin duodénum étant interceptée
par l'obstruction du canal cholidoque, le chyle
se trouve dépourvu de bile, ce qui rend toujours
dans cette maladie les déjections noires & d'une
odeur fort désagréable.

D'où il suit que pour parvenir à la cure de
cette maladie, il faut corriger la mauvaise qualité du sang, laver les obstructions, principalement celles du foie, & rétablir la libre circulation de la bile. On emploiera donc pour cet effet
les apéritifs, les incisifs & les fondans ; conséquemment l'électuaire de Marquet, qui a toutes
ces propriétés, répondra entierement à cette indication. La malade commencera sa cure par
le vomitif suivant :

Prenez du tartre-émétique, quatre grains,
crême de tartre, un gros ; manne de Calabre,
une once : dissolvez le tout dans huit onces
d'eau tiede ; faites une potion qui sera prise le
matin dans une seule fois, après quoi la malade
usera tous les matins, pendant trois semaines,
de l'électuaire de Marquet, depuis deux gros jusqu'à trois à chaque prise, & boira pardessus un
bouillon altéré avec les feuilles de chicorée, d'ai-

gremoine & de fcolopendre. La boiſſon ordinaire du malade ſera de la tiſane faite avec les
racines d'aſperges , de petit-houx , d'arrête-bœuf,
de garance & de régliſſe ; il ne fera uſage que
d'alimeus de bon ſuc , & faciles à digérer. La
doſe , pour la jauniſſe la plus opiniâtre , eſt de
ſeize onces. Le skirre de la rate ſe traitera de
même.

9°. L'électuaire de Marquet eſt encore un ſouverain ſpécifique contre toutes les eſpeces de maladies vénériennes ; il les guérit radicalement ſans
friction , ſans ſalivation , & ſans qu'il ſoit néceſſaire de garder le lit ni la chambre , puiſque pendant tout le temps de la cure , les malades peuvent ſortir journellement de la maiſon pour vaquer à leurs affaires ordinaires , comme s'ils
étoient en ſanté.

Vous n'ignorez pas, Monſieur , que ceux qui
ſe mettent dans les grands remedes ſouffrent non-
ſeulement des douleurs très-vives , mais qu'ils
ſont ſouvent en danger de périr par leur violence , à cauſe des accidens funeſtes qui n'arrivent
que trop ſouvent pendant leur opération ; accidens cauſés par l'âcreté du mercure , qui ronge,
ulcere la langue , la gorge , les gencives , &
qui produit quelquefois des eſcarres ſi conſidérables , qu'il en réſulte des hémorrhagies copieu-
ſes , la chûte des dents & de la luette ; leur langue devient même quelquefois ſi enflée , qu'elle
s'alonge hors de la bouche , en ſorte qu'on a
été obligé pluſieurs fois d'introduire entre les
dents ſupérieures & les inférieures des coins de
bois de ſapin , pour l'empêcher d'être coupée par
la compreſſion : en un mot, la ſalivation eſt un
enfer anticipé. Au contraire , en prenant cet
électuaire , on ne riſque rien ; il opere par extinc-

tion du virus, & il ne procure aucune évacuation sensible. Si un mois n'est pas suffisant pour guérir un vérolé, on continuera pendant six semaines & même davantage, s'il est nécessaire.

La dose de cet électuaire dans ces maladies est depuis deux gros jusqu'à trois, que l'on prend tous les matins pendant un mois ou six semaines, & pardessus un grand verre de décoction de feuilles de scabieuse, pour servir de véhicule : on augmente la dose dans les véroles les plus rebelles & les plus opiniâtres. Il faut auparavant disposer le malade par la saignée du bras quelquefois réitérée, par les tisanes rafraîchissantes, & par la purgation suivante :

Prenez rhubarbe, scammonée d'Alep, turbith, méchoacam & séné en poudre, de chacun un gros ; mêlez le tout. La dose sera depuis vingt-cinq grains jusqu'à trente pour les plus robustes, à prendre le matin dans du thé ou du bouillon fait avec du veau.

Si le sujet est délicat, il ne prendra pour se purger que dix ou douze grains de scammonée d'Alep, & vingt grains de rhubarbe en poudre, délayés dans un bouillon. Le lendemain de la première médecine, le malade se mettra à l'usage des demi-bains d'eau de riviere, & après l'avoir fait tiédir jusqu'à un degré de chaleur convenable, il y entrera vers les trois heures après-midi, en s'asséyant dans l'eau jusqu'au nombril seulement : il y restera une heure chaque fois ; à la sortie du bain, il se mettra dans un lit bien bassiné pour s'essuyer, & en même temps on lui donnera un bouillon. L'on continuera l'usage des demi-bains pendant dix ou douze jours, & même davantage, si le malade est beaucoup échauffé. Après avoir fini les bains, il prendra tous les ma-

tins à jeun deux gros d'électuaire , & infenfiblement il l'augmentera jufqu'à trois , & quelquefois
davantage. Quand la maladie eft preffante , on
peut fe difpenfer des demi-bains , & prendre
l'électuaire , fans autre préparatif que la faignée
du bras & la purgation. Cependant il arrive
quelquefois que cet électuaire purge une fois ou
deux par jour , fuivant la difpofition du malade ;
en ce cas il fuffira de le purger au commencement & à la fin de la guérifon. Il faut s'abftenir
de vin pendant tout le temps de la cure ; prendre
pour boiffon ordinaire de la tifane faite avec racines de chicorée , d'ofeille , de fraifier , de chacune une once ; régliffe , fix gros , que l'on fera
bouillir dans deux pintes d'eau de fontaine , pour
une tifane à prendre pour boiffon ordinaire. Sur
la fin de la cure on fera ufage de la tifane fimple
avec la racine de régliffe & l'orge entiere , ou
même tout fimplement de l'eau panée.

. Les gonorrhées les plus rebelles & les plus
invétérées , qui ont réfifté aux remedes ordinaires , trouvent encore , Monfieur , une grande
reffource dans cet électuaire , fi le malade en
prend tous les matins trois gros , & tous les foirs
une ou deux cuillerées de fuc de la plante illece-
bra , mêlé avec une pareille quantité de fyrop
violat. On fe fervira auffi de ce fucre pour faire
des injections deux ou trois fois le jour , avec une
feringue ; & en ce dernier cas , on y délaiera un
peu d'huile de fénevé au lieu de fyrop.

Cet électuaire eft encore bon pour les affections fcorbutiques , & généralement pour toutes
les maladies qui proviennent d'obftruction & d'é-
paiffiffement de la lymphe ; c'eft un fondant du
premier ordre , qui atténue , qui diffout la lymphe
épaiffie & arrêtée dans les glandes des vifceres ,

lymphe qui produit, par ses stases & par ses engorgemens, des obstructions, lesquelles, dans la suite, deviennent skirreuses, & dégénerent à la fin en cancer incurable.

Au reste, ce remede opere lentement & longtemps, même plusieurs mois après qu'on en a fait usage. M. Dalmieres, Lieutenant du premier Chirurgion du Roi à Sens, s'est servi, avec le plus grand succès, de l'électuaire de Marquet pour guérir des fleurs blanches, qui, depuis un nombre d'années, avoient résisté à une infinité de remedes. Je passe sous silence les différentes lettres qu'on m'a écrites sur son efficacité. Comme ce sont les malades eux-mêmes qui m'ont marqué leur contentement sur son usage, la prudence & la probité ne me permettront jamais de les nommer ni de les faire connoître de quelque façon, ni sous quelque prétexte que ce soit.

Je suis, &c.

Paris, *ce* 11 *Avril* 1769.

LETTRE XVI.

Sur une nouvelle maniere de traiter les Maladies Vénériennes par le Mercure Gommeux.

CES Lettres sont consacrées, Monsieur, au Regne animal ; je crois par conséquent ne pouvoir mieux faire, pour remplir leur objet, que d'y traiter des maladies de l'homme, qui est en même temps le chef & le premier des animaux. La maladie dont je me propose de vous entretenir aujourd'hui n'est que trop à la mode dans ce pays ; heureux pour ceux qui en sont attaqués, s'ils n'ont pas le malheur de tomber entre les mains d'une infinité de Charlatans dont Paris fourmille ! De pareils malades payent bien cher, & même souvent pendant toute leur vie, un moment de libertinage. Cette Capitale possede tant d'habiles Médecins & Chirurgiens, qui donnent journellement des marques publiques de leurs talens, pourquoi n'y pas avoir recours ? Quel aveuglement d'abandonner le sort de sa vie à des gens auxquels souvent on ne voudroit pas confier une obole ! Mais tel est le goût du siecle : pourvu qu'on se dise Médecin, qu'on ait le don de la parole, on est reconnu à l'instant pour tel ; & quand, pour le bien du genre humain, la vraie Médecine réclame ses droits, on crie par-tout qu'il ne se trouve dans cet état qu'animofité, que jaloufie, comme fi des perfonnes d'une probité reconnue, telles que font les Médecins, & fur-tout ceux de Paris, étoient capables de fe compromettre avec de pareilles gens. Ils les méprifent trop, & on ne leur reprochera jamais d'avoir eu recours au Magiftrat pour févir contre ces deftructeurs du genre humain, qu'autant que leur propre confcience les y a engagées. Mais c'eft trop m'éloigner, Monfieur, de mon fujet; pardonnez-moi cette digreffion: je reviens à la maladie, ou plutôt au remede nouveau que je me propofe de vous indiquer pour la cure de la maladie vénérienne. Ce remede nouveau eft le mercure gommeux. J'en ai fait l'épreuve différentes fois, fans avoir le bouheur de réuffir; j'ai même été obligé de recourir à l'électuaire de Marquet. Nous devons le renouvellement de cette découverte à M. Plenck, Maître en Chirurgie à Vienne. Cet Auteur nous a donné fur le mercure ainfi préparé, un petit Traité Latin, qu'un Maître en Chirurgie de Nancy a traduit en François.

M. Plenck dit, au commencement de ce Traité, que fans M. Marherr, Doct. Méd., il ne feroit peut-être jamais parvenu à découvrir le mercure gommeux. Occupé à chercher la caufe (*ce font les propres termes de M. Plenck*) par laquelle le mercure agit principalement fur les glandes falivaires, je communiquai mon embarras au Docteur Marherr, qui me répondit, avec fon ingénuité & fa candeur ordinaire, que jufqu'à préfent la Médecine théorique n'avoit pu encore rendre raifon de ce phénomene; que parmi tous les différens fyftêmes que les Auteurs avoient donnés fur cet objet, aucun n'étoit fatisfaifant; que quant à lui, il avoit remarqué que le mercure avoit plus d'affinité avec la salive & le mucus qu'avec tous les autres liquides du corps humain, & que ce pouvoit peut-être bien être la raison pour laquelle le mercure se portoit plutôt à la bouche & à la gorge qu'ailleurs. Cet habile Médecin, continue M. Plenck, m'ajouta qu'il avoit apperçu une petite quantité de mercure mêlée dans la salive ; mais qu'il lui paroissoit néanmoins qu'il y avoit une plus grande affinité entre le mucus & le mercure, qu'entre la salive & ce dernier ; & en effet, le mercure ne se porte pas seulement aux glandes salivaires, mais encore aux muqueuses ; d'ailleurs le mucus, par sa nature dense & épaisse, est plus propre à embrasser le mercure que la salive, qui est une humeur plus déliée ; qu'on pourroit faire là-dessus une expérience ; que toute simple qu'elle est, elle pourroit faire découvrir dés moyens propres à diviser & envelopper le mercure. J'en fis aussi-tôt l'expérience, & je remarquai, ainsi que me l'avoit dit M. Marherr, qu'une fort petite quantité de mercure étoit cachée dans la salive, que le mucus en recevoit une beaucoup plus grande, & qu'elle y étoit plus exactement mêlée.

Cette expérience conduisit M. Plenck à d'autres ; il essaya d'unir le mercure avec les autres substances mucilagineuses, tirées tant du regne animal que du végétal, pour voir si quelques substances gluantes & gélatineuses ne pourroient pas aussi soumettre le mercure ; & en cas que quelques-unes de ces substances auroient cette propriété, en quoi elles différeroient de la salive & du mucus animal. Son premier procédé se fit donc sur le mucus animal ; il mêla une partie de mercure vif très-pur avec deux parties de mucus rejetté du gosier par les crachats ; il le broya dans un mortier de marbre, en remarquant exactement ce qu'il faudroit de temps pour l'éteindre parfaitement ; il s'apperçut alors qu'en l'espace de 7 minutes, tout le mercure étoit réduit en une matiere grise & visqueuse, qui cependant, jettée dans l'eau, y restoit suspendue, mais se reposoit bientôt au fond du vase, quoique le mercure ne fût pas libre, & qu'il restât toujours enveloppé avec le mucus. Le poids du mercure étoit dans cette expérience d'un tiers moins que le mucus. En suivant la même expérience, cet Auteur a remarqué que la salive soumettoit une bien moindre quantité de mercure ; & peut-être encore ne le soumet elle qu'autant qu'elle se trouve mêlée avec une certaine quantité de mucus, dont elle n'est jamais libre.

Les autres expériences que M. Plenck fit, furent sur le mercure mêlé avec le jaune d'œuf, le blanc d'œuf, le sang & sa partie séreuse, la bile animale récente, la colle de poisson ; il ne trouva dans toutes ces substances animales aucune qui puisse éteindre totalement le mercure. Il n'y eut donc que le seul mucus en qui il remarqua cette vertu. Il poussa plus loin ses expériences ; il voulut les étendre sur les autres végétaux. Il commença ses expériences sur la gomme arabique ; il broya en conséquence un gros de mercure vif avec deux gros de gomme arabique en poudre, pendant un quart-d'heure, dans un mortier de pierre, en jettant dessus de temps en temps une petite quantité d'eau, jusqu'à ce que la gomme fût réduite en mucilage. Le mercure, par cette trituration, disparut peu-à-peu, & le tout se réduisit exactement en un mucus gris, vifqueux, fur lequel il jetta une livre entiere d'eau de fontaine. Le mercure, qui étoit bien délayé & broyé, donna une couleur grife à cette eau, y refta en partie fufpendu, & defcendit en partie lentement au fond de la liqueur. Lorfque le vafe fut repofé après quelques minutes, il fe forma dans fon fond un fédiment gris, dans lequel le mercure fe trouvoit parfaitement éteint par l'humeur vifqueufe & gommeufe; en forte que, malgré qu'il fe trouvât délié dans une grande quantité d'eau, il ne fe dégageoit pas, & ne pouvoit pas fe raffembler en globules.

Si on remue légérement le vafe, le mucus végétal fe mêle de nouveau, & même avec facilité, tout entier avec l'eau, & fur la furface du liquide, on remarque une efpece d'écume blanche & fort élevée, qui contient, felon toute apparence, & qui fufpend le mercure atténué très-fubtilement; ce qui paroit d'autant plus véritable, qu'en y mettant un anneau d'or, il y devient de couleur argenté, & y blanchit. Cet Auteur, pour mieux s'affurer de la réalité de cette expérience, la répéta en petit; il n'employa qu'un fcrupule de gomme arabique réduite en mucilage, & dix grains de mercure. Dans l'efpace de fix minutes, le mercure s'éteignit prefqu'entierement, tandis qu'il en falloit fept pour l'éteindre avec le mucus animal. Le mercure s'allia par conféquent plus vîte avec la gomme arabique.

On a pareillement tenté d'éteindre le mercure avec la gomme tragacanthe, le mucilage de femences de coing, la farine de racines d'althæa, l'amidon, la manne de Calabre, le miel crud, le miel écumé, le fyrop fimple, l'huile de lin, la graiffe; aucune de ces fubftances n'a été capable de l'éteindre : on a feulement remarqué que quand on ajoutoit à la gomme arabique le fyrop, l'union de la gomme arabique avec le mercure en devenoit plus forte.

La gomme arabique eft donc la feule de toutes les fubftances végétales-gommeufes qui convienne le mieux pour éteindre le mercure, qu'elle paroît même en être le véhicule le plus propre & le plus naturel, & que par le moyen d'un tel véhicule, le mercure peut fe mêler avec tous les liquides de notre corps. Il en fit l'effai fur des perfonnes attaquées de maladies vénériennes; il leur en donna intérieurement. Ce remede produifit en ces malades des effets merveilleux, & les a guéris en très-peu de temps. Il leur faifoit prendre de ce mercure amalgamé avec la gomme arabique, dans de l'eau de fumeterre, à laquelle il affocioit quelque fyrop.

Dans le Traité de M. Plenck, on y voit douze obfervations faites fur différentes perfonnes de tout âge, de tout fexe, dans les différens degrés de la maladie, qui ont toutes été guéries par le moyen de ce mercure gommeux.

Je ne peux mieux faire, en finiffant cette Lettre, que de vous faire, Monfieur, avec l'Inventeur, le parallele de la méthode de traiter la maladie vénérienne par le moyen du mercure gommeux avec les autres méthodes ufitées.

Il y a trois différentes méthodes d'adminiftrer le mercure: dans la premiere, on frotte l'extérieur du corps d'onguent mercuriel, jufqu'à ce qu'il produife la falivation que le malade eft obligé de fouffrir pendant quelques femaines; dans la feconde méthode, on frotte l'extérieur du corps des malades d'onguent mercuriel, & feulement en petite dofe chaque fois; & pour éviter toute falivation, on purge de temps en temps ; quant à la troifieme méthode, elle fe réduit à faire prendre intérieurement difféfentes préparations mercurielles.

Pour détruire le miafme vénérien par le moyen du mercure, il faut que cinq chofes concourent enfemble, fuivant les Pathologiftes ; 1°. il faut introduire dans le corps une dofe affez grande & affez forte de mercure, pour pouvoir dompter & détruire la quantité de miafmes qui y exiftent ; il faut, 2°. que le mercure pénetre dans tous les vaiffeaux, même les plus petits ; 3°. qu'il n'y ait pas jufqu'à une feule goutte de nos humeurs qui n'en foit imprégnée ; 4°. que le mercure refte pendant quelque temps avec nos humeurs, & qu'il circule même avec elles ; 5°. enfin, que le miafme vénérien, conjointement avec le mercure, puiffe s'évacuer du corps.

Examinons à préfent, Monfieur, fi les trois méthodes qu'on a d'adminiftrer le mercure, équivalent à celles de M. Plenck, & fi elles ont toutes les trois les qualités que nour venons d'indiquer.

Suivant la premiere méthode, qui procure la falivation, le mercure fe méle en abondance avec nos humeurs : mais il ne refte pas affez long temps dans le corps ; il en eft rejetté auffitôt par la falivation : nous en avons une bonne preuve. Mettez, les premiers jours de la falivation, de l'or dans la bouche, la falive le blanchit, marque certaine que le mercure fort du corps par le moyen de la falive. Si on ne continue pas les frictions mercurielles, quoique la falivation continue, elle ne blanchit plus l'or ; marque donc que tout le mercure eft forti du corps. C'est par cette raison que plusieurs, attaqués de cette maladie, n'ont pas été guéris malgré la salivation, & même une salivation répétée, parce que, par une salivation trop copieuse, le mercure s'est échappé bien vîte; d'ailleurs la salivation est incommode & dangereuse; elle ne guérit pas avec certitude; elle n'est pas critique; elle ne peut pas être donnée à toute forte de sujets; elle n'est pas même nécessaire. Rien n'est plus facile que de démontrer la vérité des propositions que j'ai avancées. J'ai dit, 1°. qu'elle est incommode; & en effet, que peut-on trouver de plus incommode & même de plus insupportable, que des frictions presque toujours ennuyeuses, un mal de gorge mercuriel, une petite fievre continue, un ptialisme qui dure six semaines & davantage, une abstinence nécessaire & même totale de tout aliment, une crainte continuelle d'être suffoqué par un air froid, une exulcération du gosier, une puanteur dans la bouche; enfin une grande maigreur, qui est une suite de la cure? Voilà tous les dangereux symptômes auxquels est exposé tout malade traité par cette méthode. Je pourrois encore ajouter l'obligation où se trouvent les malades de garder continuellement la maison ou le lit, ou d'être renfermés dans une chambre dans laquelle on respire un air putride.

Si la salivation est incommode, elle n'est pas moins dangereuse; à la suite de la salivation, quoique le mercure eût été bien administré, il est souvent survenu une fievre violente, la dyssenterie, le crachement de sang, l'immobilité des mâchoires & la suffocation. La salivation n'est pas non plus un remede certain; souvent rien n'est plus commun que de voir des malades auxquels, après une ou deux salivations légérement excitées, il est survenu différens symptômes de maladies vénériennes. Elle n'est pas critique, continue M. Plenck ; il n'y a aucune observation de personnes guéries de la maladie vénérienne par la salivation spontanée, tandis qu'il y a des exemples de malades qui ont été guéris sans aucune salivation. Un homme très-sain, à qui on a fait des frictions mercurielles, a une salive aussi puante qu'un vénérien.

La salivation n'est pas en outre propre à toute sorte de sujets ; elle ne convient ni aux femmes enceintes, ni aux enfans, ni aux poitrinaires, ni aux personnes maigres, ni aux épileptiques, ni aux scrophuleux, ni enfin à ceux qui ont des ulceres dans la gorge ; enfin, elle n'est pas nécessaire, puisqu'on a des exemples d'une infinité de personnes guéries par la transpiration. Les selles & les urines peuvent y suppléer. La méthode par le mercure gommeux n'entraîne avec elle ni les dangers, ni les incommodités de la salivation ; d'ailleurs elle est plus sûre, & peut être administrée à toute sorte de sujets ; elle doit donc lui être préférée.

Dans la seconde methode, on donne le mercure en friction à petite dose, avec des purgatifs de temps en temps, pour éviter la salivation. Mais avec cette méthode, le mercure, malgré ces précautions, quoique donné en petite quantité, excite quelquefois la salivation ; il astreint aussi à un régime incommode, & les cures n'en sont pas si sûres ; elles en sont même plus longues.

Voyons actuellement si la troisieme méthode

eſt plus heureuſe. Les remedes qu'on preſcrit intérieurement ſont des préparations mercurielles ; de cette claſſe ſont le mercure doux , le ſublimé corroſif, les différentes panacées : mais tous ces remedes ſont âcres & vénéneux ; ils ne peuvent, ni ne doivent être donnés qu'en petite doſe ; ils agiſſent très-lentement, par rapport à la petite quantité de mercure, & il faut beaucoup de prudence pour les adminiſtrer ; quelquefois même ils excitent encore la ſalivation.

Vous devez donc conclure, Monſieur , par l'examen de toutes ces méthodes, que le mercure gommeux eſt préférable à tout autre : on peut le donner avec ſûreté en grande doſe ; il circule auſſi plus aiſément avec nos humeurs ; il agit plus vîte ſur le miaſme vénérien ; toutes ſortes de ſujets en peuvent prendre. Je crois, Monſieur, qu'on fera ſagement de préférer cette ſolution & ce ſyrop à toutes ſortes de remedes qui ſe débitent pour cette maladie, & dont on ne connoît la vertu ſouvent que par les mauvais effets qui s'en ſuivent. Cependant j'ai des preuves que l'électuaire anti-vénérien de Marquet eſt encore infiniment meilleur, ainſi, Monſieur , que je vous l'ai obſervé dans ma Lettre précédente.

Je ſuis , &c.

Paris , ce 18 Avril 1769.

LETTRE XVII.

Sur le Traitement de la Petite-Vérole.

EN parcourant, Monfieur, les différentes pieces fugitives que j'ai dans mes porte-feuilles, concernant la Médecine, j'ai trouvé entr'autres un Mémoire très-intéreffant, rédigé en forme de Confultation, fur le Traitement de la Petite-Vérole. Ce mercure nous vient d'un fameux Médecin Lorrain, dont la pratique heureufe pour cette maladie eft un des meilleurs garans des principes qui y font pofés ; les préceptes du grand Boërhaave s'y trouvent développés avec toute la précifion poffible : on y trouve même l'extrait d'une de fes lettres à M. Baffan fon Eleve. Comme vous faites, Monfieur, un recueil exact de ce qui a rapport à cette maladie, qui eft même actuellement épidémique dans cette Capitale, j'ai cru ne pouvoir mieux faire que de vous faire part de cette efpece de Confultation.

« Dès que Madame, dit M. Bagard, Préfident du College Royal des Médecins de Nancy, Auteur de ce Mémoire, fe trouvera attaquée d'une fievre éphémere, il y aura pour lors tout lieu de foupçonner la petite-vérole, principalement fi elle regne dans les lieux où Madame réfidera. Les accidens & les fymptômes de la fievre qui précedent cette maladie, font ordinairement communs avec ceux de toutes les fievres putrides continues.

continues. Aussi jusqu'à présent il ne s'est trouvé aucun Médecin qui ait pu décider dans les premiers jours de la fievre, si c'est véritablement la petite-vérole qui s'annonce : il ne peut pour lors juger que par conjecture. Cependant deux choses peuvent lui faire naître du soupçon sur la petite-vérole menaçante : la premiere, quand elle est épidémique dans le canton ; la seconde, quand la personne qui a la fievre n'a jamais été attaquée de cette maladie. *Si nunquam laborasset variolis, semper suspicarer has : simul ac illius febriculæ invadentis signa apparerent, maximé si illæ tunc dominarentur. Boërrh. Epist. ad Bassang.*

» Dans les premiers jours de la maladie, Madame pourra rester assise dans sa chambre, ou demeurer au lit à sa volonté, sans néanmoins y être plus couverte qu'à l'ordinaire ; mais dès le premier instant, on lui ôtera tout aliment solide, & on ne lui donnera pour toute nourriture que du bouillon de veau bien dégraissé, & de l'eau pané pour lui servir de boisson. Si la sueur survient à Madame dans son lit, on l'en sortira pour la tenir en robe de chambre sur un canapé pendant toute la journée : on en écartera tous les oreillers de plume, pour les remplacer par ceux de crin.

» Avant que les vingt-quatre heures de fievre soient passées, on fera prendre à Madame un lavement préparé avec une livre de bouillon de veau, trois onces d'huile d'amandes douces, & deux onces de sucre. La principale attention qu'on doit apporter dans la petite-vérole, c'est pendant la nuit qui se trouve entre le premier & le second jour, & notamment jusqu'à minuit, temps ordinaire

où tous les changemens arrivent. On examinera
pour lors si Madame se trouve inquiete, si elle
ne rencontre pas de bonne place, si sa respiration est accompagnée de soupirs, & entre-
coupée; si la malade a de grands maux de reins,
& si elle ressent une douleur considérable dans la
tête, & même dans tous les membres, avec une
grande foiblesse. Si tous ces symptômes se dé-
clarent, on tirera le second jour du bras de la malade environ dix onces de sang : on lui fera prendre des bouillons plus fréquemment que les jours
précédens, & de l'eau panée tiede tant qu'elle
jugera à propos : elle s'asseoira, de même que le
premier jour, dans sa chambre, ou demeurera
à demi-couchée sur un canapé. *Itaque moderaté
tantùm vestitam quotidié, in cubiculo satis spa-
tioso, totâ die in sellâ ad mensam levi quondam
lusu, aut inspectu tabularum pictarum oblectarem
ad fallendum tempus; nec concederem decubitum
ante sextam vespertinam, nisi gravia mala coge-
rent; subindé in lecticum decumberet noctu dor-
miens, modicé solùm tecta jaceret. Boërrh. Epist.
ad Bassang.*

» Si la malade au contraire dort bien pendant cette nuit, & si les symptômes sont extrêmement légers, quoique la fievre ne laissât pas
de continuer avec des lassitudes dans les jambes,
& un léger mal de tête, souvent même sans aucun, il faut pour lors avoir deux gros de tartre
pulvérisés : on les mettra dans une terrine de terre
vernissée, avec six onces d'eau : on les fera
bouillir jusqu'à ce que la crême de tartre soit fondue : on y ajoutera deux onces de bonne manne,
un edemi-once de jus de citron & un blanc d'œuf
battu, que l'on fera aussi bouillir jusqu'à ce que

le blanc d'œuf soit cuit, pour passer le tout au travers d'un papier gris mis sur un entonnoir de verre. La malade en prendra cinq onces, & du bouillon de veau ensuite, à proportion qu'elle purgera ; elle pourra boire, de même qu'à son ordinaire, de l'eau panée, mais un peu plus tiede ce jour-là ; le soir elle fera usage d'une once de syrop fait avec la décoction d'une tête de pavot blanc seule, & un peu de sucre dans un verre de son eau panée. Le même jour de la purgation, elle pourra rester sur sa bergere, ou assise sur son lit, en observant sur-tout que l'air de sa chambre soit tempéré la nuit du deux au trois. Après que l'une & l'autre de ces évacuations sera faite, la malade se trouvera pour lors plus tranquille ; cependant elle pourra avoir des démangeaisons à la peau, comme si des puces la mordoient. Quand il fera jour le lendemain matin, on l'observera premierement au visage, pour reconnoître s'il n'y paroîtpoint de taches : on examinera ensuite la poitrine & le dos ; s'il n'y en a qu'au visage, c'est une bonne marque, car elles ne doivent paroître que successivement ; les autres sur le dos & la poitrine seroient déja irrégulieres. On prendra, dans ce dernier cas, des mesures pour empêcher la dissolution des humeurs, & pour énerver, autant que l'on peut, cette cause, qui dispose à une putréfaction insurmontable, quand une fois on lui laisse prendre le dessus. Il est important dans les commencemens de diminuer la résistance des vaisseaux inférieurs, pour qu'ils reçoivent plus de sang : on dégage par-là les parties les plus nécessaires à la vie, telles que la tête, la poitrine & les visceres du bas-ventre, & on empêche que les pustules ne se portent au visage en si grande abondance, en déterminant dans les parties inférieures la matiere qui doit former ces petits abcès.

» *Ubi verò jam sic intento mihi signa apparerent harum, illicò conanter incipiens contagium, aut jam incœptum enervare, aut in loca minùs periculosa, pedes, crura, femora, à partibus nobilibus, capite, faucibus, thorace, visceribus & abdomine avertere. Boërrh. Epist. ad Bassang.*

» Le bain des pieds remplit pour lors parfaitement cette indication: on les y met jusqu'au-dessus de la cheville. Ce bain sera composé de deux parties d'eau, d'une partie de lait fraîchement tiré, & de deux gros de nitre purifié. La malade restera dans ce bain, qu'on aura néanmoins soin de bien couvrir, afin que la vapeur monte le long des jambes, pendant une demi-heure, trois quarts-d'heure, même une heure, si elle s'y trouve bien; & quand ce bain ne sera plus assez chaud, on y versera de la nouvelle eau chaude pour entretenir la tiédeur qui lui est nécessaire. Il ne faut pas qu'on y ressente ni chaud, ni froid; c'est à la malade à en juger.

» Après le bain, on essuiera les pieds & les jambes de Madame avec un linge sec; ensuite on aura un emplâtre fait de parties égales de cérat stomachique de Galien & d'emplâtre de melilot fondus ensemble, de chacun une livre. On en étendra sur de la peau fine autant qu'il en faut pour couvrir toute la plante des pieds; & pour soutenir cet emplâtre, continue M. Bagard, on chauffera Madame avec des bas de fil, que l'on arrêtera deffous ou deffus le genou avec un ruban. Cela fait, on mettra Madame au lit, mais fans néanmoins la gêner en aucune façon, la laiffant la maîtreffe de changer de place & d'avoir fes bras hors du lit, pourvu qu'elle ait des gants faits d'une toile jaune à demi ufée ; il faudra, matin & foir, répéter le bain, & n'ôter les emplâtres que pour y entrer, & les remettre à la fortie du bain, pour les garder nuit & jour. Comme ces bains font de la plus grande utilité, il faut les continuer jufqu'au neuvieme jour inclufivement, à compter du premier jour qu'on les aura commencés. Quant aux emplâtres, il fuffira de les renouveller toutes les vingt-quatre heures, ce qu'on fait régulierement tous les jours, jufqu'à ce que les croûtes de la plante des pieds foient feches.

» *Cùm manè horâ feptimâ ad octavam balneum aquæ dulcis. aliqua copia lactis dulcis, & pauco cum nitro adhiberem, idem horâ fpatio repetiturus. A quintâ vefpertinâ ad fextam, è balneo molliter crura fricentur & pedes, pannis è lanâ confectis. Tuncque femper applicentur pedibus emplaftra ex cerato ftomachico Galeni & emplaftra de meliloto, quæ femper dein dies noctefque adhærent fole tempore balnei auferenda. Boer. Epift. ad Baff.*

» Comme la cure de cette maladie confifte à empêcher la diffolution totale des humeurs, il faut éviter toutes les chofes qui peuvent y tendre, de quelque nature qu'elles foient, foit alimens, foit médicamens ; il faut même interdire le bouillon de veau à la malade, & lui fubftituer une crême faite avec une once & demie d'avoine mondée, que l'on fera bouillir à petit feu avec trois livres d'eau, jufqu'à réduction de moitié, & que l'on paffera au travers d'un tamis, pour qu'il n'y refte point de grains. On en donnera fix onces à la malade, & on y ajoutera une cuillerée de jus de citron, une de vin du Rhin, & une de fyrop d'althea de Fernel. On rendra ce mêlange auffi agréable que faire fe pourra, en diminuant la dofe du jus de citron ou du fyrop, fuivant le goût. de la malade : c'eft l'unique aliment qu'on lui donnera toutes les fix heures.

» A chaque fois qu'on lui préfentera cette mixtion, on lui donnera deux tranches de pain coupé très-délicatement, & grillé légérement, laiffant à la malade la liberté de les manger devant ou après fa crême d'avoine, ou de les tremper dedans. Cela fait, connoître l'état de fa gorge ; fi elle le refufe, on ne la preffera point. En cas que Madame dorme la nuit, il ne faut pas la réveiller pour lui donner fon aliment, mais il faut le tenir prêt pour le temps où elle s'éveillera.

» On lui fera continuer ce régime jufqu'au douzieme jour, à compter du premier jour de la fievre ; mais pour délayer le fang, on prendra une pincée de feuilles feches de fcabieufe : on les mettra dans une théïere : on verfera deffus de l'eau bouillante, pour y être infufée comme du thé ordinaire : on aura enfuite une livre de flegme de vitriol : on y ajoutera 40 ou 50 gouttes d'efprit auffi de vitriol, jufqu'à ce que le flegme foit parvenu à une agréable acidité : on aura en même temps toute prête dans une autre bouteille une livre de fyrop d'althea de Fernel : on prendra une cuillerée de ce flegme altéré de vitriol, une autre cuillerée de fyrop d'althea, que l'on mettra dans une taffe à

café, & que l'on remplira de l'infusion des feuilles de scabieuse : on s'attachera aussi à rendre
cette boisson agréable , en retranchant ou augmentant du syrop ou du flegme de vitriol , selon
le goût de la malade. A chaque heure on lui en
donnera une tasse , à moins qu'elle ne dorme ,
ou qu'elle ne prenne sa crème d'avoine. Si Madame a soif dans l'intervalle d'une heure à l'autre,
on peut lui donner ou de l'eau panée seule , ou
adoucie avec le syrop d'althea , ou bien une légere décoction d'avoine entiere , & la laisser
boire tant qu'elle voudra , pourvu qu'elle ne boive
pas froid.

» *Potus largus tepidus esto , ex decocto levi avena cum aquâ parato , quò plus indè biberit , tantò
rectiùs. Cibus quater quotidie sextâ quâque horâ
dandus ; hic unus esto. Avena à cortice repurga-
tæ una uncia incoquatur in libris aquæ puræ tri-
bus ad consumptionem dimidii ; tunc liquoris per
setaceum trajecti unciis quatuor admisce succi limo-
nis recentis unciæ semissim , syropi violarum unciæ semissim , panis lenissimè torti unciam unam ,
vini Rhenani unciam semiss.*

» *Atque hac quidem agenda usquè ad initia
duodecima diei , à primo insultu morbi ; post
hunc rarò periculum : in cæteris consulendus fi-
delissimus Sydenhamus , maximè quoad usum vi-
trioli in potu ad variolas malignas & ad erosio-
nem nasorum tendentes ; plura nescio , quæ usui
esse queant. Boërr. Epist. ad Bass.*

» Enfin , pour énerver la cause putréfiante de la
petite-vérole , & garantir , autant qu'il est possible , tout le canal intestinal des pustules qui pourroient s'y répandre , on conseille de faire usage
d'une poudre propre à remplir cette indication :

on la prend le matin après le bain : on la délaie dans une cuillerée, moitié eau panée, & moitié fyrop d'althea : ou boit pardeffus une taffe d'infufion de fcabieufe préparée de la maniere ci-deffus. Cette poudre n'exige pas de la part de la malade plus de précaution que le refte ; Madame pourra la prendre ou affife fur fon lit ou fur un canapé. La poudre d'après-midi fe doit toujours prendre à cinq heures. L'ufage de cette poudre fe continuera pendant neuf jours, à compter du premier que les taches rouges ont paru.

» *Sumatque mane horâ octavâ & vefpertinâ horâ quintâ de hoc pulvere dofim. Recipe florum fulphuris drachmas duas, laudani puri ex folo opio puriffimo grana duo ; ftibii diaphoretici non abluti, rité parati, drachmam femiff., cinnabaris antimonii fcrupulum unum. Fiat pulvis dividendus in fex dofes æquales. Boërr. Epift. ad Baff.*

» Ce qu'il y a de plus intéreffant dans cette maladie, après la vie, eft la confervation du vifage. On fait que les creux de la peau ne s'impriment qu'après que les croûtes des puftules font tombées, par quantité de petites peaux blanches qui s'élevent fur fes cicatrices, & qui, dès qu'elles font tombées, font fuivies par d'autres qui reparoiffent. Pour remédier à ce facheux accident, on a imaginé d'employer, dès que les taches paroiffent, une eau abfterfive pour en laver le vifage. Cette eau, pour Madame, ne doit point avoir d'odeur, de peur de lui occafionner des vapeurs : on la compofera donc avec trois livres d'eau diftillée de fcabieufe, un gros de fel ammoniac dépuré, une once & demie de vinaigre

distillé dans un alambic de verre, & une demi-
once de bonne eau-de-vie de la premiere distillation. Toutes les six heures on fera chauffer,
dans une tasse à café, au bain-marie, deux ou
trois cuillerées de cette eau : on lui fera fermer les
yeux, & on lui lavera tout le visage, que l'on
essuiera avec un mouchoir de lin demi-usé &
sec, en ne l'appuyant que légérement dessus.
Après les douze premiers jours passés, il suffira
de s'en laver deux fois le jour, sans arracher
jamais les croûtes, ni ces peaux qui paroissent
après leur chûte, en continuant pendant quarante
jours : l'on peut aussi en laver le col, & ce qui
paroît de la gorge.

» *Interim & sextâ quâque horâ, abluenda fa-*
cies & collum tepidè hâc mixturâ, iterùmque de-
tergenda. Recipe aquæ stillatitiæ florum rosarum,
sambuci, herbæ scabiosæ ana uncias quinque;
aceti rosacei, sambucini uncias duas, salis
ammoniaci drachmam unam, spiritûs vini vulgaris
semel rectificati unciam semiss. : misce. Boërr.
Epist. ad Bass. »

Tels sont, Monsieur, les principes de Boërrhaave, touchant le traitement de la petite vérole. La consultation de M. Bagard en est uniquement la traduction, ainsi que vous avez pu
le remarquer. Ce célebre Médecin de Leyde,
à la fin de sa Lettre à M. Bassang, rapporte
l'histoire d'une petite-vérole extrémement maligne qu'il a traitée. C'est par cette cure qu'on
peut juger de l'habileté de ce grand Médecin,
& des ressources qu'il trouve dans sa pénétration
& ses lumieres profondes. Le temps ne me permet pas, Monsieur, de vous la transcrire ici ;
mais si jamais j'ai occasion de vous entretenir en-

core fur cette maladie, j'aurai grand foin de vous en faire part.

Je finis cette Lettre, en vous obfervant, avec le célebre Hoffmann, que de toutes les maladies, il n'y en a aucune où l'ordre de la Nature & les temps critiques foient auffi fenfibles que dans celle-ci; elle commence avec des accidens très-violens, qui diminuent, ainfi que la fievre, par l'éruption des puftules qui fe fait pour lors. Cette éruption dure jufqu'au feptieme, que la fuppuration commence, d'abord au vifage, enfuite à la poitrine, aux bras, aux mains, après quoi aux parties inférieures; alors la fievre, furnommée fecondaire, paroît, pour durer jufqu'à l'onzieme jour, & jufqu'à ce que les puftules fe deffechent & tombent par écailles dans le même ordre qu'elles ont commencé à fuppurer, c'eft-à-dire, en commençant par le haut & en finiffant par le bas.

Je fuis, &c.

Paris, ce 25 Avril 1769.

LETTRE XVIII.

Sur l'Inoculation de la Petite-Vérole.

L'INOCULATION de la petite-vérole est, Monsieur, un sujet sur lequel se sont exercés, dans ces derniers temps, la plupart des Savans. Les uns préconisent l'avantage de cette méthode, & ils le font avec tant d'éloquence, qu'ils paroissent entraîner dans leurs sentimens une infinité de sectateurs ; d'autres, peut-être trop susceptibles des préjugés, la rejettent totalement. Vous me demandez, Monsieur, mon sentiment ; je ne peux vous satisfaire sur cet objet: je me suis fait une loi de garder la neutralité dans cette matiere ; je me contenterai seulement, en ma qualité de Médecin & de Botaniste, de vous faire ici un parallele de cette méthode avec la greffe qui lui a donné son nom. Ce parallele pourra peut-être vous guider dans la marche que vous vous déterminerez de prendre pour faire inoculer MM. vos fils.

Il y a, comme vous savez, Monsieur, plusieurs manieres de greffer: on greffe en fente, en écusson & à œil dormant. Je passe ici les autres méthodes, comme non moins usitées. Pour greffer en fente, on fait une incision dans la substance ligneuse de l'arbre: on y insere la

branche du sujet qu'on veut avoir; quant à
la greffe en écusson & à œil dormant, l'incision
se fait simplement dans l'écorce, sans toucher à
la partie ligneuse. On a pareillement introduit trois
différentes méthodes d'inoculer la petite-vérole,
connues sous les noms de méthodes à l'Hosty, à la
Gaty & à la Suttone. Ces trois méthodes different entr'elles par l'incision : ou elle se fait
profondément, ou légérement, ou on ne pratique même qu'une simple égratignure.

Dans les arbres, la greffe à œil dormant & en
écusson est souvent celle qui réussit le mieux ;
de même aussi, dans l'inoculation de la petite-
vérole, moins l'incision est profonde, moins il y
a d'accidens à craindre. C'est par cette raison
que la méthode à la Suttone est actuellement
celle qu'on préfere.

Quand on veut greffer un arbre, quelquefois
on le prépare : on ameuble la terre qui environne son pied : on lui donne des labours : on
le rapproche même souvent, afin qu'il jette de
jeunes branches plus vigoureuses, & propres à
mieux recevoir la greffe. La même chose se
pratique dans l'inoculation de la petite-vérole.
Plusieurs Médecins préparent leurs malades par
des remedes généraux ; mais comme la préparation n'est pas toujours nécessaire pour la
greffe, par la même raison, quelques Inoculateurs prétendent qu'il est inutile de préparer les
malades avant de les inoculer.

Si on greffe un arbre trop vieux ou languis-
sant, la greffe réussit rarement ; elle le fait
même quelquefois mourir. La même chose est
à craindre dans l'inoculation. Il est dangereux
d'inoculer des vieillards, des personnes languis-

fantes & trop délicates ; elles périffent fouvent dans l'effet de l'inoculation.

Lorfque les arbres font trop vigoureux , il arrive quelquefois que la greffe ne réuffit pas ; pareille chofe arrive dans l'inoculation. On a vu plufieurs perfonnes bien conftituées fur lefquelles l'inoculation n'a pu avoir prife , malgré même les plus grandes précautions de la part de l'Inoculateur : mais il arrive que ce qui ne peut réuffir dans un temps, réuffit quelquefois dans l'autre. Il y a des années malheureufes pour la greffe , & d'autres plus heureufes , & en cela il n'y a aucune différence avec l'inoculation.

Tous les jours on voit des perfonnes fur lefquelles l'inoculation n'a pu avoir prife une premiere fois , tandis qu'elle réuffit une feconde.

Par la greffe, on fe procure de meilleures efpeces de fruits, mais quelquefois auffi de pires. On trouve encore la même chofe dans l'inoculation. Souvent l'inoculation nous procure de grands avantages ; fouvent auffi elle nous eft très-défavantageufe par fes fuites , tels que des dépôts, des abcès , & même la paralyfie.

On a obfervé que les arbres, après être greffés , font fouvent étouffés par des jets fauvageons, ce qui oblige à regreffer ces jets, ou à les fapper. On en peut dire encore autant de l'inoculation ; il arrive qu'une perfonne inoculée peut encore avoir une petite-vérole naturelle.

Les arbres, avant d'être greffés, font plus vigoureux qu'après la greffe ; ils pouffent plus vîte & vivent plus long-temps. Le parallele fubfifte encore pour l'inoculation , fi on ajoute foi aux obfervations modernes. Quelques Auteurs Anglois prétendent que les perfonnes inoculées ne vivent pas auffi long-temps que les autres.

Il s'eſt trouvé des Jardiniers, & c'eſt par où je finis mon parallele, qui , pour s'accréditer dans l'art de la greffe, n'ont pas même ménagé les meilleurs arbres de leurs jardins ; ils les ont ſacrifiés pour y greffer des arbres inconnus : auſſi ſouvent ont-ils eu le déplaiſir de les voir périr. Pareille choſe peut encore arriver dans l'inoculation. Plûr au Ciel qu'elle n'arrivât jamais !

Je ſuis , &c.

Paris, *ce 2 Mai 1769.*

LETTRE XIX.

Sur les différentes Méthodes d'inoculer la Petite-Vérole à la Chine.

IL y a, Monſieur, pluſieurs méthodes d'inoculer la petite vérole dans la Chine. J'ai trouvé dans les Lettres Edifiantes, trois Mémoires différens au ſujet de ces méthodes ; je crois ne pouvoir mieux faire que de vous les communiquer dans cette Lettre ; ils en formeront le ſeul objet.

Premier Mémoire. Quand on aura trouvé un enfant depuis un an juſqu'à ſept incluſivement, dont la petite-vérole ſe trouve ſortie heureuſement,

fans aucun figne de malignité ; qu'il l'a eue clair-
femée, & qu'il en a été quitte le 13 ou 14ᵉ jour,
en forte que les écailles des puftules foient tombées, on recueille les écailles ou pellicules des
puftules defféchées : on les renferme dans un vafe
de porcelaine, dont on ferme bien l'ouverture
avec de la cire : ce fera le moyen de conferver leur
vertu pendant plufieurs années, laquelle s'évapo-
reroit au bout de cent jours, s'il y avoit au vafe
la moindre ouverture.

L'on fuppofe d'abord que l'enfant auquel on
veut procurer la petite-vérole fe porte bien, & a
déja au moins un an accompli. Si les écailles
mifes en réferve font petites, on en prend quatre ; fi elles font grandes, deux fuffifent : on y
met un peu plus d'un grain de mufc ; de forte
que le mufc fe trouve entre deux écailles qui le
preffent : le tout fera mis dans du coton en forme
de tente, qu'on infinuera dans le nez, & dont
on remplira la narine gauche, fi c'eft un garçon,
& la narine droite, fi c'eft une fille.

Il faut obferver, fi l'enfant a la future de
corne tout-à-fait réunie à l'endroit de la fonta-
nelle ; fi elle n'étoit pas confolidée, ou fi l'enfant avoit pour lors le cours de ventre, ou quelqu'autre maladie, il ne conviendroit pas de lui
procurer la petite-vérole.

Lorfque ce remede a été infinué dans le nez,
& quand la fievre eft furvenue, fi les puftules ne
paroiffent qu'au troifieme jour, on peut s'affurer que de dix enfans, on en fauvera huit ou
neuf ; mais fi elles fortent dès le fecond jour, il
y en aura la moitié qui courront grand rifque ;
auffi fi les puftules paroiffent au premier jour
que la fievre fe déclare, on ne peut répondre
de la vie d'aucun d'eux. Au refte, dans l'ufage

de cette recette, il faut se conduire de la même maniere que dans les petites-véroles naturelles; il ne faut user qu'une seule fois des remedes expulsifs, & du reste donner aux malades des potions & des cordiaux qui fortifient. Tel est le contenu du premier Mémoire ou de la premiere recette.

Second Mémoire. Pour réussir dans la maniere de semer la petite-vérole, il faut choisir les écailles de celle qui est la mieux conditionnée. Les écailles récentes ont besoin d'une préparation pour tempérer leur acrimonie. Voici en quoi elie consiste: on coupe en rouelles la racine de la scorsonere, à laquelle on ajoute un peu de réglisse, qu'on met dans une tasse de porcelaine pleine d'eau chaude: on couvre ensuite cette tasse d'une gaze fine, sur laquelle on tient pendant quelque temps les écailles varioliques exposées à la vapeur bénigne de cette composition; puis on les retire & on les seche; elles ont pour lors le degré de force qui convient.

Les croûtes ramassées depuis un mois ou davantage n'ont pas besoin de cette préparation; il suffit de les tempérer par la douce transpiration d'un homme plein de santé, qui les porte sur lui quelque temps avant d'en faire usage.

On observera que les croûtes prises sur le tronc du corps, soit sur la poitrine, soit sur le dos, &c., sont les meilleures, & qu'il faut se donner de garde d'employer celles que l'on trouve sur la tête, sur le visage, sur les pieds & sur les mains.

Quand on veut semer à sec la petite-vérole, il faut prendre le cocon d'un ver à soie, & y mettre la quantité d'écailles nécessaires, puis

l'infinuer dans le nez, du côté gauche, fi c'eft
un garçon; & du côté droit, fi c'eft une fille :
on ne l'y laiffera que trois heures. Il y a une autre maniere, c'eft de faire de ces croûtes pulvérifées & mêlées avec un peu d'eau tiede, une mixtion épaiffe : on enferme cette pâte dans une enveloppe de coton bien délié, qu'on infinue dans
le nez de l'enfant, en l'y laiffant pendant fix heures. La fievre ne fera pas long-temps à venir ;
& au fixieme jour, on verra les marques de la
petite-vérole ; les boutons fe fécheront, & tom-
beront au bout de douze jours. Pour délayer
dans l'eau ces croûtes, il faut fe fervir d'un bâton fait de bois de mûrier.

Il y a fix occafions où il ne faut point femer la
petite-vérole : 1°. fi l'enfant n'a pas encore un
an accompli ; 2°. fi c'eft un jeune homme, qui
ait atteint fa 16e. année ; 3°. fi le fujet a au
dehors quelques maladies; 4°. s'il a au dedans
quelqu'indifpofition ; 5°. pendant l'été & les
grandes chaleurs ; 6°. lorfque la femence n'eft
pas bien conditionnée. Au refte, dans cette petite-vérole venue par artifice, il faut employer
les mêmes remedes que dans la petite-vérole
naturelle

Troisieme Mémoire. *Regles à obferver en
femant la Petite Vérole.*

1°. Il faut que l'enfant à qui on veut procurer
la petite-vérole foit fain, robufte & exempt de
toutes maladies.

2°. On s'affurera fi la future fagittale eft par-
fermée, réunie & fermée : c'eft pourquoi on ne
doit gueres procurer la petite-vérole qu'aux enfans

qui ont trois ans, & c'est une expérience qu'il ne faut plus faire quand ils ont plus de 7 ans.

3°. Il faut que l'enfant soit exempt d'infirmités internes & habituelles, qu'il n'ait nulle part sur le corps ni gale, ni aposthume, ni dartres, non pas même de légeres ébullitions de sang; enfin, que son ventre ne soit pas trop libre.

4°. Il faut s'abstenir de semer la petite-vérole, lorsque l'enfant regarde souvent du coin de l'œil, comme s'il étoit louche; lorsqu'il a l'oreille dure; bien plus, s'il étoit sourd; lorsqu'il a le nez bouché, ou qu'il n'urine que difficilement.

5°. Ce seroit une tentative inutile, si l'enfant avoit de grands yeux dépourvus de la caroncule, ou s'il avoit la partie de l'oreille qui est proche des tempes en forme de pointe, & non pas arrondie, comme l'a le commun des hommes.

6°. La saison des grandes chaleurs ou des froids excessifs est contraire à cette opération, de même que s'il régnoit des maladies, ou si le ciel étoit irrégulier, ou qu'il fût trop sec, trop humide, trop couvert. Quand on aura remarqué que l'enfant a les dispositions nécessaires, il faut le préparer par une potion propre à dissiper la malignité, ou à purifier le sang & les humeurs du corps. Ce ne sera que dix ou onze jours après le remede, qu'on entreprendra de semer la petite vérole : telle est la composition du remede.

On prendra des pois rouges, des pois noirs, des pois verts & de la réglisse concassée & brisée, du poids d'une once de chaque ingrédient (*l'once de la Chine est plus forte que celle de l'Europe*): on réduira le tout en une poudre très-fine, qu'on mettra dans un tuyau de *bambou* (*le sureau peut suppléer*), dont on enlevera la peau, en

laissant le nœud qui est à chaque extrémité : on
remplira ce tuyau de la poussiere médicinale ;
puis on fermera les deux ouvertures avec des
coins de bois de sapin , sur quoi on étendra
une couche épaisse de cire, afin qu'il ne reste
ni fente , ni ouverture aux deux extrémités du
bambou. Tout étant ainsi disposé pour l'hiver,
on suspendra ce tuyau dans un *mao-cang* ; c'est
le lieu destiné dans la Chine aux nécessités se-
cretes , d'où on ne le tirera qu'après un ou deux
mois. Après en avoir nettoyé les dehors , on
ajoutera à cette mixtion, qui sera séchée à l'ombre , sur une once de cette poudre, trois mas ,
autrement trois dixiemes parties d'une once des
feuilles de la fleur du *mocitse*. (*C'est un abrico-
tier sauvage, qui fleurit durant l'hiver : il y en
a , dit - on , qui n'ont que des fleurs ; selon
d'autres , c'est le pruna acida*). On ne ra-
massera pas avec les doigts les feuilles qu'on trouvera tombées dans la neige , mais on les per-
cera avec une aiguille : on les mettra sur du papier , & on les exposera à la chaleur d'un feu
clair , pour les sécher entierement ; ensuite on
réduira ces feuilles en une poudre très-fine, qu'on
mêlera avec l'autre poudre , & qu'on emploiera
de la maniere suivante : La prise sera d'un mas ou
d'un demi-mas , à proportion de l'âge de l'enfant : on délaiera cette poudre dans une potion
d'eau où l'on aura fait bouillir des tiges rampantes de *se koua*. (*C'est une espece de courge longue , velue & déliée, qu'on mange dans la Chine*).
Au défaut de ces tiges de *se-koua*, on peut faire
bouillir des fleurs du *kin-inhoa* , qui est le chevre-
feuille de ce pays.

Quand on donne ce remede, il faut interdire
l'usage de toute nourriture dont le goût & l'o-

deur feroient trop piquans. Dix ou douze jours après avoir donné ce remede, on femera la petite-vérole, & pour cela on choifira, dans la bonne faifon, un jeune enfant fort & robufte, qui ait une petite-vérole bien conditionnée & clair-femée : on ramaffera les écailles de fes puftules les plus épaiffes, & on les fermera bien dans un vafe, en forte que les efprits ne puiffent point s'évaporer. Avec cette précaution, elles pourront fervir pendant un an, & elles conferveront leur vertu.

Quand on voudra femer la petite-vérole, on prendra cinq ou fix de ces écailles; fi l'enfant eft un peu âgé, on y joindra le poids de deux grains de *hiang* ou *koang*, & on pilera le tout enfemble, qu'on enveloppera dans du coton. (*L'hiang koang* eft une efpece de minéral qu'on trouve dans les mines de foufre, de plomb, de fer, & qui doit être tranfparent pour qu'il foit bon) ; enfuite on l'infinuera dans le nez de l'enfant, & on l'y laiffera deux ou trois jours, après quoi la petite-vérole pouffera. Si l'enfant eft fort jeune, deux ou trois écailles fuffifent, & on retranchera à proportion du mufc & du *hiang-koang.* Le fecond jour après qu'on aura femé la petite-vérole, on lui en fera prendre par la bouche. La dofe fera de deux ou trois écailles pulvérifées qu'on mettra dans un bouillon de *chinma.* On l'appelle ainfi, parce que le *chinma* y domine ; mais il n'y entre pas feul. (*Le chinma eft la racine d'une plante de la Chine, & le cho-yo eft une plante de la Chine qui a trois ou quatre pieds de haut*). On fait encore bouillir enfemble du *koken*, du *cho-yo* & de la régliffe. (*Le koken eft la racine de pivoine*). Cette potion, qui fera d'une bonne taffe, étant prefque au point de fa cuiffon, on y jettera la poudre de deux ou trois

écailles dont j'ai parlé. Après avoir pris ces mesures, il faut attendre l'effet de ce remede. Si,
après le troisieme jour , on voit paroître les
marques de la petite-vérole, c'est un indice heureux. Si la petite-vérole paroît dès le second
jour , il y a du danger ; & communément de
dix enfans à qui on l'aura procurée, il n'y en a
que six ou sept qui échapperont. Le danger sera
bien plus grand, si elle sort dès le premier jour ;
de dix à peine en sauvera-t-on un ou deux. Voilà
ce qui se dit ; mais on doit se rassurer, parce
qu'en observant la méthode prescrite, & en prenant le remede qui dissipe la malignité de la petite-vérole, on ne sera pas sujet aux symptômes
& aux accidens fâcheux dont je viens de parler ;
il faut pour lors avoir recours aux remedes qui
sont marqués dans nos livres pour la petite-vérole naturelle, lorsqu'elle devient dangereuse.

Je suis, &c.

Paris, ce 9 Mai 1769.

LETTRE XX.

Sur l'Inoculation de la Petite-Vérole.

IL vient de me tomber entre les mains deux Mémoires en faveur de l'inoculation, rédigés l'un & l'autre par deux Médecins de Lorraine. L'un est de M. Bagard, Président du College Royal des Médecins de Nancy; & l'autre est de M. François, Docteur agrégé audit College. Je m'empresse de vous communiquer l'un & l'autre Mémoires.

Je suis, &c.

DISCOURS sur l'Inoculation de la Petite-Vérole, par M. Bagard, prononcé à l'Académie Royale des Sciences de Nancy.

L'INOCULATION de la petite-vérole est, Messieurs, une découverte aussi importante qu'elle est précieuse à l'humanité : elle nous offre tous les avantages qui lui ont acquis le droit de jouir du privilege des choses les plus utiles ; elle est au moment de subjuguer la confiance de toutes les Nations ; un concours de circonstances favorables & de notoriété publique, une multitude

de faits avérés , un succès constant, justifié
par la raison & par une expérience reconnue , en
promettent le triomphe , malgré le préjugé
qui en a retardé la marche.

L'inoculation est une cause intéressante pour
tout le monde, un sujet digne d'occuper ou de
partager l'attention particuliere des Souverains,
des Républiques , des Sages & des personnes les
plus éclairées dans l'Eglise , dans la Magistra-
ture , dans les Académies & dans les Facultés
de Médecine ; c'est un rempart assuré qu'on
oppose aux ravages d'une maladie trop souvent
funeste ; son objet est la conservation des Citoyens , le bien de l'Etat.

On peut regarder l'inoculation comme l'application d'une espece de poison , qui devient un
antidote certain contre la nature du venin même,
tel que le scorpion écrasé sur une piquure qui
vient d'être faite par cet insecte venimeux. C'est
une insertion d'une liqueur stimulante, entée sur
une légere incision faite exprès dans une partie
du corps , laquelle produit , en s'insinuant dans
notre sang , un mouvement supportable d'ébullition , qui fait éclorre avec une action peu sensible un germe inné avec nous, mais qui ne nous
laisse jamais tranquilles sur l'événement ou sur le
danger dont il est suivi dans le cours ordinaire
de son développement. L'imagination d'inoculer
est en vérité une des plus heureuses idées qu'on ait
jamais formées pour le bonheur du genre humain.

L'origine & l'histoire de l'inoculation est devenue aussi célebre dans la Littérature que dans
la Médecine. L'intérêt que la matiere tient dans
l'une & dans l'autre , est une place distinguée. Le
Discours de M. de la Condamine , lu à l'Assem-
blée publique de l'Académie Royale des Scien-

ces de Paris, au mois d'Avril 1754, ne laisse rien à desirer sur ce sujet : on y reconnoît que tout l'esprit de l'Auteur est dans le cœur, dont le zele sera aussi cher à la postérité, que l'Académicien est sûr d'être fameux par la gloire qu'il s'est acquise dans les Sciences utiles. Ce Savant a rassemblé, dans la premiere partie, les principaux faits historiques concernant l'inoculation, avec autant d'ordre & de clarté, que de justesse & de précision.

Dans le second, il examine les objections qu'on oppose à son établissement ; & dans le troisieme, il tire des conséquences des faits établis dans les deux précédens.

Cet Ouvrage est écrit avec beaucoup d'érudition ; il est terminé par des réflexions sages & judicieuses, dont la force & l'évidence sont dans le genre géométrique.

« Portons nos vues dans l'avenir, dit-il, l'inoculation s'établira un jour parmi nous ; je n'en doute point. Ne nous dégradons pas jusqu'au point de dégénérer des progrès de la raison humaine ; elle chemine à pas lents. L'ignorance, la superstition, le préjugé, le fanatisme lui disputent le terrein ; mais après des siecles de combats vient enfin la victoire. Le plus grand de tous les obstacles est cette indolence, cette insensibilité, cette inertie pour tout ce qui ne nous intéresse pas actuellement & personnellement ».

L'inoculation, Messieurs, a une origine très-ancienne ; elle s'est pratiquée de temps immémorial en Circassie, en Géorgie, au Sénégal, & dans les pays voisins de la Mer Caspienne : mais elle n'a été bien connue en Europe qu'en 1713, quoiqu'elle fût déja en usage à Constantinople vers la fin du siecle dernier, qu'une

femme

femme Theſſalienne l'avoit miſe en réputation dans cette grande Ville. (En 1713 , elle inocula 6000 perſonnes).

Un Médecin Grec , nommé Emmanuel Timone , ayant vu des ſuccès des opérations de la Theſſalienne , entreprit d'accréditer l'inoculation, & la pratiqua lui-même pendant ſept ou huit ans à Conſtantinople. Apiès un grand nombre d'épreuves & des méditations profondes , il compoſa une Diſſertation en Latin ſur l'inoculation. (*Hiſtoria Variolarum quœ per inſitionem exciantur*). Ce Manuſcrit fut porté en Angleterre en 1713 par Madame de Vortley , Ducheſſe de Mortagne , épouſe de l'Ambaſſadeur d'Angleterre , & adreſſé au Docteur Woodward ; de-là il fut envoyé dans toutes les Cours.

Cette illuſtre Dame , pénétrée de zele , & touchée des cures ſurprenantes qui avoient été opérées ſous ſes yeux , écrivit avec inſtance au Duc Léopold au mois de Juin 1723 , en lui envoyant le Mémoire du Médecin Grec , afin d'engager ce grand Prince de permettre qu'on inoculât les Princes & les Princeſſes ſes enfans , comme elle-même avoit fait inoculer ſon fils & ſa fille.

L'inoculation étoit alors dans ſon enfance en Europe : on étoit oppoſé au progrès de cette pratique. La pénétration du Duc Léopold lui fit comprendre l'importance, l'utilité & les avantages de ce conſeil. Cependant le préjugé prévalut ; la politique & la crainte l'arrêterent , quoique la Diſſertation d'Emmanuel Timone l'eût fortement ébranlé. Hélas ! ſi la légitimité de l'inoculation eût été démontrée dès ce temps-là , comme elle l'eſt aujourd'hui , nous n'aurions pas à regretter tant de Princes de cette illuſtre Maiſon de Lorraine ....

Tome III. Premiere Epoque. R

Emmanuel Timone s'eſt immortalisé par ſon Mémoire, & ſa Diſſertation ſur la petite-vérole eſt très-ſavante ; tout y reſpire les principes d'une bonne phyſique. Il étoit Philoſophe, Géometre, Méchanicien, Chymiſte, Obſervateur judicieux. Son Ouvrage ſur l'inoculation eſt un chef-d'œuvre ; il eſt la ſource dans laquelle on a puiſé tout ce qui a paru d'écrit ſur cette matiere. Tel eſt celui de Jacques Pilacini, autre Médecin Grec, né en Céphalonie, & Premier Médecin d'un Empereur de Ruſſie, imprimé à Veniſe avec l'approbation & l'atteſtation de l'Inquiſiteur : *Nova & ſura Variolas excitandi per tranſplantationem methodus ;* celui d'Antoine le Duc, qui ſoutint une Theſe publique à Leyde ſur l'inoculation, ſuivant la méthode pratiquée en Turquie : *Diſſertatio de Biſantiná inciſione, pro gradu Doctoratûs, Lugduni Batavorum publicé diſcuſſa ab Antonio le Duc, Conſtantinopolitano.*

Le Mémoire de M. Ramby, Premier Chirurgien du Roi de la Grande-Bretagne ; les Leçons de Qualtes-Siacus, Médecin de Londres, ſur l'inoculation ; l'Analyſe ou Traité complet de l'inoculation, dédié à Sa Majeſté Britannique par le Kirkpatrik ; celui de M. Jurin ; les cinq fameux Sermons de M. l'Evêque de Worceſter au ſujet de l'inoculation ; les Lettres du R. P. d'Entrecolles, Jéſuite, ſur l'inoculation pratiquée à la Chine, & une infinité d'autres écrits ſur ce ſujet, imprimés dans les Journaux littéraires d'Angleterre, de France, d'Allemagne, d'Italie & d'Hollande ; des Theſes ſoutenues glorieuſement dans les Facultés de Médecine : tels ſont les faſtes de l'inoculation, les défenſeurs de ſon utilité & les fondateurs de cette méthode.

Je me reſtreins, M., dans les bornes de ce précis

hiftorique de l'inoculation & de ce court éloge de
ces hommes citoyens, fi dignes de notre eftime
& de notre reconnoiffance, qui ont fignalé leur
zele pour le bien public, avec leurs talens & leurs
grandes lumieres fur un point auffi intéreffant,
& qui ont mérité les applaudiffemens de gens
éclairés, fans partialité, des Académies & des Amateurs des Sciences & de la Littérature. Mais j'au-
rois à me reprocher, fi je paffois fous filence un
Auteur dont l'Ouvrage eft écrit avec autant de
candeur, de prudence & de circonfpection, qu'il
eft inftructif dans fes principes & dans l'exacti-
tude de fes détails. M. Butini, Docteur en Médecine de Montpellier, a donné en 1750 un
Traité de la petite-vérole inoculée, adreffé à
une République où fleuriffent les mœurs & les
Arts, & où l'amour du bien général eft une
vertu commune à tous les Citoyens. Geneve a
adopté la pratique de l'inoculation, auffi perfua-
dée de fon infaillibilité par l'évidence du raifonnement & des preuves démonftratives de l'Auteur, que par l'exemple d'un de fes premiers Ma-
giftrats, & dont nul événement funefte n'a depuis caufé les regrets.

Toutes les connoiffances, dit M. Butini, qui
peuvent fervir à conferver la vie, font fans
doute intéreffantes pour le public; il doit voir
avec plaifir que les perfonnes deftinées par leur
profeffion à s'en occuper, travaillent avec la plus
grande occupation à connoître la vérité dans
des chofes fi importantes, & il eft en droit d'exiger d'elles que chacune mette au jour, pour le bien
commun, ce qu'elle a été à portée d'apprendre &
d'obferver. Les Gens de Lettres demandent, pour
admettre une vérité, des principes & des raifons

folides. Le Public exige fur-tout des obfervations
& des faits.

C'eft dans ces vues, Meffieurs, que je vais
m'efforcer de vous donner une idée claire de la
petite vérole inoculée, des avantages qui en réfultent, & de vous faire connoître que la petite-
vérole artificielle a toutes les prérogatives de la
naturelle, ou fpontanée, fans avoir aucun de fes
inconvéniens ; après quoi j'examinerai les principales objections qu'on oppofe à la premiere,
& ma réponfe fera fondée fur des principes fatisfaifans, fur les faits & l'expérience.

La petite-vérole naturelle eft univerfellement
réputée une maladie très-dangereufe, fur-tout dans
les adultes. On eft fi frappé de cette idée fur toutes les Nations pour l'éducation & dans le
commerce de la vie, que les exemples fréquens
de mortalité deviennent une nouvelle fource de
crainte dans l'efprit de tous ceux qui jouiffent de
leur raifon ; peut être y en a-t il beaucoup qui
périffent de la petite-vérole par l'effet de la
frayeur. Qu'on interroge les plus fameux Praticiens, & ils diront qu'une partie des défaftres
que fait la petite-vérole, doit s'imputer à la
frayeur qu'infpire cette maladie. Les graces, la
figure faifoient l'apanage d'une belle fille : elle
a la petite-vérole ; quel coup ! Elle apperçoit
dans fes boutons la mort qui l'environne, ou les
triftes débris de fa beauté.

La frayeur concentre fes forces, s'oppofe à
leur développement, & refferrant ainfi les fibres,
elle empêche l'éruption & la fortie libre de la matiere varioleufe.

La petite-vérole inoculée nous affure la tranquillité ; nous jouiffons de la confiance d'obtenir

un heureux événement , & nous appercevons la mort au milieu d'un léger orage. La vie est en sécurité , premier avantage de l'inoculation. Inoculons des enfans qui se portent bien ; préparons-les par une méthode convenable ; choisissons une bonne saison , nous n'aurons à craindre aucun inconvénient, aucune catastrophe. Si on inocule des adultes , on les instruit ; on leur persuade par la raison & par les exemples du succès, qu'en observant avec sagesse les regles & la méthode de la préparation , ils sont à l'abri des coups de cette maladie.

La petite-vérole spontanée, soit qu'elle soit discrete ou confluente , soit qu'elle soit simple ou compliquée, d'une bonne espece ou maligne , est toujours une maladie inflammatoire, qui porte avec soi le titre & le caractere d'une maladie incendiaire, dont les suites sont dangereuses. Qu'il seroit heureux d'avoir pris des mesures avant qu'elle se déclarât, qui tempérassent l'impétuosité du sang! Dans le premier période, si, dans le temps d'une épidémie dominante, le plus grand nombre des Citoyens qui n'ont pas eu la petite-vérole ne peut s'en garantir, & s'il en est infailliblement susceptible, quelle précaution devroit on prendre dans cette occurrence , qui se présente souvent! Convenons que ce seroit du moins les mesures & les regles qui sont dictées dans sa méthode & dans la préparation qu'on pratique avant l'inoculation. Avec une prévoyance aussi utile, on sauveroit bien des sujets qui succombent à la violence des accidens , parce qu'ils sont surpris dans un état qui s'oppose aux crises favorables & aux succès de cette maladie.

La petite-vérole par l'inoculation n'entraîne pas tous les inconvéniens , & n'expose pas à tous les dangers. On fait d'abord choix de toutes les circonftances les plus favorables : on prend un temps où il ne regne aucune maladie fâcheufe : on emploie la faifon la plus tempérée : on choifit les perfonnes les plus faines , & qui font dans le printemps de leur âge , ou les enfans, depuis 5 jufqu'à 12 ans , & c'eft alors que la petite-vérole inoculée eft à peine une maladie. On attend la fin d'une épidémie où la petite-vérole a jetté tout fon feu. Par ce moyen, on écarte les accidens qui s'y joignent ; mais fur tout on évite les erreurs & les fautes qu'on peut commettre dans le traitement d'une petite-vérole naturelle , avant l'éruption. Ce point doit être confidéré comme très-important.

Si on réfléchit fur l'action du miafme contagieux , qui pénetre fi fubitement le corps dans le temps de l'épidémie , pour y exciter & produire des changemens fi prompts & des effets fi effrayans , tels que font ceux qui précedent la petite vérole naturelle , on doit juger que cette matiere contagieufe , qui pourroit paffer d'abord de l'air qui en eft le véhicule , dans les poumons & dans l'œfophage , ou par les pores du corps , doit contenir en-foi un principe extrêmement venimeux. On voit auffi les accidens fe fuccéder mutuellement & par ordre. Ce font d'abord des friffons , une fievre aiguë, une grande & continuelle chaleur , les yeux brillans , une douleur de tête confidérable, notamment au dos, des vomiffemens , des inquiétudes , l'affoupiffement , des mouvemens convulfifs ; d'où il paroît que l'effet confifte en ce que la vélocité du fang & des efprits animaux font augmentés par le miafme irritant & inflammatoire qui s'eft mêlé avec toute la maffe des humeurs.

Dans la petite-vérole artificielle, la matiere varioleuse dont on se sert pour enter, & qu'on a recueillie d'une personne saine, n'a point cette subtilité aussi venimeuse que celle du miasme contagieux ; ce qui est prouvé, en ce qu'elle n'opere son action & son énergie qu'en six ou sept jours, & cela sur la plaie seule d'abord, sans que le reste du corps en paroisse affecté. Cette greffe de matiere varioleuse vient d'une petite-vérole bénigne & discrete, qui fait éclorre une petite-vérole de même nature. Les accidens qui surviennent sont soutenables ; une pesanteur de tête, un frissonnement, une fievre légere, une rougeur au visage, quelques vertiges auxquels succede une sueur qui précede l'éruption : c'est un avantage que l'on procure à la Nature ; c'est un ennemi plus doux & plus aisé qu'on lui donne à combattre.

Ce qui rend la petite-vérole naturelle souvent dangereuse, c'est le grand nombre de boutons répandus sur le visage & sur toute l'habitude du corps. Tous ces boutons contiennent une masse considérable de matiere varioleuse, principalement dans le temps de la suppuration ; laquelle parvient à une acrimonie la plus forte & la plus corrosive. Cette matiere venimeuse s'ouvre souvent un passage par les vaisseaux du retour ; bientôt elle infecte le sang, qui est le plus fâcheux accident.

Dans la petite vérole par insertion, les boutons sont presque toujours réduits à un petit nombre ; la nature de la matiere varioleuse est moins âcre, ce qui est l'effet de la préparation qui a précédé d'ailleurs l'incision qui a été faite par l'inoculation, diminuant la résistance dans les endroits où elle a été pratiquée. La matiere varioleufe prend cette route : elle fort pour ainfi dire en germe, & d'une maniere bien moins dangereufe que par la voie des puftules. Enfin, par cette attraction que l'humeur varioleufe de l'inoculation excite, il fe forme bien moins de boutons que dans la petite vérole fpontanée.

La pefte eft au grand Caire en Egypte une maladie épidémique, qui n'effraie pas les Habitans de ces climats. Les Médecins Arabes pratiquent de tout temps des fcarifications profondes & des incifions dans les cuiffes de ceux qui en font attaqués. Par ces ouvertures, l'humeur de la pefte s'écoule, ce qui les guérit miraculeufement.

Pefte vexatis fcarificationes tanquam divinum auxilium. Vid. Profp. Alp de Medicinâ Ægyptior. Cette méthode n'a-t-elle pas bien de l'analogie & de la reffemblance avec l'inoculation de la petite-vérole? L'inoculation n'étend pas fon empire fur la petite-vérole feule & fur les hommes. Une découverte nouvelle & importante mérite une place dans ce difcours. L'inefficacité des remedes contre la maladie des beftiaux, qui afflige toute l'Europe, a fait imaginer à un Gentilhomme Anglois un moyen de les préferver, un fpécifique pour les guérir. Il attefte avec fuccès l'inoculation. Après avoir préparé la bête à corne par la faignée & les purgations rafraîchiffantes, on fait une incifion fur le fanon : on y infere de l'humeur qui découle des yeux & des narines d'un animal affecté : on l'y laiffe pendant deux ou trois jours, pendant lefquels la maladie fe déclare ; pour lors on conduit la bête dans un pré, & on l'y laiffe jufqu'à ce que la crife du mal foit paffée. M. d'Obfon, qui a éprouvé cette méthode fur fes propres beftiaux,

dans le temps que le mal étoit au plus haut période dans fa Province, déclare qu'il en a fauvé
neuf ou dix dans fes troupeaux, au moyen de
cette inoculation.

Dans les petites-véroles malignes, & dans
celles qui ont un cours malheureux, il arrive un
délire, une léthargie, des convulfions. Quelle
reffource ont les plus habiles Praticiens dans des
cas aufli légitimement effrayans ? Soit que la
caufe de ces accidens menaçans vienne de l'ap-
platiffement des boutons, & ait conduit par cette
rétroceffion la .matiere varioleufe dans le fang;
foit que cette même humeur n'ait pas été portée
entiérement aux boutons, quelle eft alors la conduite qu'on oppofe à des fymptômes qui vont
terminer la vie ? une efpece d'inoculation. On
fait naître des plaies dans les jambes, par où la
matiere varioleufe s'écoulant, on dégage le
fang & les parties où il s'engorgeoit, par l'effet d'un grand véficatoire, qui fait les fonctions
de l'inoculation.

Les petites véroles artificielles préviennent tous
les malheurs, & n'offrent jamais aucune con-
tradiction, foit par rapport au fujet, foit par
rapport à la faifon; elles feront toujours fans
danger, & n'expoferont perfonne à la crainte.
L'éxpérience eft fur ce fait d'accord avec le raifonnement; tous les fuffrages font en faveur de
l'inoculation. Combien de fujets l'Ftat ne ga-
gneroit-il donc pas en recevant cette méthode,
comme le prouve le célebre Académicien que
nous avons déja cité, & qui en a évalué le
nombre? Si la raifon, armée de l'éloquence,
fuffit pour triompher des préjugés, quelle efpérance ne devons-nous pas avoir du fuccès

de fon Difcours! Les vrais Savans font des conquêtes aifées par la raifon.

Quel intérêt auroit eu un Méad, un Freind, un Sloane, un Arbuthnot, un Kirkpatrik, un Ramby, un Jurin en Anglererre; un Dodart, un Chirac, un Helvétius, un Aftruc, un Falconet en France, & tant d'auttes qui fe font fait un fi grand nom dans les Sciences, & en particulier dans la Médecine, d'adopter la méthode d'inoculer, s'ils n'avoient eftimé, comme Juges légitimes, qn'elle méritoit la préférence? s'ils ne l'avoient confidérée comme un objet qui touche le bien de l'Etat & le falut des Citoyens? On ne fauroit trop le répéter, à qui doit-on déférer la confiance? quels font les témoignages qui doivent avoir le plus de poids en pareille matiere?

L'opinion & l'autorité de ces hommes fameux ne doit-elle pas encourager les Médecins qui marchent fur leurs traces, de fuivre les expériences, qui ont un objet fi noble & fi dépouillé d'intérêt? L'inoculation, on ofe le dire, eft un dogme en Médecine, que tous les Médecins inftruits font en droit d'accepter; c'eft une héréfie que d'y refufer. Rien n'eft plus à defirer que d'en faire reconnoître la légitimité, en l'introduifant dans l'Etat, en la favorifant de l'autorité fouveraine. Ce fera un moment glorieux, qui mettra le calme dans bien des familles, & affurera des têtes cheres, auxquelles eft fouvent attaché le bonheur des Citoyens, la fûreté & la tranquillité de l'Etat.

Tout eft clair, tout eft fimple, tout eft facile à comprendre dans la méthode de l'inoculation; rien de conjectural; les principes & le mécanisme sont évidens, & les faits ne peuvent être raisonnablement contredits. L'incision qu'on pratique ne mérite pas le nom d'une opération ; la douleur en est médiocre. L'application de la matiere varioleuse sur l'endroit incisé, n'est pas plus douloureuse. L'action physique de cette matiere sur le sang est celle d'un stimulant volatil, doux & pénétrant, qui, en développant le germe matériel de la petite-vérole, en provoque la suppuration en partie par l'incision, en partie par une éruption de boutons sur la peau. Y a t-il un remede moins hasardeux dans la Médecine ? Si on compare les manœuvres de ce spécifique souverain avec l'agent de la petite-vérole, les suites, les douleurs qui en résultent, les dangers auxquels elle expose, avec l'ouvrage paisible de l'inoculation, le privilege de l'adoption devroit être accordé à la derniere.

Un Savant, qui préside dans une célebre Académie, persuadé que le reproche de témérité qu'on fait aux Médecins est injuste, nous reproche au contraire de manquer de hardiesse, & de ne point sortir d'un petit cercle de médicamens, pour en éprouver d'autres qui auroient les mêmes vertus. Qu'il me permette de lui répondre que l'émulation ne s'est point affoiblie parmi les Médecins ; que la Médecine s'est plus enrichie depuis cinquante ans dans la Matiere Médicale, & par les découvertes d'une infinité de remedes nouveaux & éprouvés, qu'en vingt siecles qui ont précédé. Ce détail seroit ici déplacé ; mais concilions nos vues & notre zele pour l'humanité. Il propose, dans sa même Lettre, un établissement dans l'Etat, qui lui paroît fort avantageux, qui seroit de distribuer chaque espece de maladie, qui fût assignée à certaines personnes, qui ne s'occupas-

sent principalement que de celles-là. C'est un ordre & un arrangement que le Roi de Pologne,
notre auguste Fondateur, a pris par un des Sta-
tuts du Collège Royal qu'il a établi. Ce seroit
aujourd'hui le lieu de l'interpréter, en confiant la
méthode de l'inoculation dans chaque Ville principale de ses Etats à ceux que Sa Majesté jugera capables de suivre & de perfectionner cette
pratique.

Où pourrai je , Messieurs , réclamer avec plus
de force & de succès contre ce qu'on pourroit
opposer à l'exécution de cet établissement, qu'au
milieu d'une Compagnie célebre ? . . .

L'inoculation vient de s'établir dans le nord :
le zele du bien public anime également tous les
Etats de Suede ; les Médecins de Stockholm travaillent de concert à fixer la meilleure méthode
d'inoculer. Bientôt tous les Souverains de l'Europe & toutes les Nations du monde suivront une
résolution aussi réfléchie. Mais je m'apperçois
que ce Discours seroit trop étendu , si on y ren-
fermoit tout ce qui est décisif en faveur de l'i-
noculation. Il est temps de répondre aux objections qu'on voudroit y opposer, en les réfutant
solidement. Si l'idée & si la maniere d'inoculer
la petite-vérole eût été enfantée par un esprit de
système & d'illusion ; si l'inoculation étoit pro-
posée au Public par des personnes suspectes, sans
ressources , sans science, par des Charlatans ; si
les faits & les expériences qui ont été rapportés
sur ce sujet étoient contestables , ou n'avoient
que de la vraisemblance , il seroit permis d'avoir
des doutes & de la défiance ; il seroit même rai-
sonnable d'exiger d'être instruit : mais malgré le
préjugé & l'esprit de prévention, l'inoculation
n'est pas un Roman éblouissant. L'inoculation est
en considération par-tout où les Sciences & les

Arts sont estimés, & où l'amour du bien public
est une vertu. Des Rois & des Républiques la
protegent; aucun Souverain, ni aucun Magistrat
n'en ont interdit l'usage. Quelles sont les Loix,
quels sont les Edits, les Arrêts, qui en aient pros-
crit la pratique? L'inoculation n'a pas été flétrie
par la Congrégation de l'Index à Rome. Neuf
Docteurs de Sorbonne, après un mûr examen,
ont décidé, dans la conclusion qui a été faite en
1723, qu'elle étoit licite. Les Inquisiteurs l'ont
approuvée à Venise en 1715. Enfin, l'Evêque de
Worcester, cet illustre Prélat Anglois, a prêché
publiquement cinq Sermons, pour recommander
la pratique de l'inoculation, & pour exciter la
charité des Citoyens en sa faveur.

L'inoculation est donc un préservatif sûr, avoué
par la raison, confirmé par l'expérience, permis
& autorisé même par la Religion.

Mais, objecte-t-on, c'est peut être un crime
de sauver la vie à des milliers d'hommes, parce
qu'il est impossible que sur mille que l'on conserve, il n'y en ait un ou deux qu'on ne puisse
arracher à la mort. A cela, il est permis de répondre: Est-ce un crime de se faire saigner ou
de prendre l'émétique, ou d'avaler de l'opium
par précaution, puisqu'on peut mourir de l'effet
de ces remedes, s'ils sont pris inconsidérément,
à contre-temps? Le foyer de la petite-vérole se
trouve ou il ne se trouve pas; s'il ne se trouve
pas, l'inoculation ne produira aucun effet, & on
aura la certitude d'être à l'abri pour toujours de
la petite vérole; & s'il s'y trouve, on se rache-
tera, par une maladie assez légere, de la possibilité où l'on est d'être atteint une fois d'un
mal beaucoup plus fâcheux, & peut-être même
mortel. Ce qui doit donner de l'assurance aux

plus timides, c'est que cette crainte de la mort, par la petite-vérole inoculée, est sans fondement. Il est prouvé que l'inoculation, perfectionnée comme elle l'est aujourd'hui, & sous la conduite d'un Médecin éclairé, ne sauroit mettre la vie en danger que par une complication de maladies. Nous en avons pour garant un des plus célèbres Inoculateurs Anglois, qui assure positivement que de plus de neuf cents personnes qu'il a inoculées, il n'en a pas perdu une seule. Est ce un crime (ose-t-on le dire sérieusement) de traverser les mers, pour aller à la Chine & au Pérou, parce qu'il arrive tous les jours qu'on fait naufrage, & que l'on est englouti dans les eaux ? Est-ce un crime de permettre le mariage aux filles, parce qu'il est possible qu'il y en aura une ou deux qui mourront dans leurs premieres couches ? Cette premiere objection spécieuse, & qui fait tant d'ennemis à l'inoculation, est réfutée par des observations authentiques. Cet homme à qui on avoit inoculé la petite-vérole, & qui meurt, étoit destiné à l'avoir. Il est impossible de donner la petite vérole à quelqu'un qui ne porte pas en soi le germe de la maladie. Ce pus que vous insérez ne produira aucun effet, comme je l'ai dit, par les observations. Sur cent personnes, il y en a environ quatre ou cinq qui n'ont jamais la petite-vérole. La contagion, l'épidémie, le commerce des maladies ne peut rien sur elles ; j'en suis un exemple. Sur cent personnes que l'on inocule, on trouve de même & constamment un pareil nombre qui résiste à l'inoculation, & qui s'expose par la suite impunément à la contagion. N'est-il pas plus vraisemblable que ce sont nos quatre ou cinq privilégiés, qui ne doivent jamais avoir la petite-vérole ? L'art ne peut leur ôter le

privilege qu'ils avoient reçu de la Nature. Cette
obfervation eft belle & décifive. Cet homme qui
meurt de la petite vérole qu'on lui donne, eût-il
été plus heureux, s'il eût attendu la petite-vérole
naturelle ? Celle qu'on lui a inférée eft effentiellement plus bénigne que l'autre ; elle eft fimple :
on évite tout ce qui pourroit la compliquer ou la
rendre fâcheufe.

La petite-vérole inoculée, difent quelques perfonnes, met-elle à l'abri de la petite-vérole naturelle ? L'hiftoire des faits eft la meilleure réponfe qu'on puiffe apporter à cette objection. Depuis trente ans & plus qu'on a les yeux ouverts
fur les fuites de l'inoculation, & que tous les
faits ont été difcutés contradictoirement, il n'y
a aucun exemple avéré qu'un fujet inoculé ait
contracté la petite-vérole une feconde fois. C'eft
une vérité que les ennemis de cette méthode ont
tâché d'éluder par toutes fortes de voies, même
par celle de l'impofture. Improuver des faits très-
evidens de leur nature, parce qu'ils peuvent être
accompagnés de circonftances équivoques &
abufives, c'eft nier qu'il faffe jour en plein midi.
Mais, infifte-t-on, ce n'eft pas un terme fuffi-
fant que celui de trente ans pour conftater ce fait ;
il faut attendre que les perfonnes inoculées dans
l'enfance foient parvenues à une vieilleffe extrême,
pour être affuré qu'elles ne feront plus attaquées
de cette maladie. Cette objection refpire le pir-
rhonifme ; elle eft dans le cas de la profcrip-
tion, à moins qu'on ne veuille réduire à cet ef-
clavage toutes les connoiffances humaines.

On voit tous les jours des gens qui agiffent
d'une maniere bien peu conféquente ; ils ofent
faire prendre à leurs enfans la petite-vérole naturelle, en les mettant & les couchant même au-

près de ceux qui en font atteints, souvent fans aucune préparation, & contre toute prudence ; & ces mêmes perfonnes n'ofent pas fe fervir de l'inoculation, qui n'eft dans le fond que la même chofe, faire avec toutes les précautions capables de la faire réuffir.

On entend dire à d'autres perfonnes qu'elles font perfuadées qu'on peut fe préferver de la petite-vérole par une exacte attention à éviter toute relation & tout commerce avec celles qui en font atteintes. Je ne prétends pas détruire ou diminuer cette confiance ; mais ne voit-on pas toutes ces précautions devenir trèsfouvent inutiles, foit par quelqu'imprudence inévitable, foit par la force de l'épidémie ? Pour l'ordinaire, elles n'aboutiffent qu'à renvoyer le mal à un âge où il eft plus dangereux. La gêne & l'incertain font deux grands obftacles à la tranquillité de la vie.

Parmi le Peuple, il y a des gens qui s'imaginent que ce feroit aller contre les décrets de la Providence, que de faire inoculer leurs enfans. Sans être Théologien, je leur réponds que cette même Providence ne nous difpenfe pas du devoir où nous fommes de prévenir les maladies que nous avons à craindre par toutes les précautions convenables, & d'en préferver auffi nos enfans, qui ne font pas en état d'y pourvoir par eux-mêmes. C'eft fans doute la Providence qui a permis, pour le bonheur des hommes, la découverte de l'inoculation : ne feroit ce pas l'offenfer que de n'en vouloir pas reconnoître la légitimité ?

Un homme fage, & qui fe conduit par les loix de la prudence & par les lumieres d'un confeil éclairé, en foumettant fes enfans à l'inoculation, auroit-il plus à fe reprocher fi par

malheur il en mouroit un, qu'un pere qui ayant
deſtiné les ſiens au métier de la guerre, plaindroit
la mort de celui qui lui eſt le plus cher?

Je ne porte pas plus loin le raiſonnement, ni
mes réflexions dans ce Diſcours, pour ne pas
paſſer les limites qui nous ſont preſcrites.

DISSERTATION ſur l'Inoculation, par M. François, Médecin de Nancy.

PERSONNE n'a encore donné l'époque certaine
de l'inoculation. On ſait bien en gros que la
petite vérole étant plus commune & plus maligne dans les pays chauds, les ravages qu'elle y
cauſa de tous temps furent plus conſidérables. C'eſt
ce qui engagea ſans doute les Habitans de ces
climats à faire plus de recherches, & à eſſayer
différentes méthodes pour ſe garantir de ſa malignité; mais on ne ſait ſi c'eſt à l'expérience, au
raiſonnement ou au haſard que nous devons ſon
origine. L'Hiſtoire & la tradition gardent ſur
cet objet un profond ſilence. On peut conjecturer
néanmoins qu'elle a commencé par le même
Peuple, puiſqu'elle s'eſt introduite, ſans qu'aucun Savant en ait fait l'éloge, & en quelque façon
malgré les Médecins qu'une ſemblable nouveauté révoltoit, parce qu'ils ſentoient tout le
danger qu'il y a de ſemer & de multiplier la
contagion.

Timone, Médecin Grec, Membre de l'Uni-
verſité d'Oxford & de Padoue, eſt un des premiers qui nous ait tracé la méthode d'inoculer; & ;

suivant qu'il le dit lui meme, elle étoit déja établie parmi les Circassiens, dans la Géorgie & les Pays Bas voisins de la Mer Caspienne. Sa lettre au Docteur Wodraiz, qui est de 1713, nous apprend qu'il y avoit déja quarante ans qu'on inoculoit à Constantinople, où il étoit pour lors. D'expérience faite suivant lui, pendant l'espace de huit années sur des milliers de sujets, aucun n'en étoit mort, quoique dans ce nombre, sans aucun choix, on eût inoculé des personnes de tout âge, de tout sexe, & de toute sorte de tempérament, pendant l'épidémie la plus dangereuse, & la température de l'air la plus mauvaise. Il est ici à remarquer que la moitié de ceux qui contractoient la petite-vérole en mouroient, quand ils en étoient attaqués naturellement; puissant motif sans doute pour admettre l'inoculation, si l'on fait réflexion sur tout qu'elle n'est accompagnée que de symptômes très-légers & en petit nombre. Dans plusieurs même, l'indisposition qui en résulte est à peine sensible, & le beau sexe y trouve l'avantage de mettre par-là ses charmes à l'abri des ravages de cette terrible maladie.

Je soupçonnerois volontiers Timone d'avoir écrit sa lettre dans la chaleur de son enthousiasme; je l'accuserois même de partialité & de prévention, s'il n'étoit aussi exact, aussi instruit & aussi savant: mais il dit être témoin oculaire de ce qu'il rapporte, & l'exception raisonnée qu'il fait de deux de ces expériences, qui eurent un succès fâcheux, nous prouve sa candeur & son habileté. (*Harvis, Prælatio de inoculatione*). Quel dommage qu'un homme si ami de l'humanité, si curieux de ce qui concerne la Médecine, se soit volontairement donné la mort à la fleur de son âge! Son esquisse sur l'inoculation est un

chef-d'œuvre pour la pureté & la force du style ;
il sert de base à tous ceux qui ont couru la même
carriere, comme Harvis, Castre, le Duc, Pila-
vini, &c.

Nous pourrions ajouter bien d'autres réflexions,
qui étaieroient l'utilité de l'inoculation, si ce
n'étoit un champ moissonné. Nous renvoyons
donc tous les partisans du célebre Hecquet sur
cet objet au Mercure (Juin 1754) de France.
Cet homme, si religieux observateur de l'ancienne pratique de la Médecine, & l'ennemi dé-
claré des moindres nouveautés en ce genre, auroit
chanté lui même la Palinodie, & auroit abjuré
ses doutes contre l'inoculation, s'il eût vu l'ouvrage dont je parle. Les plus obstinés céderont
à la force des raisonnemens, à l'évidence des dé-
monstrations, & à la justesse des conséquences
que M. de la Condamine emploie. Ce n'est donc
plus en France un systême de pure spéculation ;
c'est plus un problême résolu, après avoir été
contesté, pesé & examiné pendant quarante ans
dans la Capitale même, avec tant de chaleur,
qu'on en vint jusqu'à soutenir publiquement dans
les Ecoles de Médecine (le 30 Décembre 1723,
an Variolas inoculari nefas ?) qu'on pouvoit en
conscience adopter cette nouveauté.

Or, si les Anglois, les Hollandois, les Ge-
nevois nos voisins, après le calcul le plus exact,
les combinaisons les plus justes des avantages ou
des inconvéniens qui en résultent, l'ont admise ;
& si tous les jours on en fait d'heureuses expériences sous les yeux des plus grands & des plus
habiles Maîtres de l'Art ; si le Roi de la Grande-
Bretagne lui même l'autorise par son exemple
(Les Nouvelles publiques nous apprennent que,
tout récemment, il vient d'en faire l'essai sur les

Princes Guillaume & Frédéric ses enfans, & que le succès a répondu à son attente), qu'est-ce qui nous doit arrêter ? qu'attendons-nous pour nous y soumettre ? C'est une vérité à laquelle nous ne pouvons nous refuser, d'autant plus que nous n'avons pas encore de méthode bien sûre pour traiter la petite-vérole, quand elle vient naturellement ; il faut donc en prévenir les fàcheux effets ; que les vaines clameurs d'une multitude ignorante ou prévenue ne nous détournent point.

Quel reproche pour nous, Messieurs, auxquels l'Etat confie la conservation des Peuples ! quels reproches, dis-je, si nous attendions des ordres supérieurs pour nous faire faire ce que notre zele devroit nous avoir déja suggéré ? Le Public n'auroit-il pas à nous blâmer de ne pas le garantir des dangers de la contagion, tandis que nous le pourrions, ou du moins de ne pas l'instruire des justes motifs que nous aurions de préférer l'ancienne pratique, toute informe qu'elle est, à la nouvelle ? Je ne prétends point ici faire le procès aux Sydenham, aux Boerrhaave, aux Hoffmann, aux Helvétius, aux Morton, aux Harvis, &c. Sans eux nous serions encore au milieu des ténebres les plus épaisses sur cette matiere, comme sur bien d'autres. Ces grands hommes, l'ornement de leurs siecles, ont épié la nature de si près, qu'ils l'ont surprise très-souvent dans ses voies les plus cachées. Mais comme la plupart ne font que couper les têtes de l'hydre à mesure qu'elles renaissent, je veux dire qu'ils ne font que remédier, comme ils peuvent, aux accidens qui se présentent, sans attaquer la cause dans son principe, si vous en exceptez le seul Boerrhaave, qui a proposé d'en étouffer le germe dans l'œuf, en faisant révolution de l'humeur de la petite-vérole, & en la détruisant (*Aph. de cognoſ. & curand. Morb.* 12, 1393), c'est prétendre l'empêcher d'éclorre. Le mérite principal de leurs obſervations conſiste dans l'ordre & la netteté du diagnoſtic, dans la justeſſe & l'infaillibilité, ſi on peut le dire, du prognoſtic.

La curation de la petite vérole varie & change à proportion que les ſymptômes ſont plus ou moins agravans, ſuivant que l'épidémie regnante eſt plus ou moins maligne. Le fruit qu'on peut en retirer, c'est de prévenir l'éruption (quoique d'une maniere toujours douteuſe encore), quand il n'eſt plus temps de l'adoucir. Il eſt vrai que quelques Médecins de Paris viennent d'eſſayer les ventouſes dans le cas préſent, & avec aſſez de ſuccès ; ils en faiſoient uſage dans l'instant qu'on ſoupçonnoit la petite-vérole. Comme on a attribué la réuſſite de cette nouvelle méthode à la quantité d'humeurs que les ventouſes faiſoient dégorger, il eſt à croire que les cauteres, les ſetons pourroient auſſi produire le même effet dans les mêmes circonſtances. Mais comme tout cela n'opere jamais qu'une révulſion d'humeur varioleuſe, ſans y apporter le moindre changement, ni en corriger le caractere, on peut dire que ce moyen eſt inſuffiſant, & c'eſt ce qui a appuyé d'autant plus le ſyſtême de l'inoculation.

Sa néceſſité bien établie, examinons ce que c'eſt, & les précautions qu'elle exige, ſoit avant de la pratiquer, ſoit immédiatement après l'avoir pratiquée. Inoculer quelqu'un, c'eſt lui donner, de deſſein prémédité, la petite-vérole, la lui communiquer artiſtement, l'enter ſur ſon corps à peu près comme on fait une greffe ſur un ſauvageon. Voici comme on s'y prend.

On commence par préparer le fujet qui doit la recevoir. Cette préparation ne peut pas être la même pour tous ; elle a fes délicateffes, fes tempéramens & fes modifications, qui dépendent de la conftitution particuliere du fujet même & de fon régime de vie. Par exemple, il eft certaines altérations prédominantes dans le fang, certains virus, contre lefquels on ne peut trop fe mettre en garde. Tels font les fcorbutiques, les écrouelleux, les véroliques, &c. Chacun d'eux exige une conduite bien différente. Dans ces cas, le Médecin le plus éclairé a befoin de toutes fes lumieres, parce qu'ils fe déguifent fouvent & paroiffent fous des fignes équivoques, qui caufent les accidensles plus tragiques dans le temps qu'on devroit s'y attendre le moins.

Abftraction faite du vice des humeurs, ce qu'on ne peut pourtant examiner trop fcrupuleufement, on met pendant douze ou quinze jours le fujet qu'on veut inoculer à l'ufage d'une boiffon ample, délayante & adouciffante, telle que les eaux de poulet & de veau, dont on releve le goût, & dont on augmente la vertu, en y ajoutant les herbes potageres de la faifon. Les limonades, les tifanes fimples (on les fait avec les racines de fraifier, de chiendent, d'ofeille), rempliffent la même indication, les demi-bains, &c. En général, on cherche à rendre le fang le plus fluide, & le dépouiller de fes foufres groffiers, & à relâcher les folides. Pendant cet intervalle de temps, on fait une ou deux faignées, fuivant qu'on obferve plus ou moins de force & de plénitude dans le pouls : on purge auffi ; mais on évite les purgatifs réfineux & draftiques, crainte d'incendier le fang. Je voudrois encore qu'en fuivant l'idée du grand Boër-

rhaave, afin de détruire de plus en plus le virus
varioleux, on fît usage d'une poudre composée
de trois parties d'antimoine crud porphyrisé,
sur une d'éthiops minéral : on en proportionneroit la dose suivant l'âge & le tempérament. La
diete pendant tout ce temps doit être la plus
sévere & la plus exacte, parce qu'il vaut mieux
prévenir les accidens, que de se trouver dans
la triste nécessité d'y remédier.

Le sujet ainsi disposé, voici comme on s'y
prend, & la méthode que nous allons tracer a
réussi en Thessalie, à Constantinople, à Venise, à
Londres, &c. On choisit au commencement de l'hiver ou du printemps, entre différentes petites-
véroles que l'épidémie a produites naturellement,
ou que l'art vient déja de faire éclorre, une de celles
que les Médecins appellent discretes, dont les
pustules sont plus éloignées les unes des autres,
& dont le pus est plus épais. Celle-ci étant de
l'espece la plus bénigne, elle doit avoir la préférence sur les confluentes, les pourprées, &c.

Une autre attention non moins essentielle,
c'est de la choisir d'une personne saine & vigoureuse ; par exemple, d'un jeune homme de
12 à 14 ans. On attend que le pus soit dans sa
maturité, ce qui n'arrive pour l'ordinaire que
le douze ou treizieme jour de l'éruption. La
chaleur & le battement des vaisseaux le perfec-
tionnent, le digerent, & lui donnent plus d'activité ; ses principes sont plus développés, ont
aussi plus d'énergie ; c'est une espece de ferment
qu'on doit prendre avec les conditions requises
dans le temps de sa force ; plutôt ou plus tard,
il n'auroit pas la même vertu, il n'opéreroit
plus les mêmes phénomenes avec la même régularité & la même sûreté.

Toutes choses donc disposées comme nous

venons de le dire, & de la part du sujet qu'on doit inoculer, & de celui qui doit fournir la greffe, ou si vous voulez le germe ou le ferment varioleux, on ouvre quelques unes des pustules dans les endroits où elles sont le mieux nourries, comme vous diriez aux bras, aux jambes, aux cuisses : on en exprime la sanie ; on la reçoit dans un vaisseau propre, qu'on a soin de laver encore avec de l'eau chaude, tant pour le nettoyer, que pour lui communiquer une certaine tiédeur ; qu'il soit de faïance, de terre vernissée ou de porcelaine, n'importe : on le couvre exactement, afin que l'air n'y cause aucune altération, & qu'il s'évapore moins. Timone veut que pour entretenir le ferment dans le degré de tiédeur qu'il convient, la personne qui le transporte depuis la maison de celui qui vient de le fournir, jusqu'à celle du sujet qu'on veut inoculer, le cache dans son sein ; mais je regarde cette précaution comme surérogatoire, puisqu'il conste par les expériences faites, qu'il conserve son efficacité pendant plusieurs mois, & même de l'automne au printemps.

Le Chirurgien fait ensuite quelques légeres mouchetures aux muscles les plus superficiels du bras dans sa partie moyenne & externe. Il se sert pour cette opération d'un trois - quarts ou d'une lancette, s'il le juge à propos, qu'il conduit transversalement sous la peau, qu'il éleve assez long-temps pour que les mouchetures dégorgent quelques gouttes de sang. C'est dans ces blessures légeres & superficielles qu'il introduit adroitement, avec une sonde ou un cure-oreille, quelques gouttes de pus qu'on vient de recueillir, & qui conserve encore sa fluidité ; il les recouvre

chacune

chacune d'une coquille de noix , qui leur sert de petite voûte & de petit dôme , & qui empêche que les compresses & les bandes dont on est obligé de se servir , n'abstergent le pus qu'on a introduit avant son action sur le sang , & qu'il n'y ait excité le mouvement de fermentation , qui doit faire éclorre la petite-vérole le 6 , 7 ou 8e jour.

D'autres , ce qui revient au même , suivent la méthode de M. Ramby , font à chaque bras au-dessous du tendon du muscle deltoïde , une incision de la longueur d'un pouce , laquelle n'est toujours que superficielle ; ils y inserent un fil de la même longueur , imbu de l'humeur varioleuse : on le recouvre comme ci-dessus d'une compresse & d'une bande qui l'assujettit. Dans l'un comme dans l'autre cas , on leve seulement l'appareil au bout de deux jours , & on panse méthodiquement les blessures une fois par jour.

On est si peu malade dans les commence-mens , que jusqu'au cinq ou au sixieme jour on pourroit sortir pour un besoin ; mais cependant , comme on ne peut prendre trop de mesures ni de précautions , le plus sûr , sans contredit , est de garder la chambre jusqu'au moment de la fievre ; pour lors le malade se met au lit pendant vingt-quatre heures , ou deux fois vingt-quatre heures tout au plus , sans se trop ni trop peu couvrir , & elle disparoît bien vîte. Tous les accidens cessent par l'éruption , si l'on peut dire qu'il y en ait ; la rougeur & l'inflammation des plaies diminuent , & leur suppuration étant plus abondante , il se fait par cette voie une plus forte diversion du virus ; elles se cicatrisent na-turellement du 15 au 20 : mais si elles tardent davantage , on ne doit pas s'en inquiéter.

Tome III. Premiere Epoque.   S

Quoiqu'on faſſe deux inciſions ou mouchetures, une à chaque bras, comme nous venons de le dire, c'eſt moins pour s'aſſurer du ſuccès de l'inoculation, qui eſt infaillible, que pour faciliter, par une double ſource, une plus abondante révolution d'humeurs, & rendre par-là la petite vérole moins abondante, & par conſéquent plus bénigne.

On a conſtamment obſervé que plus les plaies ſuppuroient, moins il y avoit de boutons, ce qui peut ſervir de regle pour le prognoſtic. On doit obſerver ici le même régime, quant à la diete, que celui que nous avons preſcrit pendant les dix ou douze jours de préparation, c'eſt-à-dire, une ample boiſſon, qui adouciſſe & diviſe le ſang & les humeurs. On interdira au malade l'uſage du vin & de toutes ſortes de liqueurs ſpiritueuſes; il s'abſtiendra de tout ce qu'on appelle *remedes échauffans*, qui diſpoſent les humeurs à ſe porter vers les glandes de la peau : ils ſont auſſi pernicieux dans le cas préſent que dans celui où on ſeroit actuellement attaqué de la petite-vérole (*Prælatio de inoculatione*). Harvis en fait la remarque. Les Orientaux, nous dit-il, qui ne ſe font plus qu'un jeu de l'inoculation, ne ſe ſervent point de remedes de cette nature; à peine les connoiſſent-ils, & les Anglois qui en font la baſe de leur pratique, parmi les grands comme parmi le menu Peuple, dans preſque toutes les fievres d'éruption & la petite-vérole ſpontanée, les redoutent extrêmement dans celle-ci ; car ils mettent une garde auprès de ceux qui ſont inoculés, de peur que quelque femmelette, animée d'un zele indiſcret, ne vienne à en donner furtivement & mal-à-propos. (L'on ne manque jamais de guériſſeurs de bonne volonté). L'éruption ne paroiſſant que le 7, le 8 ou le 9ᵉ. jour, on pourroit trouver le temps long.

L'uſage eſt à Conſtantinople & à Veniſe de ſe tenir encore ſur ſes gardes pendant 25 ou 30 jours, malgré la maturité des boutons. C'eſt bien ici le cas de profiter de l'exemple d'autrui (*Diſſertatio Inoculationis, autoritate Regis Britanniæ edita* 1721); car quelques-uns ayant voulu ſe mettre au-deſſus des regles, s'en ſont repentis, mais trop tard. S'ils ont eu des hémorrhagies, des diarrhées, des dyſſenteries, des pertes de ſang, des ſtranguries, des délires, des péripneumonies, des tranſports, &c., ces accidens n'ont été que les ſuites de l'intempérance & de l'indocilité; ils ſont étrangers à la maladie.

Malgré toutes ces précautions, il y a certains ſujets qu'on ne doit inoculer qu'en tremblant, parce qu'ils en ſont bien plus malades que les autres; du moins ne devroit-on les inoculer qu'à un bras; ce ſont les plus ſanguins, & ceux qui jouiſſent d'un trop grand embonpoint (*le Duc, de Biſantiná inſitione*).

Le Duc ne s'eſt pas contenté d'en faire la remarque générale; il cite l'exemple d'une de ſes parentes de 17 ans, qui touchoit au terme de ſa puberté. Craignant, nous dit-il, qu'elle ne contraƈtât la petite-vérole ſpontanée qui régnoit pour lors épidémiquement, il l'inocula : mais elle en fut très-malade; l'ardeur de la fievre, la vivacité du délire & les maux de tête la mirent à deux doigts de la mort.

Qu'on ne s'imagine pas que cet exemple faſſe la moindre preuve contre l'inoculation; car enfin, ſi ces ſortes de ſujets la contraƈtoient na-

turellement, comme ils n'y feroient point préparés, les accidens en feroient bien plus graves. Dans
le cas de l'inoculation au contraire, l'humeur eſt
non-ſeulement adoucie par le régime & les remedes qu'on emploie avant l'éruption ; mais elle
eſt encore détournée par la ſuppuration actuelle
des plaies : c'eſt auſſi la raiſon pour laquelle elle
fournit moins de boutons, & jamais elle ne
grave. Ainſi, quoique le Duc convienne que ſa
parente ait été très-malade, il ne dit pas qu'elle
en ait été gravée. Je croirois plutôt qu'une petite-vérole confluente & naturelle dans les mêmes circonſtances l'auroit fait mourir.

Ces deux façons d'inoculer ne ſont pas les
ſeules ; nous les avons rapportées les premieres,
comme les plus ſûres ; car nous ne pouvons que
blâmer la méthode de la Theſſalienne, qui faiſoit des inciſions ou mouchetures en croix au
nombre de huit, quatre d'abord ſur le viſage,
puis une ſur chacun des quatre membres. Elle
avoit affaire à des Peuples ſuperſtitieux & groſ-
ſiers ; auſſi, pour s'accréditer, les ſervoit-elle
ſuivant leur génie. Certaines offrandes qu'elle
exigeoit, certaines formules de prieres qu'elle
récitoit, ne contribuerent pas peu à lui donner la
vogue. Sa politique étoit raiſonnée ; en ſe con-
ciliant les Prêtres Grecs (*Timoneus in Epiſtolâ*),
par la cire qu'elle leur procuroit, ceux-ci, par
reconnoiſſance, prônoient ſon adreſſe & ſon
ſavoir. Nous la blâmons, dis-je, & elle eſt re-
préhenſible, en ce que, 1°. elle ne préparoit
point ſes ſujets, du moins n'en paroît-il rien. A
la vérité, elle choiſiſſoit une eſpece de petite-
vérole bénigne, mais cela n'eſt pas ſuffiſant ;
2°. le trop grand nombre de mouchetures ou

d'incifions multiplioient trop le ferment varioleux ; 3°. enfin , ces incifions , quoique légeres,
défiguroient le vifage.

La méthode des Chinois feroit bien commode,
fi elle n'étoit fujette à bien des inconvéniens (*Lettres édifiantes & curieufes d'un Miffionnaire*) ;
la voici : Ils amaffent les écailles qui fe féparent
de la peau d'un enfant robufte, dont la petite-
vérole a été difcrete & bénigne, & ils les gardent dans un vafe de porcelaine, pour s'en fervir
au befoin. Ils prennent quelques-unes de ces
écailles, une ou deux, fuivant qu'elles font plus
ou moins grandes ; ils les enveloppent dans du
coton avec un grain de mufc, & mettent cette
efpece de tente dans le nez d'un enfant, où ils
le laiffent jufqu'à ce qu'on apperçoive des fymptômes de petite-vérole ; ou bien ils abftergent
avec du coton le pus encore tout liquide au
fortir des boutons qu'on ouvre pour le recueillir
(*Differtatio de Inoculatione*), & l'introduifent
dans le nez, tandis que les enfans dorment. Pourroit-on rien imaginer de mieux pour s'accommo-
der à la délicateffe qui regne de nos jours, &
pour épargner la tendre fenfibilité des peres &
meres qui n'ont pas le courage de voir fortir
quatre gouttes de fang d'une bleffure légere,
mais qui feroit indifpenfable ?

Que fi cette méthode remédie au troifieme
des défauts de cette Theffalienne, outre qu'elle
en a le premier, elle ne fait pas paffer le fecond ; car on porte ici le germe varioleux fur
les parties nerveufes, & très fenfibles par elles-
mêmes. Ainfi donc, fi ce n'eft pas le multiplier
en réalité, c'eft du moins s'expofer aux dangers
d'un développement toujours très nuifible & trop
critique ; bien plus, le grain de mufc qu'on ajoute

est encore pernicieux, à cause que par sa péné-
trabilité, son volatil, il excite dans le sang un
mouvement trop tumultueux. Ce que nous disons
est si vrai, que l'expérience a fait remarquer que
quand les pustules paroissent dès le premier jour
de la fievre, la mort de l'enfant est presque
certaine ; si elles ne paroissent que le second,
le succès de la maladie est douteux ; enfin, si
elles ne se montrent que le troisieme, on peut,
suivant toute vraisemblance, s'assurer de réussir
& de conduire la maladie à une fin heu-
reuse.

Mais ne pourrions nous pas perfectionner cette
méthode, &, en profitant des idées qu'elle nous
fournit, inoculer d'une façon qui ne seroit ni
moins sûre que celle de Timone & de Ramby,
& qui seroit plus facile tout à-la-fois & plus
commode pour le malade & pour l'Artiste ? Par
exemple, on prendroit de ces écailles qui tombent
de la peau d'un enfant fort & robuste, dont la petite-vérole auroit été discrete & bénigne : on les
pulvériseroit un moment avant d'en saupoudrer
les mouchetures ou incisions superficielles, qui
seroient faites à un seul bras ou à tous les deux,
suivant le besoin (je préférerois qu'on les fît aux
cuisses): on doseroit la quantité de poudre, &
on la proportionneroit à la force du sujet, à son
tempérament, à son âge, & suivant que les écailles varioleuses seroient plus ou moins vieilles :
bien entendu que les préparations seroient les
mêmes que dans les autres méthodes que nous
avons tracées, & qu'on n'inoculeroit que depuis
l'âge de deux ans , ou plutôt jusqu'à vingt-
cinq.

Pour ce qui est de l'inoculation pratiquée dans
la Province de Galles , rapportée par Jurin , ce

feroit perdre du temps que de l'expofer & de la réfuter ; elle n'en vaut pas la peine ; fes défauts fautent aux yeux ; ils font trop fenfibles.

Avant de finir, il convient de répondre à une objection que M. de la Condamine n'a point prévue, ou qu'il a négligée, & qui, felon moi, eft très-forte. Je ne puis mieux faire que de me fervir de fes armes pour la combattre. L'inoculation, pourra-t-on dire, n'a été permife dans différentes Provinces ou Royaumes, qu'à caufe de l'efprit de gouvernement & de l'idée de religion qui y domine : par exemple, en Circaffie, par rapport au commerce des femmes dont il importe de conferver la beauté, c'eft la richeffe du pays. En Angleterre, le peu de cas que l'on fait de la vie, empêche la crainte de l'expofer. L'exercice ferme les yeux aux premiers, la mifanthropie rend les feconds indifférens. D'autres Peuples peuvent avoir eu, en l'admettant, des motifs qui ne fe rencontrent point chez nous. Ce qui les a décidés eft pour nous fans application.

Mais, 1°. nous ne voyons point que l'inoculation ait été nulle part ni permife, ni défendue, d'où il fuit qu'elle ne s'eft accréditée uniquement que pour fon utilité & fes fuccès conftans; 2°. il n'y a aucune Nation qui ne faffe cas de la vie : c'eft faire tort aux Anglois en particulier, que de leur attribuer des fentimens contraires à l'humanité. L'inoculation a été débattue, conteftée chez eux ; elle y a eu des adverfaires & des défenfeurs, & c'eft en fuite de la requifition des Médecins du Collège de Londres, que l'expérience en fut faite fur fix Criminels, dont la peine de mort fut commuée en cette épreuve, qui leur fauva la vie. Un pareil événement, arrivé fous les yeux du Public, qui a pu en approfondir & en vérifier toutes les circonftances, ne laiffe rien à defirer pour le triomphe de l'inoculation. Que ceux qui feroient encore tentés de la blâmer, ou de douter de fa réuffite, cherchent des preuves qui détruifent celles dont nous nous fervons pour les convaincre, ou que leur prudence & leur pénétration nous fuggerent des moyens plus infaillibles pour s'affurer de la pratique qu'ils combattent.

Par quelle fatalité s'oppofera t-on toujours aux progrès de la Médecine? Quelles traverfes n'a pas effuyées le Quinquina? quels échecs n'a pas foufferts l'Emétique? quelles contradictions n'a point éprouvées, pendant plus de 3000 ans, l'Anatomie? La Diffection a paffé pour un facrilege jufqu'à François Ier, où l'on voit une Confultation que fit faire l'Empereur Charles V par les Théologiens de Salamanque, pour favoir fi la Religion permettoit de difféquer un cadavre, dans le deffein d'en connoître la ftructure. (*Lettres Philofophiques*).

Voltaire, qui a voulu parler de tout, en parlant de l'inoculation, a dit: « En vérité, nous fommes d'étranges gens! Peut être dans dix ans prendra t-on cette méthode Angloife, fi les Curés & les Médecins le permettent; ou bien les François s'en ferviront par fantaifie, fi les Anglois s'en dégoûtent par inconftance. On reconnoît aujourd'hui l'injuftice du fiecle paffé contre le quinquina & l'émétique : on en rougit même ; c'eft le fort des préjugés, dont le faux eft démontré, & cependant l'on tombe encore dans le même défaut. Les exemples de ce qui eſt arrivé, ſi frappans dans une infinité d'occaſions, ſeront-ils donc ſans effet dans celle-ci »?

Occupés ſans ceſſe à méditer, avec la plus ſcrupuleuſe attention, ſur tout ce qui peut procurer la conſervation de la vie & de la ſanté de nos Concitoyens, peut-on, ſans ingratitude, ſuſpecter nos ſentimens, rejetter nos découvertes, & ſans un ridicule ſtupide, refuſer de profiter des bienfaits pour leſquels nous nous efforçons de diminuer les maux auxquels l'humanité eſt ſujette?

S'il nous eſt permis d'eſpérer, Meſſieurs, que nous trouverons enfin dans le Public, la confiance & l'eſtime dues à notre travail & aux dangers auxquels nous nous dévouons tous les jours, c'eſt ſans doute ſous le regne d'un Prince éclairé, qui nous protege ſpécialement, &c.

Paris, ce 16 Mai 1769.

LETTRE XXI.

Sur les différentes Méthodes d'inoculer la Petite-Vérole.

LA façon d'inoculer à la Chine, dont je vous ai, Monsieur, entretenu précédemment, est inusitée en France. Il est donc à propos de vous faire connoître l'inoculation, telle qu'elle se pratique dans le Royaume : mais avant de vous exposer cette méthode, permettez-moi encore quelques réflexions sur l'inoculation Chinoise.

Quand il tombe entre les mains des Médecins Chinois un enfant dont la petite-vérole sort avec abondance, & sans aucun accident fâcheux, ils en prennent les croûtes, qu'ils font sécher, qu'ils pulvérisent & qu'ils gardent avec grand soin. Lorsqu'ils apperçoivent dans un malade les symptômes d'une petite-vérole naissante, ils aident la Nature, à ce qu'ils prétendent, en lui mettant dans chaque narine une petite boule de coton où cette poussiere est semée : ils s'imaginent que ces esprits passant du cerveau dans la masse du sang, forment une espece de levain qui produit une fermentation utile, & que par ce moyen la petite-vérole sort abondamment & sans aucun danger, parce qu'elle se trouve entée, pour ainsi dire, sur une bonne espece. Les Inoculateurs Chinois appellent cette façon d'enter *miao* ; c'est le nom qu'on donne dans cet Empire au riz en herbe, qu'on transplante d'un champ dans un autre, & aux œufs de poisson déja animés dont on peuple les étangs.

Je me suis très-étendu, dans une de mes Lettres, sur l'inoculation Chinoise; je vous ai fait part de trois Mémoires différens sur cette pratique ; je vous invite à les relire.

Dans le premier, vous remarquerez que la recette qui y est indiquée est chargée de circonstances peut-être plus importantes dans la pratique qu'il ne paroît d'abord. (C'est la réflexion du P. d'Entrecolles). « Je crois, dit ce Missionnaire, qu'on choisit la petite-vérole des plus jeunes enfans pour servir de semence, parce qu'on juge plus sûrement qu'elle est exempte de toute malignité étrangere, & que son levain n'est pas trop fort pour l'opération dont il s'agit. On aura jugé de même, ajoute-t-il, que les pustules de la petite-vérole volante sont mieux nourries & mieux conditionnées, à-peu-près comme il arrive aux fruits qu'on laisse en petit nombre sur un arbre. Quant au musc usité pour cette recette, on le fait apparemment servir de véhicule. Comme il est fort spiritueux, les semences morbifiques avec lesquelles il est confondu

s'infinuent plus aifément , & deviennent plus
tempérées. On a eu aussi égard, continue notre
Millionnaire , à ce que le bon musc conforte le
cerveau , fortifie le cœur, & par fa chaleur ouvre les pores des vaisseaux ; ce qui a fait dire
qu'étant flairé un peu fortement à jeun, il provoque le faignement du nez ».

Le P. d'Entrecolles donne pareillement fes
obfervations fur la feconde recette , ou plutôt fur
le fecond Mémoire dont nous avons rendu compte
ci-deffus. Ces précautions & ces efpeces de raf-
finemens qu'on trouve dans ce fecond Mémoire,
font affez voir que la méthode de femer la petite-
vérole n'eft pas une invention fi nouvelle à la
Chine, puifqu'on y a réfléchi, & qu'on a fongé à
la perfectionner en plufieurs manieres. Ce n'eft
pas fans une mûre réflexion qu'on recommande
dans ce Mémoire de ne pas femer la petite-vérole pendant l'été, & qu'on choifit les faifons
où les efprits vitaux font moins diffipés & font
plus réunis au dedans; la Nature agit pour lors
beaucoup mieux, pourvu qu'elle foit aidée contre
le froid extérieur, à quoi il eft plus aifé de parer,
qu'il ne le feroit en été de donner des forces précifément au degré qu'il convient.

Vous avez pu remarquer, Monfieur, que dans
la premiere ou feconde recette , il eft dangereux
que la petite-vérole forte trop tôt ; mais ce danger, dit le P. d'Entrecolles, que je cite tou-

jours ici, lui eſt commun avec la petite vérole
naturelle. Un effort précipité de la Nature fait
que ſes forces ne ſont jamais totalement réunies, comme il arrive dans les demi-criſes, leſquelles étant réitérées ne ſauvent pas le malade,
ainſi que fait une criſe parfaite. Les matieres,
qui ne ſont pas préparées, étant pouſſées entre
les chairs & la peau, ne peuvent s'y cuire ſuffiſamment, à-peu-près de même que les alimens
qui tombent dans l'eſtomac, avant que la premiere digeſtion ait été faite dans la bouche par
la trituration & la diſſolution qu'opere la ſalive.
Ainſi ces remedes rentrant dans le ſang, n'en
ſortent plus qu'à demi, & cauſent d'étranges ravages. Cette explication n'eſt pas des plus bril-
lantes, mais elle fait du moins entendre le ſens
de l'Auteur, duquel on ne doit pas exiger les
mêmes lumieres que d'un Médecin.

Dans le troiſieme Mémoire, on preſcrit différentes maximes pour inoculer : on entre à ce
ſujet dans de très-grands détails. On lit dans ce
Mémoire que ſi, après avoir employé les remedes uſités en pareil cas, la petite-vérole ne
paroît point, ni au quatrieme, ni au cinquieme
jour, il faut ôter les poudres inſérées dans le nez
de l'enfant, & recourir de nouveau au remede
indiqué dans ce Mémoire pour diſſiper la malignité du venin. En prenant cette précaution, dit
l'Auteur de ce troiſieme Mémoire, on aſſure

que dans la suite l'enfant sera exempt de la petite-vérole. Il faudra seulement, à la quatrieme
ou cinquieme lune (*je ne sais sur quoi cette pratique est fondée*) de même qu'à la huitieme & à
la neuvieme, se gêner à prendre quelques jours
de suite le même remede. C'est une sujétion dont
l'enfant sera délivré quand il aura dix ans ac-
complis.

Si le succès ne répond pas, dit le P. d'Entrecolles, aux promesses des Médecins Chinois,
ce n'est jamais leur faute; ils s'en prennent pour
l'ordinaire ou au malade, ou à ceux qui le soi-
gnent, ou à la rigueur de la saison. Tous ces
Médecins soutiennent que la petite-vérole artificielle est de la même espece que la naturelle;
qu'elle est sujette aux mêmes symptômes ; que le
venin sort en même temps, c'est-à-dire, le troisieme ou le quatrieme jour, & non pas le septieme, comme il arrive dans les fievres pourprées;
que les pustules sont semblables, pour la figure,
pour la nature de la matiere, & pour le temps
nécessaire à sa maturité : aussi ne lit-on pas dans
leurs Ouvrages que les pustules venues par artifice ne sont pas propres à semer.

D'ailleurs les Chinois sont très-circonspects à
user des remedes expulsifs, de peur de troubler
la Nature, qui est dans une espece de crise durant
les premiers jours de la fermentation morbifique,
& que leur principale attention est de faire usage

de remedes qui réſiſtent à la corruption du ſang,
que le trop d'activité des levains inſinués y cau-
ſeroit ; ils ont grand ſoin auſſi d'uſer, pour la
petite-vérole artificielle , des mêmes remedes
qu'ils preſcrivent pour la petite-vérole naturelle.

La méthode Chinoiſe de procurer la petite-
vérole aux enfans , dit le P. d'Entrecolles, eſt
plus douce & moins dangereuſe que celle qui ſe
fait par inciſion. Celle-ci , ſuivant lui, porte immédiatement le ferment variolique dans le ſang; au
lieu que dans la pratique des Chinois , ce ſont des
eſprits ſubtils & même tempérés , ou aidés d'ailleurs , qui s'inſinuent par les nerfs olfactoires ,
ou bien que la digeſtion fait préparer en différens
paſſages , où elle s'acheve. Le levain variolique a
ſans doute ſon eſpece de venin ; mais qu'il ſoit
froid ou chaud , ſubtil ou épais , ajoute ce Miſſionnaire, il doit être plus dangereux lorſqu'il
eſt inféré dans les chairs vives , que quand il eſt
inſinué par la tranſpiration ou par la dégluti-
tion ; & pour confirmer ſon ſentiment, il ajoute
que le venin des viperes & des crapauds , avalé
ou ſenti long-temps , ne nuit point, ou nuira bien
moins que ſi on l'introduiſoit par une inciſion.
Cependant je ne ſuis pas, Monſieur, du ſentiment du P. d'Entrecolles ; il eſt toujours à craindre que , ſuivant la méthode uſitée dans la
Chine, le venin variolique ne ſe porte plus vers la

tête que vers les autres parties du corps , ce qui n'eſt pas un petit inconvénient.

Telles ſont les obſervations ſur la méthode Chinoiſe, dont je vous ai fait le détail précédemment. Je paſſe actuellement aux différentes méthodes Européennes.

Quand les perſonnes qu'on veut inoculer craignent ridiculement l'inſtrument , on emploie le véſicatoire, à deſſein d'enlever l'épiderme. On applique pour cet effet un petit emplâtre de la largeur de l'ongle , & ſaupoudré de cantharides , au-deſſous de l'inſertion du muſcle deltoïde : on l'y laiſſe huit ou dix heures; enſuite on l'ôte , en enlevant la portion d'épiderme qui a été détachée par l'action du véſicatoire : on applique ſur la plaie de la charpie imbue de la matiere fraîche des puſtules d'une petite-vérole bénigne & diſcrete, ou ſaupoudrée avec la matiere des croûtes ou puſtules ſéchées & pulvériſées : on met pardeſſus une compreſſe, & l'on tient le tout au moyen d'un bandage convenable. On laiſſe les choſes dans cet état pendant vingt-quatre heures, au bout deſquelles on leve l'appareil ; & l'on panſe méthodiquement la plaie avec le digeſtif ſimple, ou tel autre médicament, juſqu'à l'entiere guériſon des ulceres qui vont ſuccéder.

Pour ce qui concerne la méthode de l'inciſion avec une lancette ordinaire , dont la lame eſt fixée fur fa chape , au moyen d'une bandelette de linge , on fait à la partie latérale externe du bras une incifion très-fuperficielle , qui ne faffe que divifer l'épiderme , fans entamer la peau , & qui ait un pouce de longueur au plus.

On la fait ordinairement au-deffous du mufcle deltoïde , dans l'endroit où le bord externe du biceps rencontre la portion externe du triceps brachial. Ce lieu , marqué par un léger enfoncement , eft celui où on applique le cautere : on couche fur la longueur de l'incifion un fil imbu & pénétré du pus varioleux , pris fur un fujet attaqué d'une petite-vérole difcrete. Pour contenir ce fil en place , on met pardeffus un emplâtre de diapalme , enfuite une compreffe maintenue par quelques tours de bande. On laiffe les chofes dans cet état pendant trente-fix ou quarante heures , après lefquelles on leve l'appareil, on ôte le fil , & l'on met en place un petit plumaceau chargé d'un digeftif fimple , pardeffus lequel on applique l'emplâtre de diapalme , une compreffe , &c. Ce panfement eft répété une fois chaque jour , jufqu'à l'entiere guérifon des ulceres.

On fait la même opération fur l'autre bras , au même endroit , de la même maniere & avec le même inftrument. L'incifion faite , il y a des Inoculateurs, qui , au lieu d'employer le fil , la couvrent de matiere varioleufe , féchée & pulvérifé e. J'ai approuvé l'une & l'autre méthode , ajoute-t-il, & j'ai trouvé de l'inconvénient à me servir de la seconde. L'essentielle & la principale condition à observer dans l'insertion par incision, est de faire ces incisions tellement superficielles, qu'elles ne pénetrent pas le corps de la peau. L'incision doit être si légere, que l'Opérateur soit obligé d'attendre un instant pour voir si elle donne du sang ; si elle n'en donnoit point, il repasseroit l'instrument dans la plaie, jusqu'à ce qu'il en parût. Il faut que ce soit une espece de suintement, & non un écoulement. Cette précaution est de la derniere importance pour le succès de l'inoculation.

La méthode d'inoculer par piquure est la plus moderne ; c'est la Sutonienne. On commence par préparer la personne qu'on veut inoculer : on lui donne (*selon l'usage & le tempérament*) le calomel, depuis deux grains jusqu'à dix, & un purgatif le lendemain matin. La même chose est répétée trois fois, à quelques jours d'intervalle : on interdit la viande de toute espece, & on ne donne de la nourriture permise qu'en très-petite quantité. Pour faire cette opération, on a d'abord un morceau de coton ou d'éponge fine : on le trempe bien dans le pus variolique, en ouvrant plusieurs grosses pustules : on le met dans une phiole ou une petite boëte. Lorsqu'on veut s'en servir, on mouille bien la pointe de la lancette, en la pressant & frottant contre le coton ou éponge ainsi imbibée de pus ; puis avec la pointe de la lancette , on fait une piquure , en soulevant horisontalement l'épiderme , environ une ligne au plus : on remue la pointe trois ou quatre fois de côté & d'autre dans la plaie , pour y mieux insérer la matiere ; il faut que le sang y paroisse un tant soit peu. En retirant la lancette , on ferme la plaie en la comprimant un instant avec la peau , pour appliquer sur la peau l'épiderme qui en a été séparé , & l'opération est finie. Il n'est pas nécessaire de mettre ni emplâtre , ni bandage. Quatre ou cinq jours après , si l'opération produit son effet , on apperçoit une légere inflammation , & un peu de dureté à l'endroit de la piquure ; la maladie va ensuite son train ordinaire. Sur l'endroit de l'inoculation , il y a ordinairement une grosse pustule ou espece de petite vessie , d'où l'on tire le pus pour inoculer. M. Dimsdale , Médecin Anglois , pratique cette méthode de la façon suivante : Le lendemain de la derniere purgation , il conduit le sujet à inoculer chez une personne qui a la petite-vérole , & même dans sa chambre , si on le permet ; il prend , avec la pointe d'une lancette un peu de la matiere variolique sur l'endroit de l'incision , en supposant que la personne a été inoculée , ou dans la plus belle pustule , si elle a la petite-vérole naturelle , de maniere que la pointe de l'instrument en soit convenablement chargée. Avec cette lancette, il fait une légere piquure dans la partie du bras où l'on applique le cautere, assez profonde pour diviser l'épiderme, & toucher la peau elle-même, mais sans l'entamer. Cette piquure qui, dans le vrai, est une très-petite incision, est la moins longue qu'il soit possible, n'excédant pas une ligne & demie. La petite plaie étant tenue ouverte entre le pouce & l'index, l'Inoculateur qui en écarte les levres, en humecte le fond avec la matiere variolique, en frottant doucement avec le plat de la lancette qui est infectée. Cette opération se fait aux deux bras. Le Docteur Dimsdale n'ayant trouvé aucun inconvénient à multiplier les piquures, il se fie rarement à une; mais il en fait deux ou trois à chaque bras, afin que ni lui, ni le patient ne puissent avoir aucun doute sur le succès de l'opération, si elle n'étoit faite que dans un seul endroit. Cette méthode Sutonienne est celle qui a pris le plus de faveur : on ne fait plus actuellement usage que de cette derniere.

Je suis, &c.

Paris, ce 23 Mai 1769.

TABLE
DES MATIERES.

LETTRES sur les avantages que la Société économique peut tirer de la connoissance des Animaux.

Fin de la Table.